普通高等教育“十三五”规划教材

计算机基础与应用实验指导

（第三版）

主　编　秦　凯　张春芳　张　宇

中国水利水电出版社
www.waterpub.com.cn
·北京·

内 容 提 要

《计算机基础与应用实验指导》（第三版）是与《计算机基础与应用》（第三版）（中国水利水电出版社出版）配套使用的一本实验指导教材，主要介绍的是与《计算机基础与应用》（第三版）中基本理论、基本操作、基本应用相关操作环节练习的指导。

本书编写的指导思想是从实用出发，以实例为主线，配以丰富的图片，方便学生自学。每一章都根据该章所涉及的知识点，结合学以致用的原则，提出了基本的要求。这些要求也正是在日常工作、学习中所常用到的。

本书主要内容包括计算机的发展阶段和基本概念，Windows 10 操作系统的基本使用方法，Word、Excel、PowerPoint 等几个常用的工具软件应用基础，Access 基础，网络基础知识及程序设计初步。

本书适合应用型本科及高职高专院校的学生使用，也可供对计算机基础应用感兴趣的自学者参考。

图书在版编目（CIP）数据

计算机基础与应用实验指导 / 秦凯，张春芳，张宇主编. -- 3版. -- 北京 : 中国水利水电出版社，2018.9
普通高等教育“十三五”规划教材
ISBN 978-7-5170-6854-9

Ⅰ. ①计… Ⅱ. ①秦… ②张… ③张… Ⅲ. ①电子计算机－高等学校－教材 Ⅳ. ①TP3

中国版本图书馆CIP数据核字(2018)第206242号

策划编辑：石永峰　　责任编辑：周益丹　　封面设计：李　佳

书　　名	普通高等教育“十三五”规划教材 计算机基础与应用实验指导（第三版） JISUANJI JICHU YU YINGYONG SHIYAN ZHIDAO
作　　者	主　编　秦　凯　张春芳　张　宇
出版发行	中国水利水电出版社 （北京市海淀区玉渊潭南路 1 号 D 座　100038） 网址：www.waterpub.com.cn E-mail：mchannel@263.net（万水） sales@waterpub.com.cn 电话：（010）68367658（营销中心）、82562819（万水）
经　　售	全国各地新华书店和相关出版物销售网点
排　　版	北京万水电子信息有限公司
印　　刷	三河市鑫金马印装有限公司
规　　格	184mm×260mm　16 开本　13.75 印张　340 千字
版　　次	2008 年 6 月第 1 版　2008 年 6 月第 1 次印刷 2018 年 9 月第 3 版　2018 年 9 月第 1 次印刷
印　　数	0001—3000 册
定　　价	40.00 元

第三版前言

《计算机基础与应用实验指导》（第三版）是在获得辽宁省“十二五”规划教材的基础上，经过将教学过程中的反馈经验积累后进行修订改版而成。

本书是计算机基础课程实验环节所使用的教材，与《计算机基础与应用》（第三版）（中国水利水电出版社出版）配套使用。本书本着强化动手能力，强化实验环节的目的，以注重培养学生操作能力为指导方针，以大量丰富的实例为主线详细地介绍了教学环节中的各个知识点。

本书由八章组成。

第一章介绍计算机的基本知识，由两大项目组成。第一项是计算机的启动与退出。第二项是计算机键盘的使用。希望同学们能熟练地掌握正确的文字录入的方法，为后续利用计算机处理个人信息打好基础。

第二章介绍 Windows 操作。以美国微软公司所研发的 Windows 10 新一代跨平台及设备应用的操作系统为对象，展开对 Windows 的介绍。

第三章介绍 Word，同样由两大项目组成。第一项用实例说明了 Word 的基本编辑与排版的应用。第二项介绍了 Word 的一些高级使用技巧。

第四章介绍 Excel 的基本操作。为了解决学生在 Excel 学习中对于“地址”概念的模糊和在公式使用中所出现的问题，我们引用了大量的实例，这些实例通俗易懂，针对性强，容易掌握和理解。

第五章介绍 PowerPoint。针对学生在工作及就业环节中为展示自己的需要出发，以实用为目的介绍了幻灯片的制作、播放等一系列的使用操作。

第六章简单介绍 Access 的基本操作和主要的功能，为对数据库及程序设计学习有兴趣的同学提供了相应的操作及练习内容。

第七章介绍计算机网络。通过实例说明了网络的基本应用，对从浏览器的使用到邮箱的申请、网络搜索引擎的使用、常用软件的下载、网上学习等常见的网络应用都做了详细的说明。

第八章简单地介绍程序设计的基本概念，旨在培养学生了解程序的结构、框图等一系列的简单概念，为日后程序设计的学习打下基础。该章并不涉及具体的编程语言教学。

本教材通俗易懂，学生既可以在老师的指导下完成实验任务，又可以通过实验环节加深对理论知识的理解。学生还可以通过书上的说明自己动手来完成实验，达到自学的目的。

本书由秦凯、张春芳、张宇任主编，参加本书编写工作的老师还有陈艳、刘立君、杨毅、梁宁玉、杨明学。具体编写分工如下：第一章至第八章分别由陈艳、刘立君、张春芳、杨毅、梁宁玉、杨明学、秦凯、张宇老师负责编写。

本书在编写中使用了大量教学环节中的教案，阅读了大量的资料，在此对各位老师表示感谢。由于时间仓促，书中难免会有不足和疏漏，恳请广大读者批评指正。

编　者

2018 年 6 月

第一版前言

《计算机基础与应用实验指导》是计算机基础课程实验环节所使用的教材，该教材是与《计算机基础与应用》（中国水利水电出版社出版）配套使用的一本辅助教材。本书本着强化动手能力，强化实验环节的目的，以注重培养学生操作能力为指导方针，以大量丰富的实例为主线详细地介绍了教学环节中的各个知识点。

本书由6个章节组成。

第一章介绍计算机的基本知识。第一章由两大项目组成。第一项是计算机的启动与退出。第二项是计算机键盘的使用。希望同学们能熟练地掌握，打下正确的文字录入的基础，为后续利用计算机处理个人信息打好基础。

第二章介绍Windows操作。这一章也由两大项组成。第一项是中文Windows的“资源管理器”操作。在这一环节中着重介绍了资源管理器的特点和用法。第二项是控制面板与附件的使用。以事例的方式说明了控制面板与附件的使用和其中的注意事项。

第三章介绍中文Word。这一章同样由两大项组成。第一项用实例说明了Word的基本编辑与排版的应用。第二项介绍了Word的一些高级使用技巧。

第四章介绍Excel的基本操作。为了解决学生在Excel学习中对于“地址”概念的一些模糊和在公式使用中所出现的问题，我们引用了大量的实例来说明问题，这些实例通俗易懂，针对性强，容易掌握和理解。

第五章介绍中文PowerPoint。针对学生在工作及就业环节中为展示介绍自己的需要出发，以实用为目的介绍了“幻灯片”的制作、播放等一系列的使用操作。

第六章介绍计算机网络。通过事例说明了网络的基本应用，对从邮箱的申请到搜索引擎的使用再到文件下载等常见的网络应用都做了详细的说明。

本教材通俗易懂，学生既可以在老师的指导下完成实验任务，又可以通过实验环节加深对理论知识的理解。学生还可以通过书上的说明自己动手来完成实验，达到自学的目的。

本书为了方便读者的学习，配备了一张光盘，光盘的内容由三个主要的部分组成：《计算机基础与应用》的课件，供教师授课和学生自学使用；部分操作练习题目供学生练习或教师课堂演示使用；部分学生的作业供同学比照练习。

本书由张宇任主编，张春芳、陈敬任副主编，参加本书编写工作的老师还有王毅、秦凯、李智鑫、杨毅、黄海玉、徐雪东、姚晓杰、杨明学等。本书在编写中使用了大量的教学环节中的教案，阅读了大量的资料，在此对各位老师表示感谢。由于时间仓促，书中难免会有不足和疏漏，恳请广大读者批评指正。

编者

2008年5月

目　　录

第 1 章　计算机基础知识

实验 1　金山打字通软件的使用

启动金山打字通软件，将出现的界面，如图 1-1 所示。

图 1-1　金山打字通软件

一、实验目的

1．熟练掌握金山打字通软件的使用方法。

2．熟悉键盘的布局，掌握正确的键盘打字方法。

二、实验准备

安装金山打字通 2016 软件。

三、实验内容及步骤

1．熟悉键盘

学会用正确的键盘指法打字，对以后在使用计算机时是很重要的。正确的指法有利于快速实现盲打，而不用一直看着键盘打字。

（1）认识键盘

键盘是计算机的标准输入设备，常用的键盘有 101、104 键等多种。键盘按照功能的不同，分为“主键盘区”“功能键区”“控制键区”“状态指示区”“数字键区”5个区域。键盘的界面，如图1-2所示。

图1-2 键盘的界面

（2）正确的打字姿势。

- 屏幕及键盘应该在你的正前方，不应该让脖子及手腕处于倾斜的状态。
- 屏幕的中心应比眼睛的水平低，屏幕离眼睛最少要有一个手臂的距离。
- 要坐直，不要半坐半躺。
- 大腿应尽量保持于前手臂平行的姿势。
- 手、手腕及手肘应保持在一条直线上。
- 双脚轻松平稳放在地板或脚垫上。
- 座椅高度应调到你的手肘有近90度弯曲，使手指能够自然地架在键盘的正上方。
- 腰背贴在椅背上，背靠斜角保持在10～30度左右。

正确的打字姿势，如图1-3所示。

图1-3 正确的打字姿势

（3）基准键位。

主键盘区有8个基准键位，分别是[A][S][D][F][J][K][L][;]。如图1-4所示。

图 1-4　基准键位

打字之前要将左手的小指、无名指、中指、食指分别放在[A][S][D][F]键上；将右手的食指、中指、无名指、小指分别放在[J][K][L][;]键上；两个拇指轻放在空格键上。

（4）手指分工。

打字时双手的十个手指都有明确的分工，只有按照正确的手指分工打字，才能实现盲打和提高打字速度。手指分工，如图 1-5 所示。

图 1-5　手指分工

（5）主键盘区击键方法。

主键盘区两手正确的击键方法，如图 1-6 所示。

图 1-6　两手正确的击键方法

键盘指法击键步骤：

第 1 步　将手指放在键盘上（手指放在八个基本键上，两个拇指轻放在空格键上）。

第 2 步　练习击键。

例如要打 D 键，方法是：

- 提起左手约离键盘两厘米；
- 向下击键时中指向下弹击 D 键，其他手指同时稍向上弹开，击键要能听见响声。

击其他键类似打法，请多体会。养成正确的习惯很重要，而错误的习惯则很难改正。

第 3 步　练习熟悉八个基本键的位置（请保持第 2 步正确的击键方法）。

第 4 步　练习非基本键的打法。

例如要打 E 键，方法是：

- 提起左手约离键盘两厘米；
- 整个左手稍向前移，同时用中指向下弹击 E 键，同一时间其他手指稍向上弹开，击键后四个手指迅速回位，注意右手不要动，其他键类似打法。

第 5 步　继续练习，达到即见即打水平。

①键盘左半部份由左手负责，右半部份由右手负责。

②每一只手指都有其固定对应的按键：

- 左小指：[`][1][Q][A][Z]；
- 左无名指：[2][W][S][X]；
- 左中指：[3][E][D][C]；
- 左食指：[4][5][R][T][F][G][V][B]；
- 左右拇指：空格键；
- 右食指：[6][7][Y][U][H][J][N][M]；
- 右中指：[8][I][K][,]；
- 右无名指：[9][O][L][.]；
- 右小指：[0][-][=][P][[][]][;][']][/][\]。

③[A][S][D][F][J][K][L][;]八个按键称为“导位键”，可以帮助您经由触觉取代眼睛，用来定位您的手或键盘上其他的键，亦即所有的键都能经由导位键来定位。

④Enter 键在键盘的右边，使用右手小指按键。

⑤有些键有两个字母或符号，如数字键常用来键入数字及其他特殊符号，用右手打特殊符号时，左手小指按住 Shift 键，若以左手打特殊符号，则用右手小指按住 Shift 键。

（6）数字键区击键方法。

数字键区又称为小键盘。小键盘的基准键位是“4，5，6”，分别由右手的食指、中指和无名指负责。在基准键位基础上，小键盘左侧自上而下的“7，4，1”三键由食指负责；同理中指负责“8，5，2”；无名指负责“9，6，3”和“.”；右侧的“−、+、↵”由小指负责；拇指负责“0”。小键盘指法分布图，如图 1-7 所示。

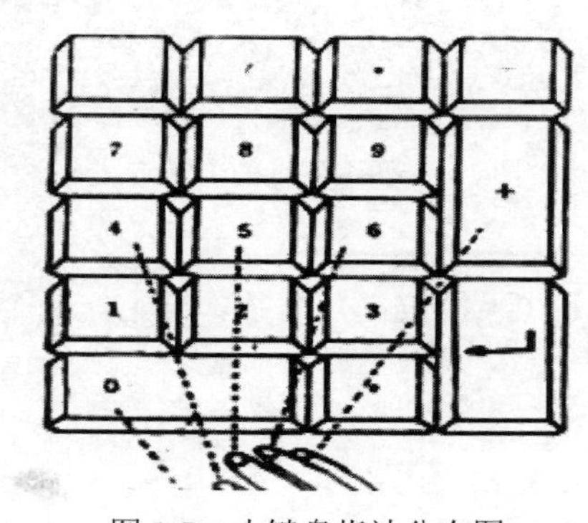

图 1-7　小键盘指法分布图

2. 英文打字

（1）英文字母大小写。

英文字母有两种状态：大写英文字母、小写英文字母；要切换英文字母的大小写，要用到 CapsLock 键。

CapsLock（大写字母锁定键，也叫大小写换挡键）：位于主键盘区最左边的第三排。如图 1-8 所示。每按一次 CapsLock 键，英文大小写字母的状态就改变一次。

图 1-8　主键盘区

CapsLock 键还有一个信号灯，位于键盘的“状态指示区”，如图 1-9 所示。上部标有 CapsLock 的那个信号灯亮了，就是大写字母状态，否则为小写字母状态。

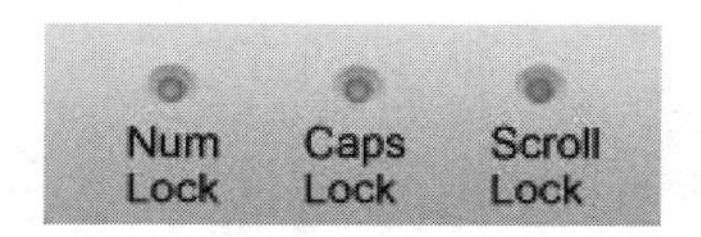

图 1-9　CapsLock 键信号灯

（2）提高英文打字速度。

提高打字速度的前提是，在平时的指法训练中，要求坐姿端正、指法正确。英文字母录入的基本要求一是准确、二是要快速。

正确的指法、准确地击键是提高输入速度和正确率的基础。不要盲目追求速度。在保证准确的前提下，速度的要求是：初学者为 100 字符/分钟，150 字符/分钟为及格，200 字符/分钟为良好，250 字符/分钟为优秀。

3. 拼音打字

（1）可以有以下两种方法选择中文输入法：

① 使用语言工具栏：在语言栏中单击“中文”按钮（图 1-10），调出如图 1-11 所示的输入法菜单，单击所需要的输入法命令，调出输入法。

图 1-10　中文按钮

图 1-11　输入法菜单

② 使用快捷键：使用 Ctrl+Space 快捷键在中文和英文输入法之间切换；使用 Ctrl+Shift 快捷键在各种输入法之间切换。

（2）设置输入法。

可以为经常使用的输入法设置热键。设置方法为：

① 在输入法状态条上右击，将弹出一个快捷菜单，如图 1-12 所示。

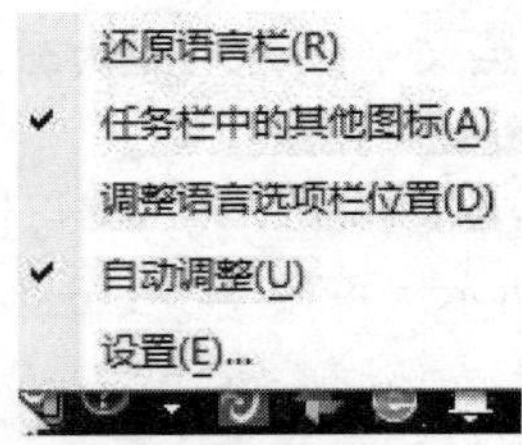

图 1-12 输入法快捷菜单

② 在快捷菜单中单击“设置”选项，将出现如图 1-13 所示的“文本服务和输入语言”对话框。选择“高级键设置”将页面切换到“高级键设置”页，如图 1-14 所示。

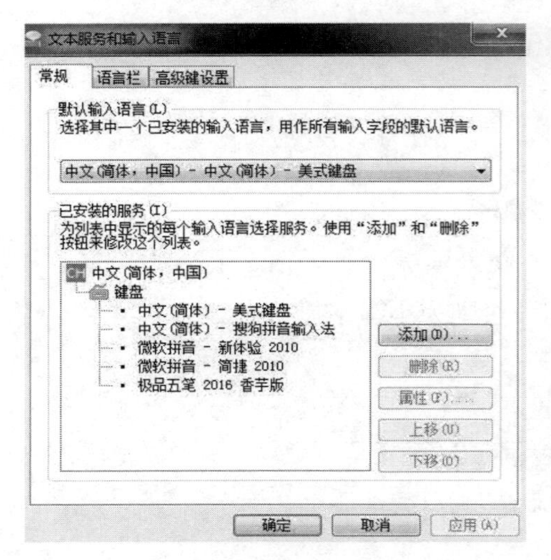

图 1-13 “文本服务和输入语言”对话框

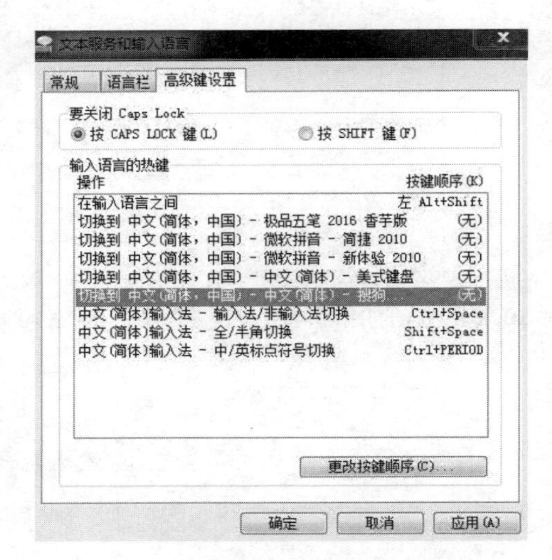

图 1-14 “高级键设置”选项卡

③ 在如图 1-14 的对话框中，选择“输入语言的热键”栏中“切换到中文（简体，中国）-中文（简体）-搜狗拼音输入法”，单击“更改按键顺序”按钮，将出现“更改按键顺序”对话框，如图 1-15 所示。

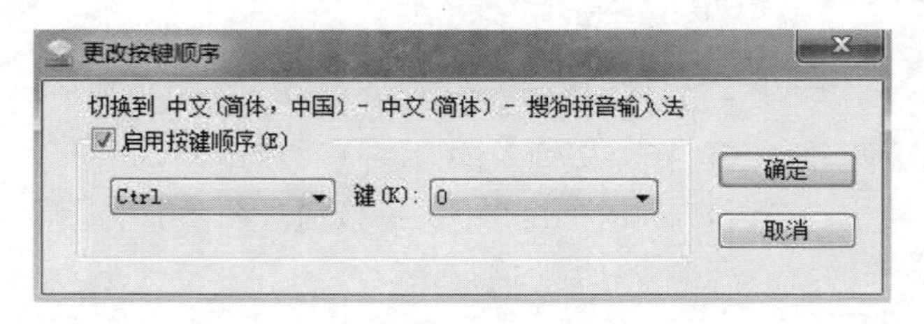

图 1-15 “更改按键顺序”对话框

④ 单击“启用按键顺序”复选框，选择热键：Ctrl+O，单击“确定”按钮，保存更改并关闭此对话框，返回如图 1-16 所示的对话框。

⑤ 这时，可以按 Ctrl+O 组合键，在搜狗拼音输入法和英文输入法之间切换了。

（3）删除输入法。

为了提高操作速度，可以对 Windows 默认的输入法进行添加或删除，只保留常用的输入法。

① 在输入法状态条上右击，将弹出一个快捷菜单，如图 1-17 所示。

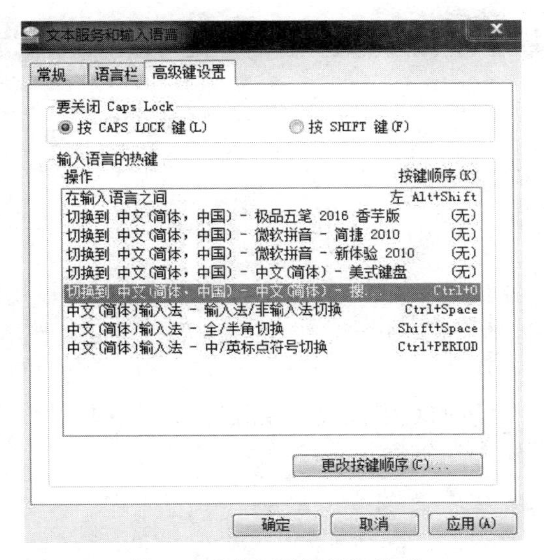

图 1-16“高级键设置”选项

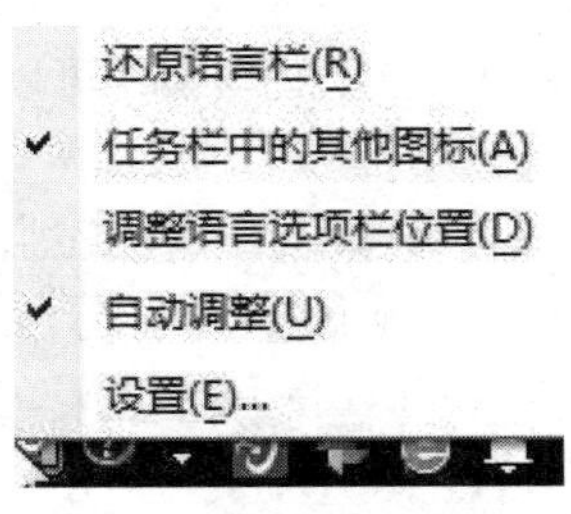

图 1-17　输入法快捷菜单

② 在快捷菜单中单击“设置”选项，将出现如图 1-18 所示的“文本服务和输入语言”对话框。

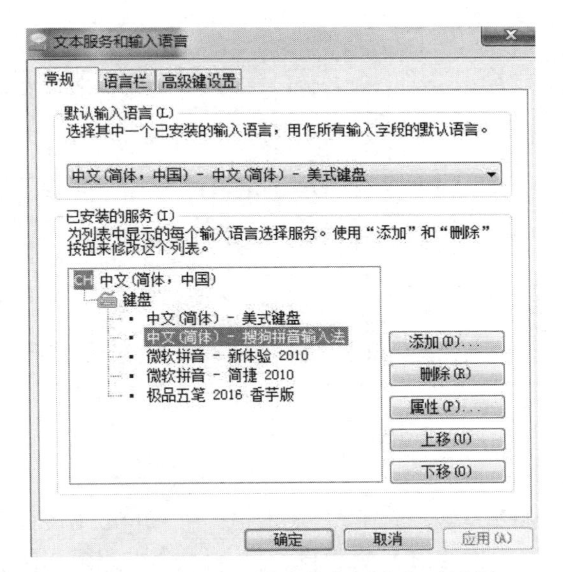

图 1-18　“文本服务和输入语言”对话框

③ 在对话框中，选择“中文（简体）-搜狗拼音输入法”，单击“删除”按钮，表示要删除该输入法。

④如果要删除多种输入法，可以重复第③步操作，最后单击“确定”按钮。

（4）输入法状态条的使用。

所有的汉字输入法的状态条上都有 5 个按钮，如图 1-19 所示。从左向右依次为：“中文/英文”切换、“中文输入”状态、“全角/半角”切换、“中文/英文标点”切换、“软键盘”。

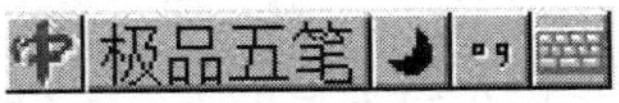

图 1-19　“输入法状态条”界面

切换方法：除了可以使用鼠标单击按钮在其相应的两个状态之间切换，还可以使用快捷键。

① 中文/英文标点切换：按 Ctrl+ . 键；

② 全角/半角切换：按 Shift+Space 键；

③ 中文和英文大写切换：在中文输入状态下，按 CapsLock 键。

4. 五笔打字

（1）键盘的字根表。

五笔就是把汉字拆分成 5 个字根，分别为：横、坚、撇、捺、折。所有汉字都可以用这五个笔画组成。而这五个笔画又可以分为许多不同的字根，分布在键盘上的五个区的二十五个键中。

英文有 26 个字母，在电脑键盘上有这 26 个字母的对应位置。在五笔输入法中，除了 Z 是万能键之外，还剩下 25 个字母，这 25 个字母分为 5 个区：

① 横区（G、F、D、S、A）；

② 竖区（H、J、K、L、M）；

③ 撇区（T、R、E、W、Q）；

④ 捺区（或点区）（Y、U、I、O、P）；

⑤ 折区（N、B、V、C、X ）。

键盘的字根表如图 1-20 所示。

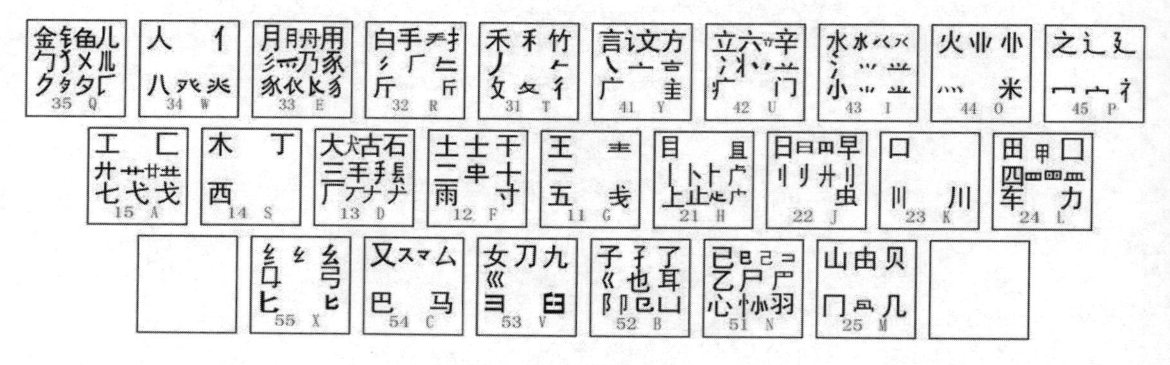

图 1-20 键盘的字根表

（2）字根表的含义。

字根表的规律：字根的第一笔为横的，基本集中在横区，例如王、土、石、木、工等；字根第一笔为竖的，基本集中在竖区，例如目、日、口、田、甲、山等；撇区、捺区、折区的规律亦依此类推。

第二个规律：一横，在横区的第一个键 G 上，二横在横区的第二个键 F 上，三横在横区的第三个键 D 上；一竖，在竖区的第一个键 H 上，二竖在竖区的第二个键 J 上，三竖在竖区的第三个键 K 上；撇区、捺区、折区的规律亦依此类推。

第三个规律：字根具有近似性的，基本都是放在一起的，例如土、士、二、十、干等集中在 F 键上；田、甲、四、皿等字根具有近似性，集中放在 L 键上。依此类推，所有的字根基本都是将类似的放在一起的。

五笔输入法的神奇之处是当练习到一定程度的时候，会形成肌肉记忆。这个肌肉记忆是指，当看到某一个字的时候，手指就会无意识地直接就把这个字打出来，至于为什么是这样打，可能还要想一阵才会想出来。

（3）五笔字根歌。

掌握了上述规律之后，再按照每个键的具体内容，记住五笔字根歌，如图 1-21 所示。不需要刻意去记某一个字根在哪里了，只需要大概知道有哪些字根，然后这些字根分别大概在哪些位置就行了。

1区	横起笔字根	2区	竖起笔字根	3区	撇起笔字根	4区	捺起笔字根	5区	折起笔字根
11G	王旁青头戋五一	21H	目具上止卜虎皮	31T	禾竹一撇双人立	41Y	言文方广在四一	51N	已半巳满不出己
					反文条头共三一		高头一捺谁人去		左框折尸心和羽
12F	土士二干十寸雨	22J	日早两竖与虫依	32R	白手看头三二斤	42U	立辛两点六门病	52B	子耳了也框向上
13D	大犬三羊古石厂	23K	口与川,字根稀	33E	月衫乃用家衣底	43I	水旁兴头小倒立	53V	女刀九臼山朝西(彐)
14S	木丁西	24L	田甲方框四车力	34W	人和八,三四里	44O	火业头,四点米	54C	又巴马,丢失矣
15A	工戈草头右框七	25M	山由贝,下框几	35Q	金勺缺点无尾鱼	45P	之宝盖,道建底	55X	慈母无心弓和匕
					犬旁留儿一点夕		摘礻(示)衤(衣)		幼无力(幺)

图 1-21　五笔字根歌

（4）五笔打字方法。

① 将汉字拆解成字根。

汉字无非分为：上下、左右和杂合三种结构。拆分规则是：左右结构的先左后右；上下结构的话先上后下；杂合结构的先外后内。

比如“杜”字拆分成“木”和“土”，“栗”字拆分成“西”和“木”。

对于有些特殊的字，如果不太好拆，搜索一下它的字根，就会有一种豁然开朗的感觉。将汉字拆解成字根的例子，如图 1-22 所示。

② 末笔识别码。

末笔识别不太好理解，举个例子吧，比如“村”和“杜”，这个字的拆分都是 S+F，这时候就需要用到末笔识别码。

在五笔中，将字形分成三种类型，左右、上下、杂合，在打字的时候遇到重码的时候，就需要加上末笔识别码。如果这个字是左右结构，它的最后一笔是捺，我们就加上 Y，比如“村”字。如果这个字是上下结构，它的最后一笔也是捺，比如“杰”，那么末笔识别就加上 U。

浅显的理解就是每个字都有最后一笔，其最后一笔需要在五个笔画的基础上，结合字体的三个结构给予识别码，末笔笔画+结构＝末笔识别码。末笔识别码，如图 1-23 所示。

愿	厂 + 白 + 小 + 心
照	日 + 刀 + 口 + 灬
盒	人 + 一 + 口 + 皿
嘲	口 + 十 + 早 + 月

图 1-22　拆解成字根的例子

字型 / 末笔		左右	上下	杂合
		1	2	3
横	1	11(G)	12(F)	13(D)
竖	2	21(H)	22(J)	23(K)
撇	3	31(T)	32(R)	33(E)
捺	4	41(Y)	42(U)	43(I)
折	5	51(N)	52(B)	53(V)

图 1-23　末笔识别码

③ 五笔中的简码。

五笔打字中，对于常用的高频字，给予了简化处理，就是不用打完全码就可以直接输入一部分码。分成了一级简码、二级简码和三级简码。一级简码对应的键盘，如图 1-24 所示。一级简码的记忆口诀，如图 1-25 所示。

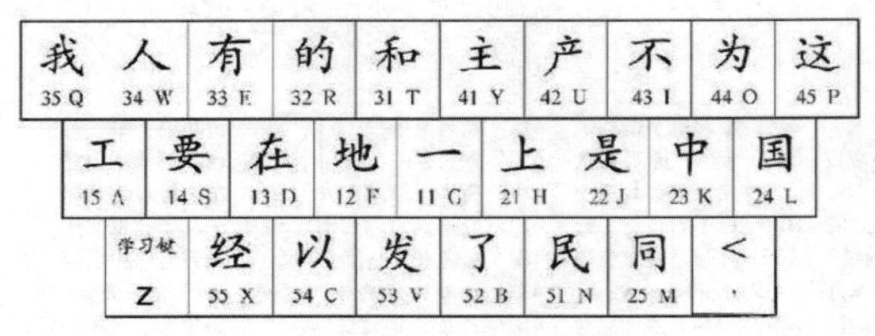

图 1-24　一级简码对应的键盘

一区	一地在要工
二区	上是中国同
三区	和的有人我
四区	主产不为这
五区	民了发以经

图 1-25　一级简码记忆口诀

一级简码是汉字中最常用的 25 个字，一级简码的输入方法是字根键加上空格。

④ 二级简码。

二级简码较多，输入方法是两个字根键加上空格。二级简码，如图 1-26 所示。

	11-----15 G F D S A	21-----25 H J K L M	31-----35 T R E W Q	41------45 Y U I O P	51-----55 N B V C X
11G	五于天末开	下理事画现	玫珠表珍列	玉平不来珲	与屯妻到互
12F	二寺城霜载	直进吉协南	才垢圾夫无	坟增示赤过	志地雪支坳
13D	三夺大厅左	丰百右历面	帮原胡春克	太磁砂灰达	成顾肆友龙
14S	本村枯林械	相查可楞机	格析极检构	术样档杰棕	杨李要权楷
15A	七革基苛式	牙划或功贡	攻匠菜共区	芳燕东蒌芝	世节切芭药
21H	睛睦 盯虎	止旧占卤贞	睡 肯具餐	眩瞳步眯瞎	卢 眼皮此
22J	量时晨果虹	早昌蝇曙遇	昨蝗明蛤晚	景暗晃显晕	电最归紧昆
23K	呈叶顺呆呀	中虽吕另员	呼听吸只史	嘛啼吵咪喧	叫啊哪吧哟
24L	车轩因困轼	四辊加男轴	力斩胃办罗	罚较 辚边	思辄轨轻累
25M	同财央朵曲	由则迥崭册	几贩骨内风	凡赠峭嵝迪	岂邮 凤
31T	生行知条长	处得各务向	笔物秀答称	入科秒秋管	秘季委么第
32R	后持拓打找	年提扣押抽	手折扔失换	扩拉朱搂近	所报扫反批
33E	且肝须采肛	胪胆肿肋肌	用遥朋脸胸	及胶膛脒爱	甩服妥肥脂
34W	全会估休代	个介保佃仙	作伯仍从你	信们偿伙伫	亿他分公化
35Q	钱针然钉氏	外旬名甸负	儿铁角欠多	久匀乐炙锭	包凶争色锴
41Y	主计庆订度	让刘训为高	放诉衣认义	方说就变这	记离良充率
42U	闰半关亲并	站间部曾商	产瓣前闪交	六立冰普帝	决闻妆冯北
43I	汪法尖洒江	小浊澡渐没	少泊肖兴光	注洋水淡学	沁池当汉涨
44O	业灶类灯煤	粘烛炽烟灿	烽煌粗粉炮	米料炒炎迷	断籽娄烃
45P	定守害宁宽	寂审宫军宙	客宾家空宛	社实宵灾之	官字安 它
51N	怀导居怵民	收慢避惭届	必怕 愉懈	心习悄屡忱	忆敢恨怪尼
52B	卫际承阿陈	耻阳职阵出	降孤阴队隐	防联孙耿辽	也子限取陛
53V	姨寻姑杂毁	叟旭如舅妯	九姝奶臾婚	妨嫌录灵巡	刀好妇妈姆
54C	骊对参骠戏	骒台劝观	矣牟能难允	驻骈 驼	马邓艰双
55X	线结顷缃红	引旨强细纲	张绵级给约	纺弱纱继综	纪弛绿经比

图 1-26 二级简码

二级简码输入的例子，如图 1-27 所示。

汉字	全码	二级简码	汉字	全码	二级简码
晨	JDFE	JD	作	WTHF	WT
攻	ATY	AT	匀	QUD	QU
垢	FRGK	FR	记	YNN	YN
东	AII	AI	涨	IXTA	IX

图 1-27　二级简码例子

⑤ 三级简码。

除了一级简码与二级简码外，大多数的三级简码，这也是五笔能速度较快的原因。三级简码输入的例子，如图 1-28 所示。

汉字	全码	三级简码	汉字	全码	三级简码
即	VCBH	VCB	饼	QNUA	QNU
峦	YOMJ	YOM	袈	LKYE	LKY
哽	KGJQ	KGJ	容	PWWK	PWW
麻	YSSI	YSS	蜗	JKMW	JKM

图 1-28　三级简码例子

（5）词组的输入。

有些常用的词语可以用五笔在四码之内打出来，方法如下：

① 二字词组。

二字词组输入方法：首字前两码，后字前两码。二字词组输入的例子，如图 1-29 所示。

二字词组	拆分方法	五笔编码
好运	女+子+二+厶	VBFC
扩张	扌+广+弓+丿	RYXT
规则	二+人+贝+刂	FWMJ
相信	木+目+亻+言	SHWY

图 1-29　二字词组输入的例子

② 三字词组。

三字词组输入方法：首字、次字前 1 码，后字前两码。三字词组输入的例子，如图 1-30 所示。

三字词组	拆分方法	五笔编码
宣传部	宀+亻+立+口	PWUK
动画片	二+一+丿+丨	FGTH
日记本	日+讠+木+一	JYSG
加工厂	力+工+厂+一	LADG

图 1-30　三字词组输入的例子

③ 四字词组。

四字词组输入方法：每字各前 1 码。四字词组输入的例子，如图 1-31 所示。

四字词组	拆分方法	五笔编码
旗开得胜	方+一+彳+月	YGTE
缩手缩脚	纟+手+纟+月	XRXE
空中楼阁	宀+口+木+门	PKSU
得心应手	彳+心+广+手	TNYR

图 1-31　四字词组输入的例子

④ 多字词组。

多字词组输入方法：前三字的前 1 码，最后一个字的前 1 码。多字词组输入的例子，如图 1-32 所示。

多字词组	拆分方法	五笔编码
中华人民共和国	口+亻+人+囗	KWWL
中国人民银行	口+囗+人+彳	KLWT
中国人民解放军	口+囗+人+冖	KLWP
新疆维吾尔自治区	立+弓+纟+匚	UXXA

图 1-32　多字词组输入的例子

具体应用中，根据各个版本的五笔输入法字库不同而有差异，有的输入法可以打出这个词语，另一个输入法可能就打不出来。

四、实验练习

启动金山打字通 2016 软件，出现的界面如图 1-33 所示。

1. 英文打字

单击图 1-33 中的“英语打字”按钮，将出现如图 1-34 所示的英文打字界面。

（1）单词练习。

单击图 1-34 中的“单词练习”按钮，将出现如图 1-35 所示的英文单词练习界面，开始在软件中进行英文的单词练习。

图 1-33　金山打字通软件界面

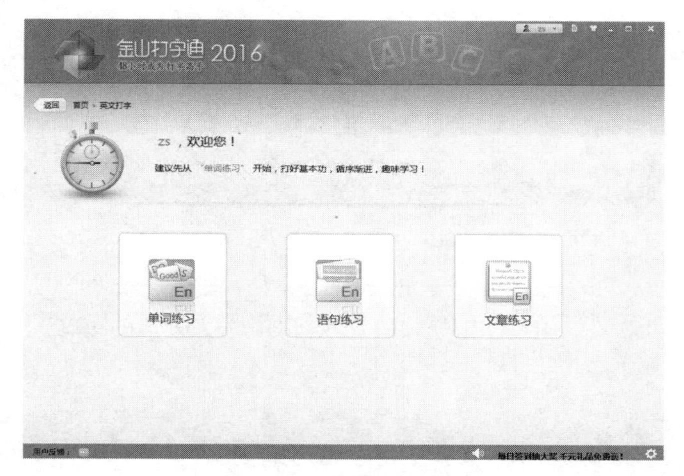

图 1-34　英文打字界面

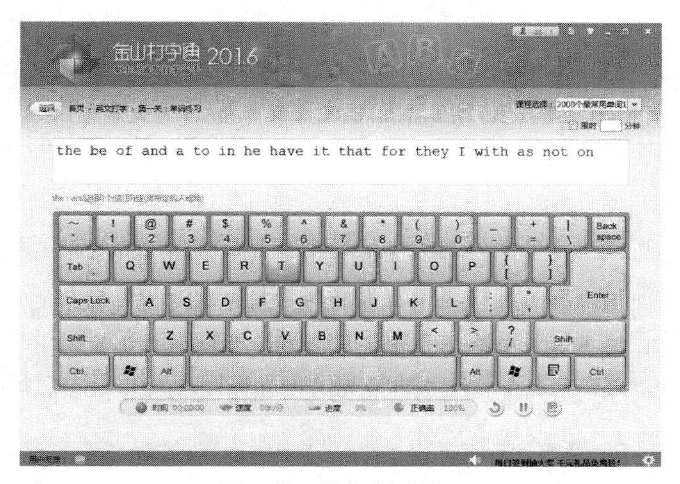

图 1-35　英文单词练习

（2）语句练习。

单击图 1-34 中的“语句练习”按钮，将出现如图 1-36 所示的英文语句练习界面，开始在软件中进行英文的语句练习。

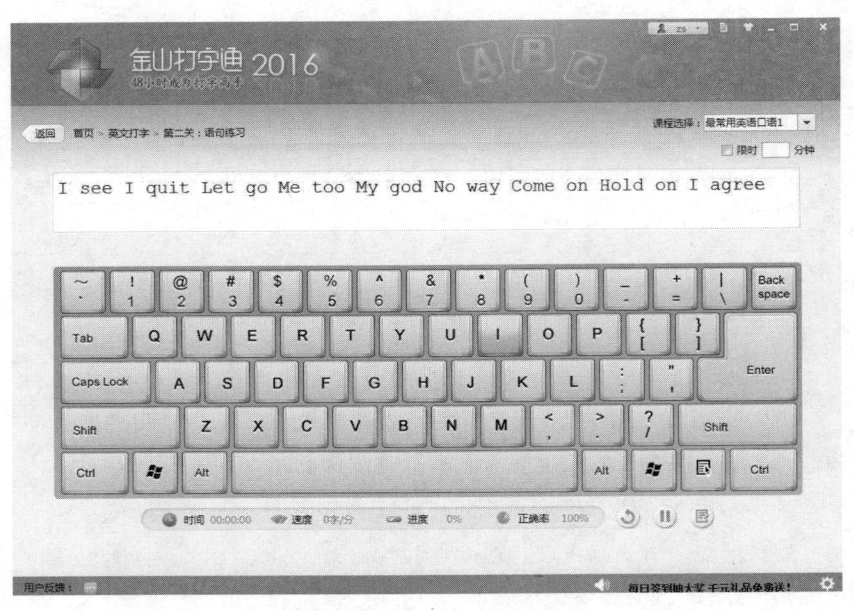

图 1-36 英文语句练习

（3）文章练习。

单击图 1-34 中的“文章练习”按钮，将出现如图 1-37 所示的英文文章练习界面，开始在软件中进行英文的文章练习。

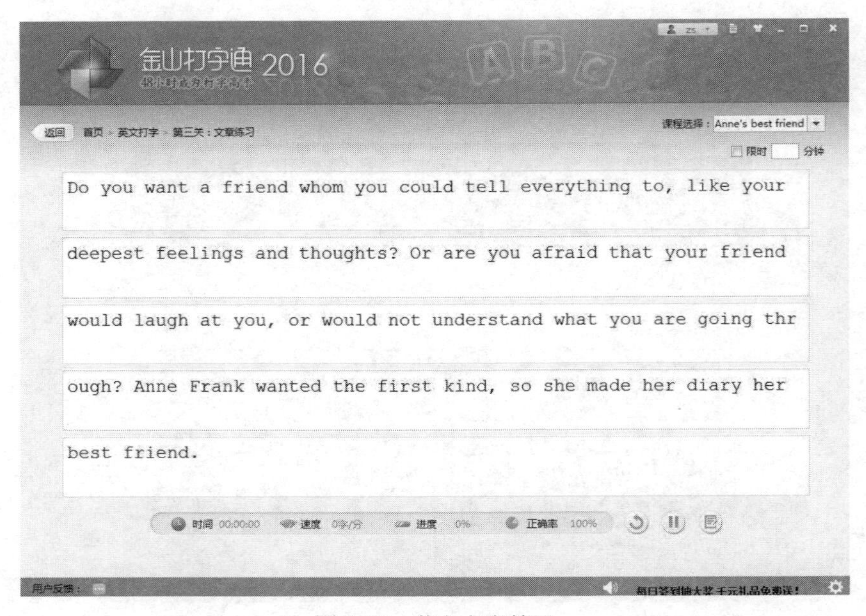

图 1-37 英文文章练习

2. 拼音打字

单击图 1-33 中的“拼音打字”按钮，将出现如图 1-38 所示的拼音打字界面。

图 1-38 拼音打字界面

（1）章节练习。

单击图 1-38 中的“音节练习”按钮，将出现如图 1-39 所示的音节练习界面，开始在软件中进行音节练习。

图 1-39 音节练习

（2）词组练习。

单击图 1-38 中的“词组练习”按钮，将出现如图 1-40 所示的词组练习界面，开始在软件中进行词组练习。

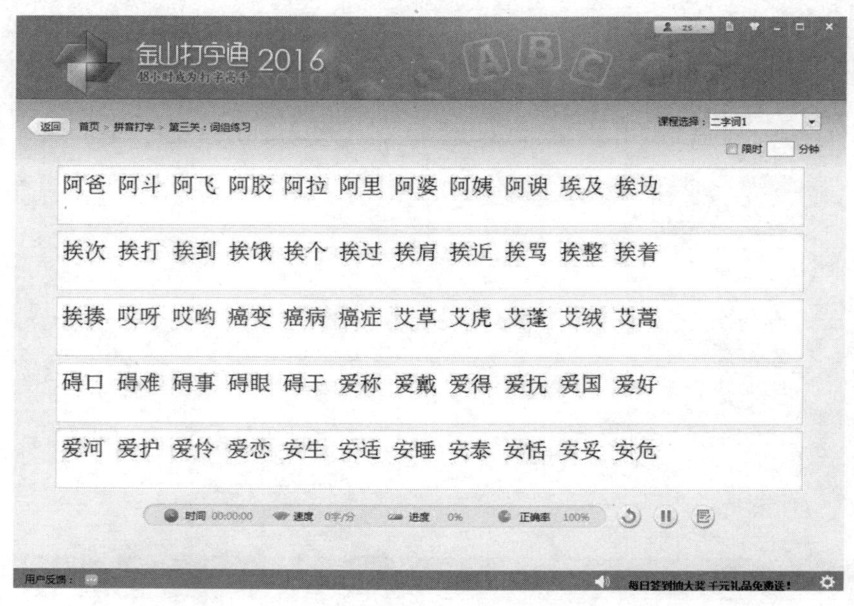

图 1-40 词组练习

（3）文章练习。

单击图 1-38 中的“文章练习”按钮，将出现如图 1-41 所示的文章练习界面，开始在软件中进行文章练习。

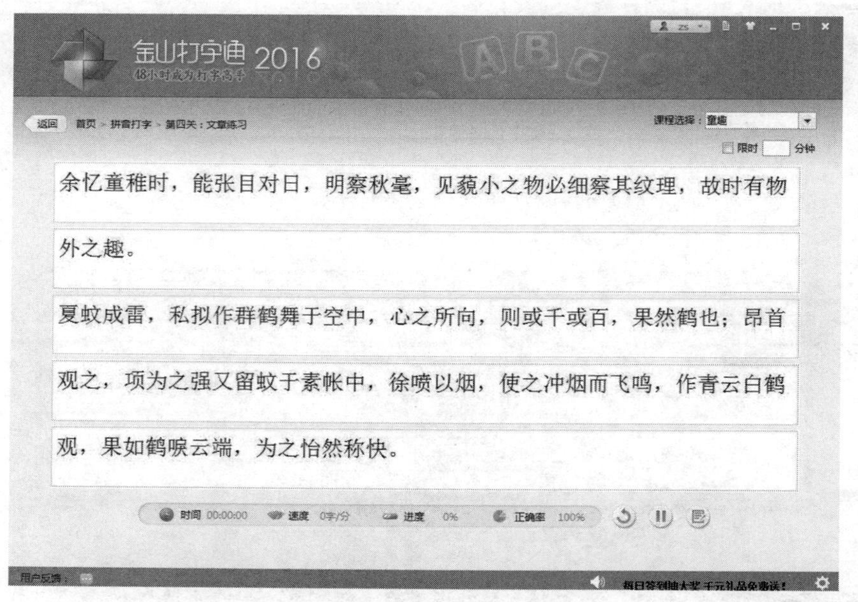

图 1-41 文章练习

3. 五笔打字

单击图 1-33 中的“五笔打字”按钮，将出现如图 1-42 所示的五笔打字界面。

图 1-42　五笔打字界面

（1）单字练习。

单击图 1-42 中的“单字练习”按钮，将出现如图 1-43 所示的单字练习界面，开始在软件中进行单字练习。

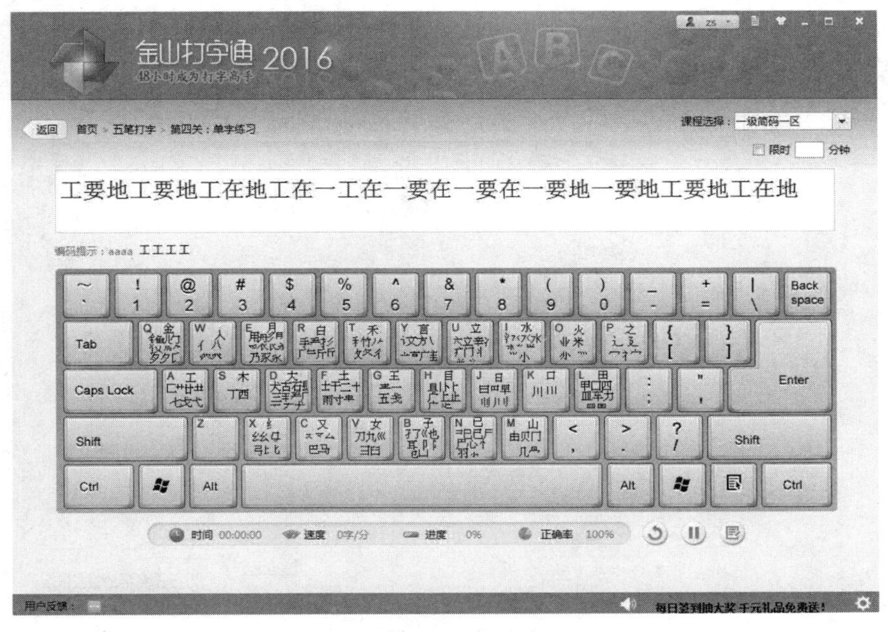

图 1-43　单字练习

（2）词组练习。

单击图 1-42 中的“词组练习”按钮，将出现如图 1-44 所示的词组练习界面，开始在软件中进行词组练习。

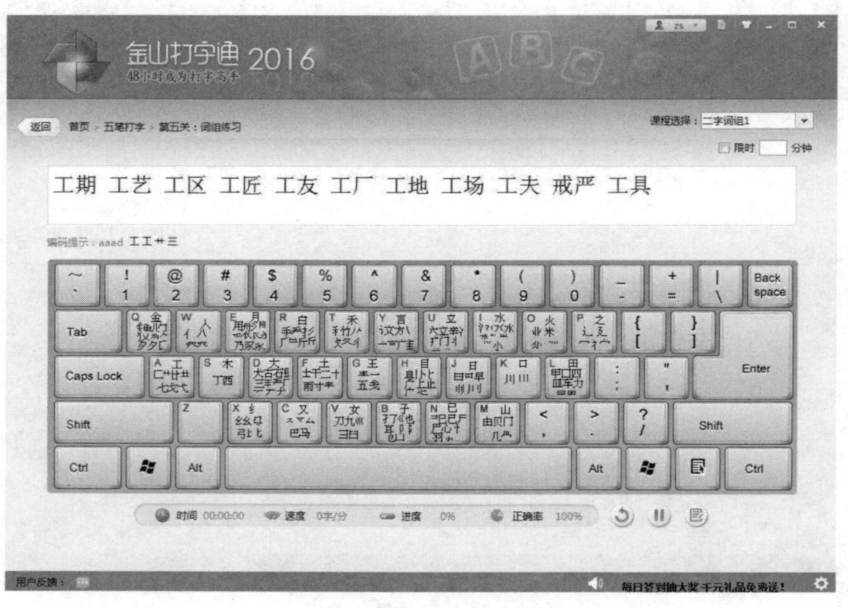

图 1-44　词组练习

（3）文章练习。

单击图 1-42 中的“文章练习”按钮，将出现如图 1-45 所示的文章练习界面，开始在软件中进行文章练习。

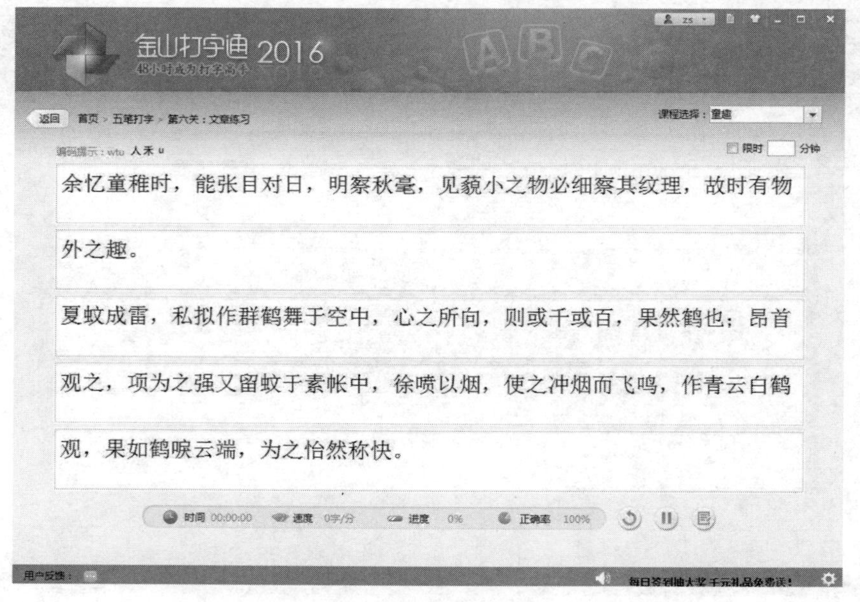

图 1-45　文章练习

实验 2　360 安全卫士软件的使用

360 安全卫士的使用方法很简单，首先到 360 安全卫士的官方网站下载最新版本，并进行安装。安装后，360 安全卫士会自动开启木马防火墙，这样就可以对电脑进行保护了。第一次安装完成后打开软件，它会给电脑进行全面体检，体检后进行一键修复，以后每隔一段时间会给电脑体检一下。然后再根据提示完成一些功能，有查杀流行木马、清理恶意软件、修复系统漏洞等项目。平时可以通过“保护”打开它的监视功能，在右下角可以看到它的图标。

启动 360 安全卫士软件，出现的界面如图 1-46 所示。

图 1-46　360 安全卫士软件

360 安全卫士是国内知名的免费杀毒软件，不仅仅有杀毒功能，它的功能还有很多，如：①进行电脑体检；②优化加速；③清理电脑垃圾；④进行宽带测速，测试网络问题；⑤使用软件管家进行软件管理，⑥使用 360 强力删除顽固文件等。

一、实验目的

熟练掌握 360 安全卫士软件的使用方法。

二、实验准备

安装 360 安全卫士软件。

三、实验内容及步骤

1. 电脑体检

（1）电脑体检功能包括：

①故障检测（检测系统、软件是否有故障）；

②垃圾检测（检测系统是否有垃圾）；

③安全检测（检测是否有病毒、木马、漏洞等）;

④速度提升（检测系统运行速度是否可以提升）。

（2）电脑体检方法：

单击图 1-46 中的“电脑体检”按钮，将出现如图 1-47 所示界面。单击“一键修复”按钮，进行修复。修复后的结果，如图 1-48 所示。

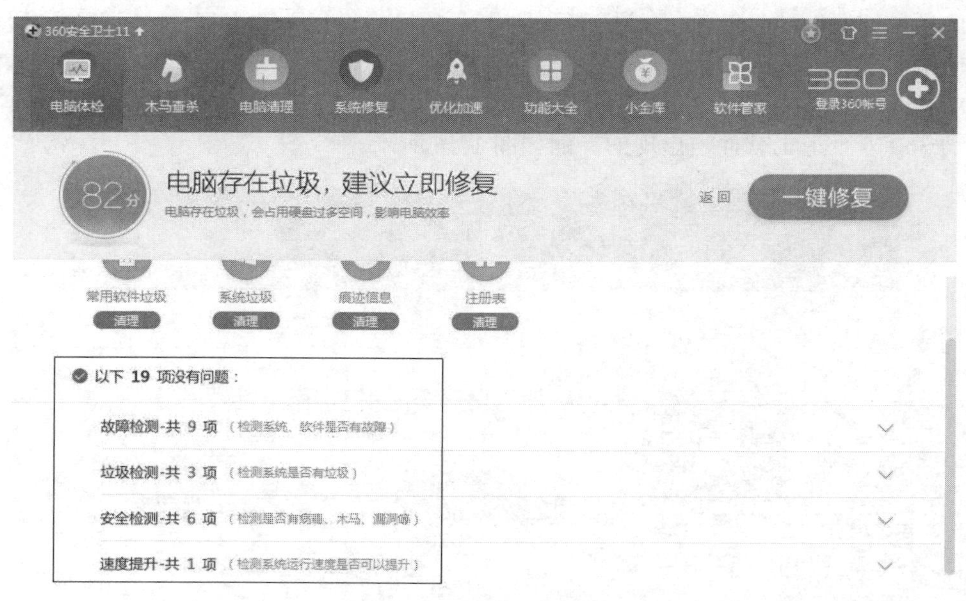

图 1-47 电脑体检对话框

图 1-48 电脑体检修复后的结果

2. 木马查杀

（1）木马查杀功能包括：

①进行木马查杀，修复系统漏洞，保持电脑健康。

②定期进行查杀修复，可以使电脑更加安全，更加健康，清除木马、病毒，避免木马、病毒入侵电脑，对电脑造成威胁。

（2）木马查杀方法：

单击图 1-46 中的“木马查杀”按钮，将出现如图 1-49 所示界面。从界面中可以选择“快速查杀”“全盘查杀”或“按位置查杀”这三个选项进行木马查杀。单击“快速查杀”按钮，进行木马查杀。木马查杀后的结果，如图 1-50 所示。

图 1-49　木马查杀界面

图 1-50　木马查杀后的结果

3. 电脑清理

（1）电脑清理功能包括：

①清理垃圾（清理电脑中的垃圾文件）；

②清理痕迹（清理浏览器使用痕迹）；

③清理注册表（清理无效的注册表项目）；

④清理插件（清理无用的插件，降低打扰）；

⑤清理软件（清理推广、弹窗等不常用的软件）；

⑥清理 Cookies（清理上网、游戏、购物等记录）。

（2）电脑清理方法：

单击图 1-46 中的“电脑清理”按钮，将出现如图 1-51 所示界面。从界面中可以选择相应的按钮，进行电脑清理。

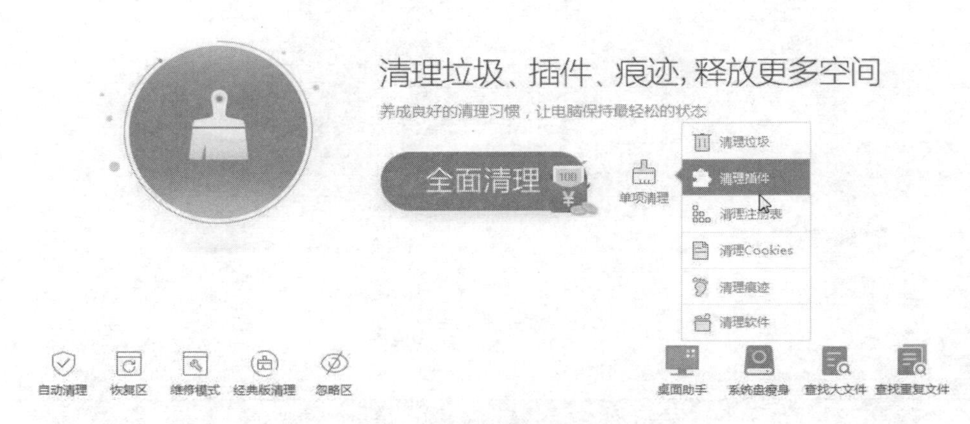

图 1-51 电脑清理界面

4. 系统修复

（1）系统修复功能包括：

①常规修复（修复常规的故障）；

②漏洞修复（修复一些漏洞）；

③软件修复（修复软件中的故障）；

④驱动修复（修复驱动程序的故障）。

（2）系统修复方法：

单击图 1-46 中的“系统修复”按钮，将出现如图 1-52 所示界面。从界面中可以选择相应的按钮，进行系统修复。

5. 优化加速

（1）优化加速功能包括：

① 全面加速（让电脑快如闪电，全面提升电脑开机速度、系统速度、上网速度、硬盘速度）；

② 开机加速（优化软件自启动状态）；

③ 系统加速（优化系统和内存设置）；

④ 网络加速（优化网络配置和性能）；

⑤ 硬盘加速（优化硬盘传输效率）。

图 1-52　系统修复对话框

（2）优化加速方法：

单击图 1-46 中的“优化加速”按钮，将出现如图 1-53 所示界面。从界面中可以选择相应的按钮，进行优化加速。

图 1-53　优化加速

6. 软件管家

（1）软件管家功能包括：

①下载软件；

②升级软件；

③卸载软件。

（2）软件管家使用方法：

单击图 1-46 中的“软件管家”按钮，将出现如图 1-54 所示界面。从界面中可以选择相应的按钮，进行软件管家的使用。

图 1-54　软件管家

四、实验练习

一般情况下，在开机的时候，“360 安全卫士”会自动开启的，所以在右下方的任务栏中（图 1-55），单击它就可以打开软件界面（图 1-56）。

图 1-55　任务栏的图标

1. 电脑体检

（1）在“360 安全卫士”软件中（如图 1-56 所示），单击“立即体检”按钮。360 安全卫士会对电脑进行体检，等待电脑体检结果。

（2）电脑体检结果（如图 1-57 所示）出来了之后，可以选择所需要清理的文件，或者单击“一键修复”。这里单击“一键修复”。

（3）修复完成，这时候 360 安全卫士对电脑的修复就大功告成了，修复完成可以看到相关的数据，例如：体检扫描了多少项，修复了多少个问题项，清理了多少垃圾。如图 1-58 所示。

图 1-56　360 安全卫士软件

图 1-57　电脑体检结果

图 1-58　修复完成的结果

2. 木马查杀

（1）在“360 安全卫士”软件中（如图 1-56 所示），单击“木马查杀”按钮，将出现如图 1-59 所示的“木马查杀”界面。360 安全卫士会对电脑进行木马、病毒、漏洞检测。

图 1-59 木马查杀

（2）能选择的扫描的区域包括“快速查杀”“全盘查杀”“按位置查杀”。这里选择“按位置查杀”，将出现如图 1-60 所示的对话框。从对话框中选择要扫描的区域，单击“开始扫描”按钮。

图 1-60 按位置查杀对话框

（3）扫描完成后，将出现如图 1-61 所示的木马查杀结果界面。在界面中，会提醒有没有发现木马，有没有危险项，如有发现异常，系统会提醒进行操作的。

图 1-61　木马查杀结果

（4）在图 1-61 中，单击“一键处理”按钮，将对发现的木马、危险项及异常进行处理。处理结果如图 1-62 所示。

图 1-62　木马查杀处理的结果

3. 电脑清理

（1）在“360 安全卫士”软件中（如图 1-56 所示），单击“电脑清理”按钮，将出现如图 1-63 所示的“电脑清理”界面。单击“全面清理”按钮。开始清理，一般扫描的速度是比较快的，如果不想扫描了，还可以单击右上方的“取消扫描”按钮。

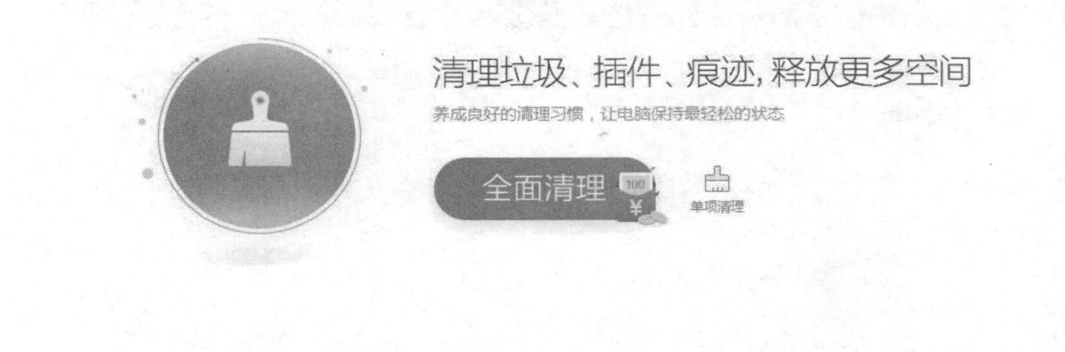

图 1-63 电脑清理

（2）扫描结束后，将出现如图 1-64 的扫描结果，选择需要清理的文件，单击“一键清理”按钮，进行垃圾清除。

图 1-64 扫描后的结果

（3）清理完成，将显示出如图 1-65 所示界面，显示的内容包括：总共清理掉了多少个项目，节省了多大的空间，这时候电脑垃圾就清理完毕了。

图 1-65　电脑清理后的结果

4. 优化加速

优化加速功能，将全面提升电脑的开机速度、系统速度、上网速度、硬盘运行速度等。

（1）在“360 安全卫士”软件中（如图 1-56 所示），单击“优化加速”按钮，将出现如图 1-66 所示的“优化加速”界面。

图 1-66　优化加速

（2）选择需要加速的类型，可以加速的类型有“开机加速”“系统加速”“网络加速”“硬盘加速”和“全面加速”。单击“全面加速”，扫描后，显示的结果，如图 1-67 所示。

图 1-67 扫描后的结果

（3）扫描完成后，从对话框中单击“立即优化”按钮，就可以给电脑进行优化加速了。优化后的结果，如图 1-68 所示。

图 1-68 优化加速后的结果

5. 软件管家

软件管家的功能有：软件下载、升级、卸载。在“360 安全卫士”软件中（图 1-56），单击“软件管家”按钮，将出现如图 1-69 所示的“软件管家”界面。

（1）下载软件。

在“软件管家”中，可以下载软件，在如图 1-69 所示界面的左边有很多软件，已经分类。可以根据分类来进行软件下载，还有热门软件、推荐软件，也可以在右上方的搜索栏上进行搜索，查找软件。

图 1-69　软件管家

（2）升级软件。

在“软件管家”的“升级”界面中（如图 1-70 所示），可以对电脑中当前的软件进行升级，找到想要升级的软件，单击右边的“一键升级”按钮就可以了，如果需要对全部软件进行升级，可以单击“全选”，然后单击方框内的“一键升级”。

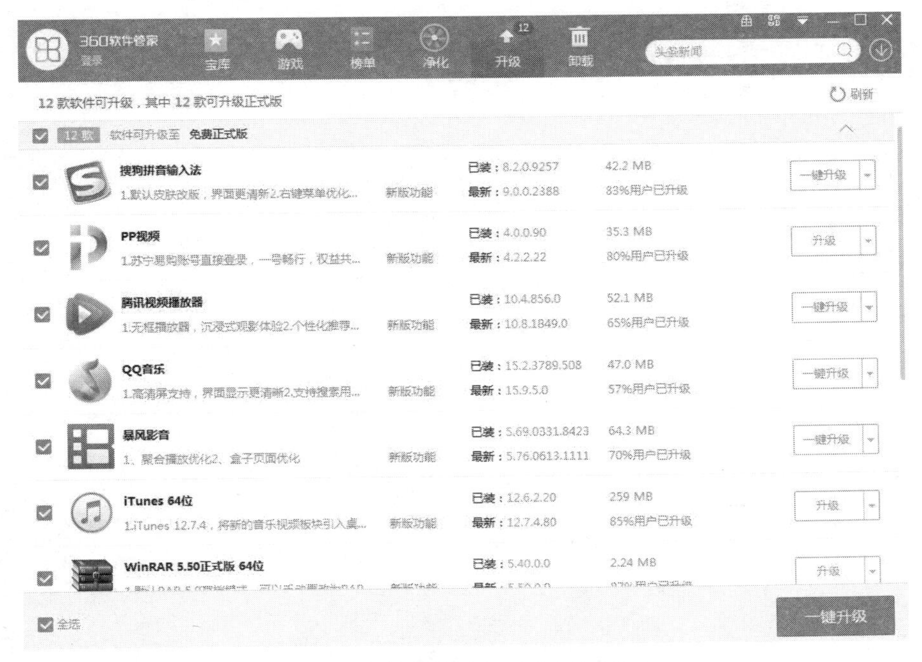

图 1-70　软件管家的“升级”界面

（3）卸载软件。

在“软件管家”的“卸载”界面中（如图 1-71 所示），可以对电脑中当前的软件进行卸载，只需要找到想要删除的软件，然后在该软件的右边，单击“卸载”或者“一键卸载”就可以了。如果想删除所有的软件，也可以单击“全选”，然后单击方框内的“一键卸载”。

图 1-71 软件管家的“卸载”界面

第2章　Windows 10操作系统

实验1　Windows 10的基本操作

一、实验目的

1．掌握 Windows 10 的启动与退出的方法。
2．掌握 Windows 10 中应用程序的启动、退出及切换方法。
3．掌握 Windows 10 快捷方式的创建方法及桌面图标排列方式。

二、实验内容及步骤

1．Windows 10 的启动与退出

（1）启动 Windows 10 操作系统。

打开主机电源后，计算机的启动程序先对机器进行自检，通过自检后进入 Windows 10 操作系统界面，屏幕出现 Windows 10 桌面。

（2）重新启动 Windows 10。

单击桌面左下角的“开始”菜单图标，打开“开始”菜单，再单击“电源”选项，弹出如图 2-1 所示的子菜单，选择“重启”命令，Windows 10 重新启动成功，屏幕出现 Windows 10 桌面。重启之前系统会将当前运行的程序关闭，并将一些重要的数据保存起来。

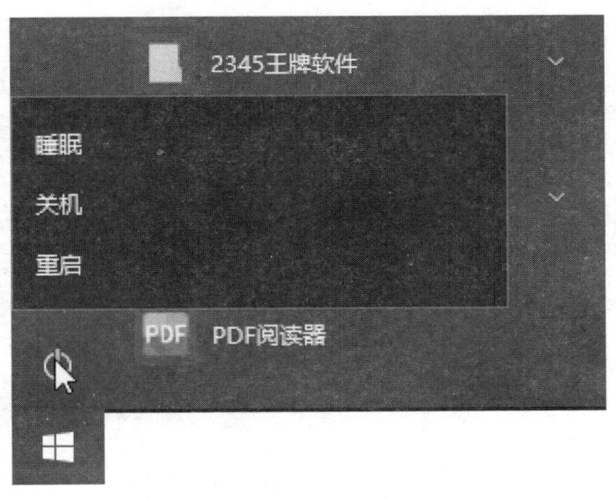

图 2-1　“电源”菜单列表

（3）睡眠模式。

单击如图 2-1 所示菜单中“睡眠”命令，计算机就会在自动保存完内存数据后进入睡眠状态。

当用户按一下主机上的电源按钮，或者晃动鼠标或者按键盘上的任意键时，都可以将计算机从睡眠状态中唤醒，使其进入工作状态。

（4）注销计算机。

单击桌面左下角的“开始”菜单图标，打开“开始”菜单，再单击“账户”菜单图标，在其子菜单中选择“注销”命令，如图 2-2 所示。Windows 10 会关闭当前用户界面的所有程序，并出现登录界面让用户重新登录。

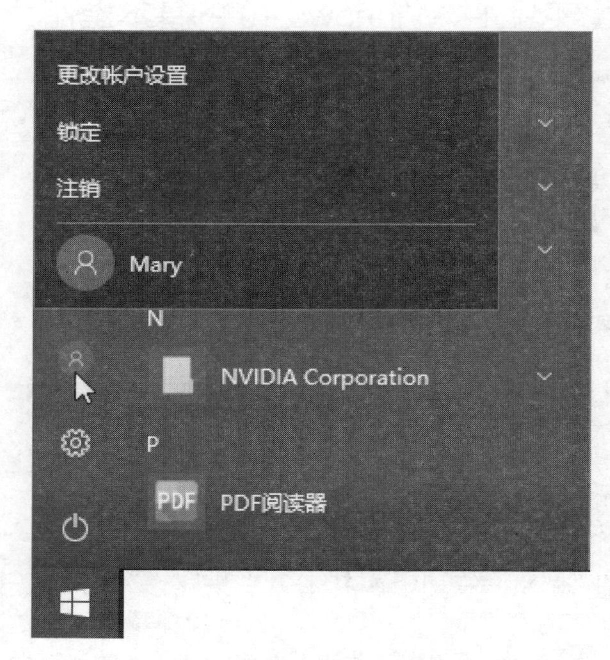

图 2-2 “账户”菜单列表

（5）锁定计算机。

单击如图 2-2 所示菜单中“锁定”命令，锁定后屏幕的右下角会出现“解锁”图标。当单击解锁图标时，会出现用户登录界面，必须输入正确的密码才能正常操作计算机。

（6）关闭 Windows 10。

单击如图 2-1 所示菜单中“关机”命令，这时系统会自动将当前运行的程序关闭，并将一些重要的数据保存，之后关闭计算机。

2. Windows 10 中应用程序的启动、退出及切换方法

（1）应用程序的启动。

【案例 1】启动“写字板”“此电脑”、Microsoft Word 等应用程序。

操作方法如下：

① 使用“开始”菜单启动“写字板”应用程序。

选择“开始”→“Windows 附件”→“写字板”命令，即可打开“写字板”程序，如图 2-3 所示。

② 使用桌面快捷方式图标启动 Microsoft Word。

双击桌面 Microsoft Word 快捷方式图标，即可打开 Word 应用程序，如图 2-4 所示。

图 2-3　"开始"菜单启动

图 2-4　桌面快捷方式图标

③ 使用快捷菜单启动"此电脑"应用程序。

右击"此电脑"图标，在弹出的快捷菜单中选择"打开"命令，即可打开"此电脑"，如图 2-5 所示。

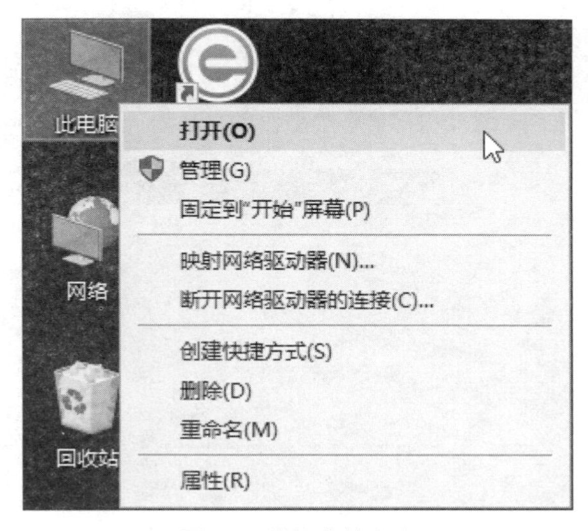

图 2-5　快捷菜单启动

（2）应用程序窗口之间的切换。

【案例 2】将“写字板”“画图”“此电脑”和 Word 文档多个应用程序窗口打开，进行活动窗口切换。

操作方法如下：

① 用鼠标切换。

单击任务栏上对应的应用程序图标“画图”，“画图”应用程序变成活动窗口，这样可以使用画图程序。

② 用键盘进行切换。

- 用 Alt+Esc 组合键切换。首先按下 Alt 键并保持，然后再按 Esc 键选择需要打开的窗口。

操作提示：Alt+Esc 组合键只在非最小化的窗口之间切换。

- 用 Alt+Tab 组合键切换。同时按下 Alt+Tab 组合键，屏幕上出现切换缩略图，如图 2-6 所示。按住 Alt 键并保持，然后通过不断按下 Tab 在缩略图中选择需要打开的窗口。选中后，释放 Alt 和 Tab 两个键，选择的窗口即为当前活动窗口。

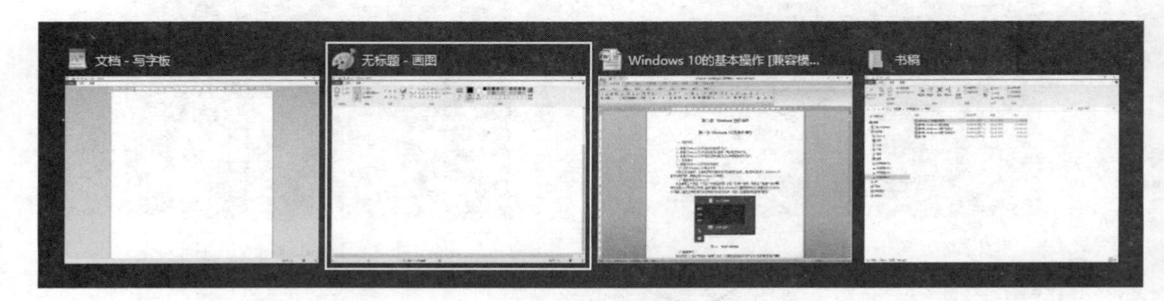

图 2-6　切换缩略图

（3）退出应用程序。

【案例 3】将图 2-6 中的多个应用程序“写字板”“画图”、Word 文档及“此电脑”关闭。

① 单击“写字板”标题栏右侧“关闭”按钮☒，关闭“写字板”。

② 单击“画图”程序标题栏左侧的控制菜单图标，如图 2-7 所示。在弹出的控制菜单中选择“关闭”命令，关闭“画图”程序。

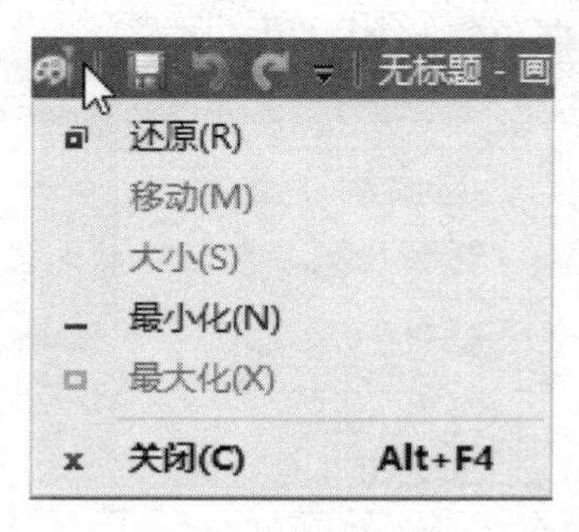

图 2-7　控制菜单

操作提示：对于所有应用程序来说，控制菜单都是相同的。

③ 双击“画图”程序标题栏左侧的控制菜单图标，也可以关闭“画图”程序。

④ 同时按下 Alt 和功能键 F4，关闭 Word 文档。

3. Windows 10 中快捷方式的创建方法及桌面图标排列

（1）快捷菜单的创建。

【案例 4】在桌面上为“计算器”、Microsoft Excel、Microsoft iexplore 创建快捷方式。

快捷方式创建方法：

① 使用鼠标拖动创建快捷方式。

单击“开始”→“Windows 附件”，将鼠标移动到“计算器”，按住鼠标左键直接拖动到桌面，在桌面创建了“计算器”快捷方式。

开始菜单中包含的各应用程序均可使用此方法创建快捷方式。

② 使用快捷菜单中“发送到”命令创建快捷方式。

在“此电脑”中打开 C：\Program File\Office 2007，右击 Excel 程序文件图标后弹出快捷菜单，选择“发送到”→“桌面快捷方式”命令，如图 2-8 所示。在桌面上创建了 Microsoft Excel 快捷方式。

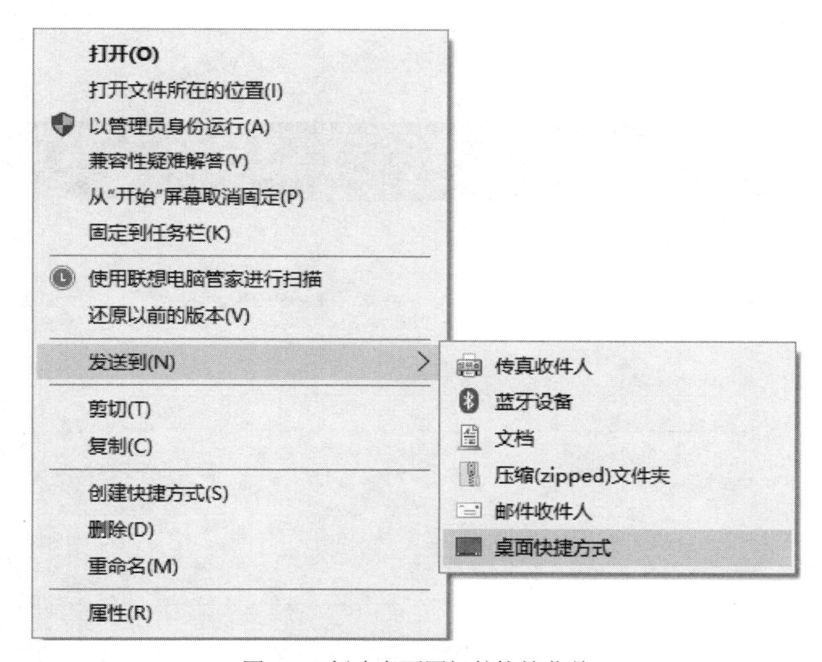

图 2-8　创建桌面图标的快捷菜单

③ 使用快捷菜单中“创建快捷方式”命令创建快捷方式。

右击“Excel”程序文件图标，在弹出的快捷菜单中选择“创建快捷方式”命令，如图 2-8 所示，在当前文件夹中创建了 Microsoft Excel 快捷方式。然后将新创建的快捷方式图标移动至桌面。

④ 使用快捷菜单中“新建”命令创建快捷方式。

- 首先右击桌面空白处，弹出桌面快捷菜单，如图 2-9 所示，选择“新建”→“快捷方式”命令，在弹出的“创建快捷方式”对话框中进行设置，如图 2-10 所示。

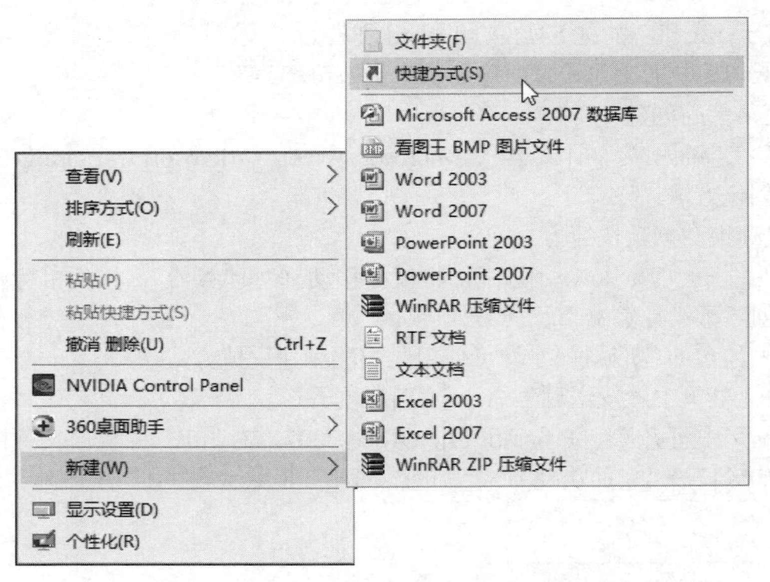

图 2-9 桌面快捷菜单及“新建”菜单列表

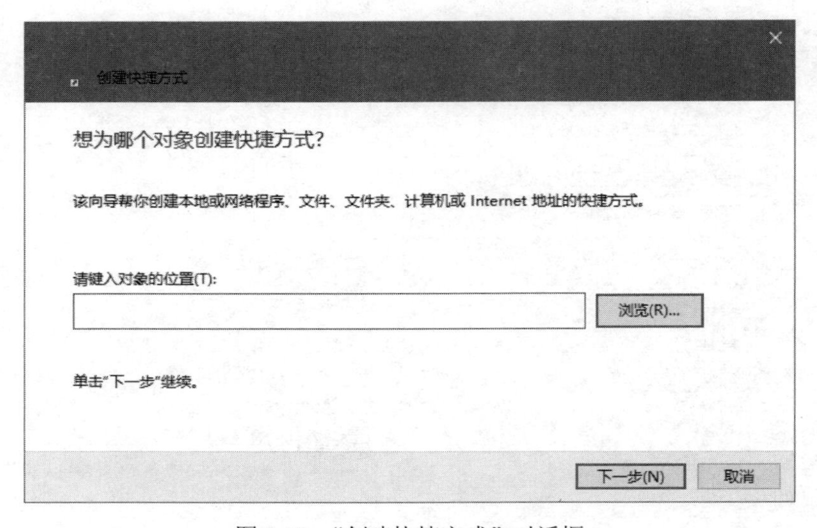

图 2-10 “创建快捷方式”对话框

- 然后单击“浏览”按钮，打开“浏览文件夹” 对话框，如图 2-11 所示。选择 iexplore，单击“确定”按钮，则图 2-10“请键入对象的位置”文本框中显示 iexplore 的路径和文件名。
- 最后单击“下一步”按钮，按着提示修改快捷方式名称，单击“完成”按钮结束操作。

⑤ 使用对象所在窗口中的“主页选项卡”创建快捷方式。

在对象所在的窗口下，单击功能区中的“主页”选项卡，单击“新建项目”下拉箭头，在其下级菜单中选择“快捷方式”命令，如图 2-12 所示。后面操作与上述使用快捷菜单中“新建”命令创建快捷方式完全一致，不再重复说明。图标创建在当前文件夹中，如需要可移动到桌面。

图 2-11　“浏览文件或文件夹”对话框

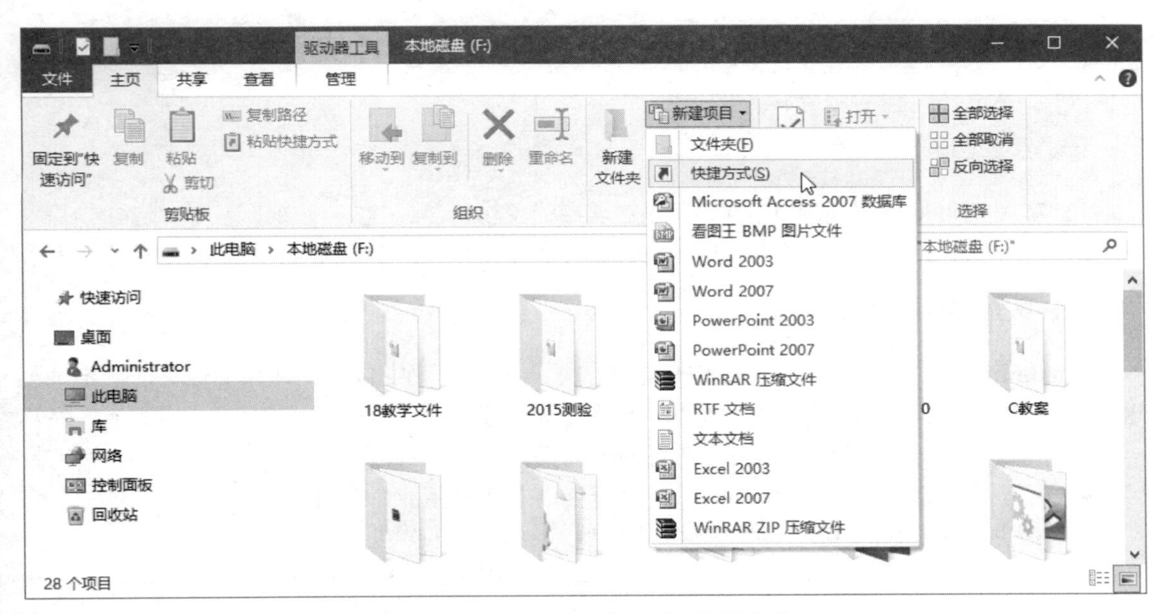

图 2-12　在对象所在窗口创建快捷方式

（2）桌面图标排列。

① 桌面图标自动排列。在桌面空白处右击，在弹出快捷菜单中选择“自动排列图标”，如图 2-13 所示，完成桌面图标自动排列。

② 桌面图标的排列。在桌面空白处右击，在弹出快捷菜单中选择“排序方式”，如图 2-14 所示。选择按照名称、大小、项目类型及修改日期完成桌面图标排列。

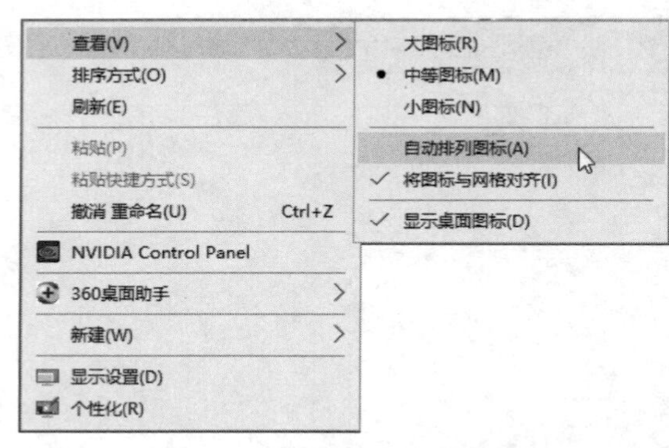

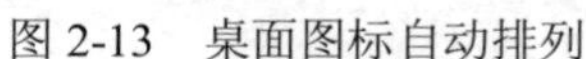
图 2-13 桌面图标自动排列

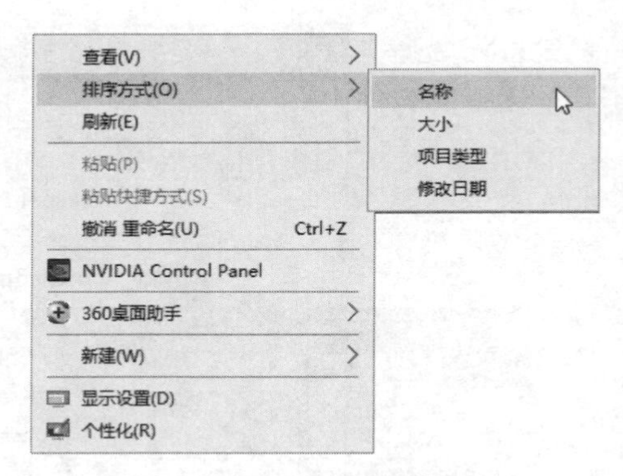

图 2-14 桌面图标排列方式

三、实验练习

1．在桌面上为“画图”应用程序创建快捷方式，查看桌面图标，改变图标排列方式。

2．用不同方法依次打开“写字板”“画图”“此电脑”应用程序窗口，进行应用程序之间切换，改变多个窗口的显示方式。

3．将上述打开窗口分别最大化、最小化、还原，改变窗口大小，移动窗口，用不同方法关闭窗口。

实验 2 Windows 10 的文件及文件夹管理

一、实验目的

1．掌握 Windows 10 的此电脑及资源管理器的使用。

2．掌握 Windows 10 中文件和文件夹的基本操作。

二、实验内容及步骤

Windows 10 中文件及文件夹操作是本章的重点内容，其中包括文件与文件夹的选定、创建、重命名、复制、移动、删除、属性设置及搜索等等。

对文件与文件夹的操作，常用方法有如下几类：

- 使用鼠标右击选中对象，在弹出快捷菜单中选择相应命令进行操作。
- 使用 Ctrl、Shift 键配合鼠标进行操作。
- 使用此电脑及资源管理器窗口中的选项卡中相应命令进行操作。

1．文件与文件夹的选定

（1）单个文件或文件夹的选定：用鼠标单击文件或文件夹即可选中该对象。

（2）多个相邻文件或文件夹的选定：

- 按下 Shift 键并保持，再用鼠标单击首尾两个文件或文件夹。
- 单击要选定的第一个对象旁边的空白处，按住左键不放，拖动至最后一个对象。

（3）多个不相邻文件或文件夹的选定：

- 按下 Ctrl 键并保持，再用鼠标逐个单击各个文件或文件夹。

- 首先选择“查看”选项卡，如图 2-15 所示。选中“项目复选框”，将鼠标移动到需要选择的文件上方，单击文件左上角的复选框就可选中。

（4）反向选定：若只有少数文件或文件夹不想选择，可以先选定这几个文件或文件夹，然后单击选择“主页”选项卡中的“反向选择”命令，如图 2-16 所示，这样可以反转当前选择。

（5）全部选定：单击项目选项卡中“全部选择”命令或按 Ctrl+A 键。

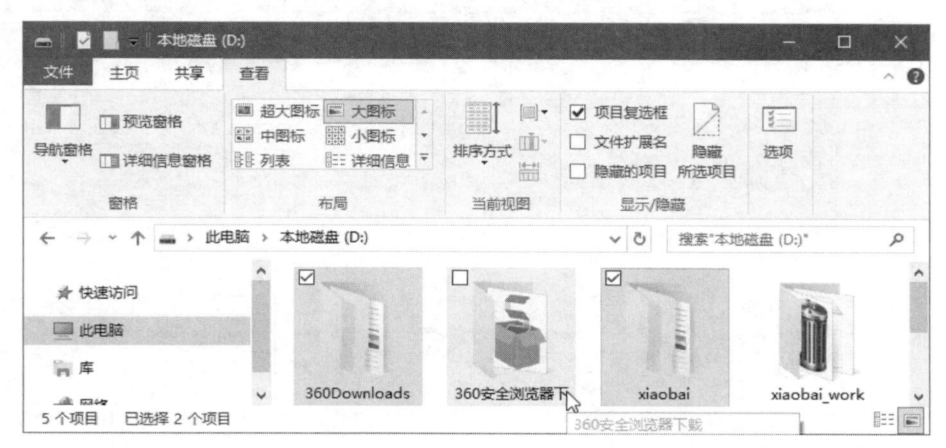

图 2-15　使用“项目复选框”

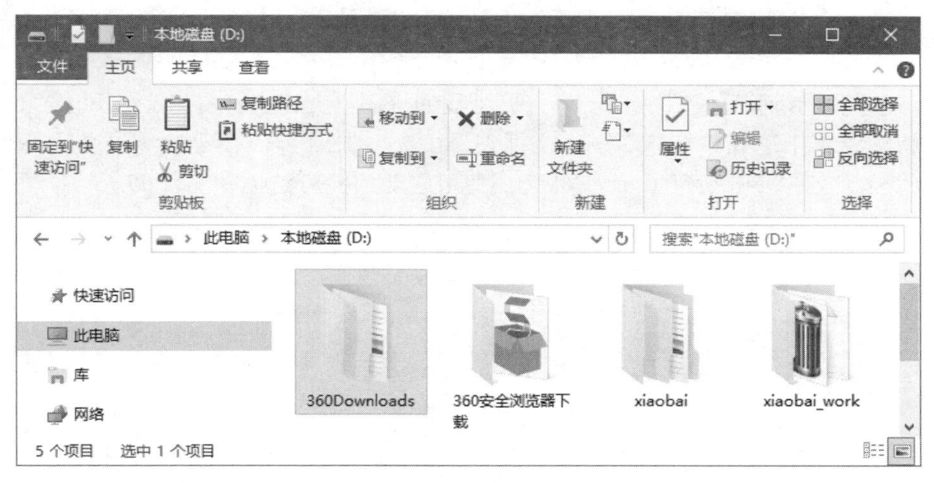

图 2-16　“主页”选项卡

2. 创建新的文件及文件夹

（1）创建文件夹。

【案例 1】在 D 盘下新建文件夹结构，如图 2-17 所示。

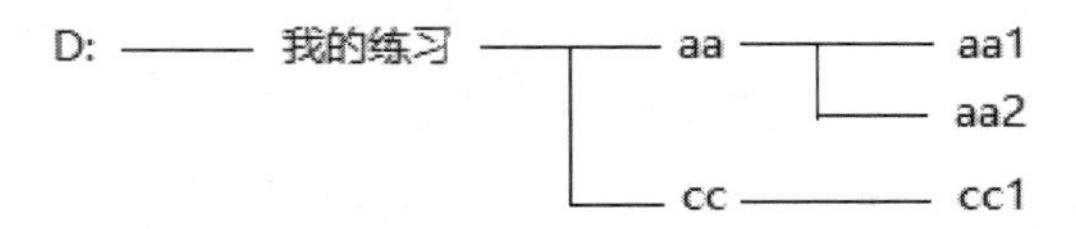

图 2-17　文件夹结构

操作方法如下：

① 在此电脑中选择 D 盘，开始创建如图 2-17 所示文件夹。

② 选择“主页”选项卡，单击“新建文件夹”，在列表窗格中出现新建的文件夹图标，如图 2-18 所示。将文件夹名称命名为“我的练习”，则在 D 盘上创建了“我的练习”文件夹。

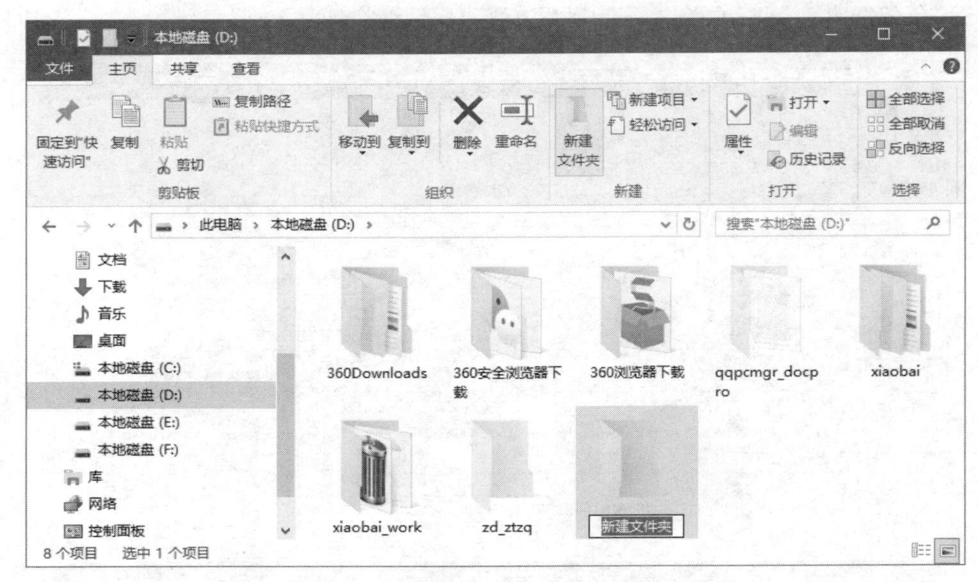

图 2-18 使用“新建文件夹”创建

③ 双击“我的练习”文件夹图标，打开“我的练习”文件夹。右击文件列表栏的空白处，在弹出的快捷菜单中选择“新建”→“文件夹”命令，如图 2-19 所示。将文件夹命名为 aa，在“我的练习”文件夹中创建了 aa 文件夹。使用与此相同方法创建文件夹 cc。

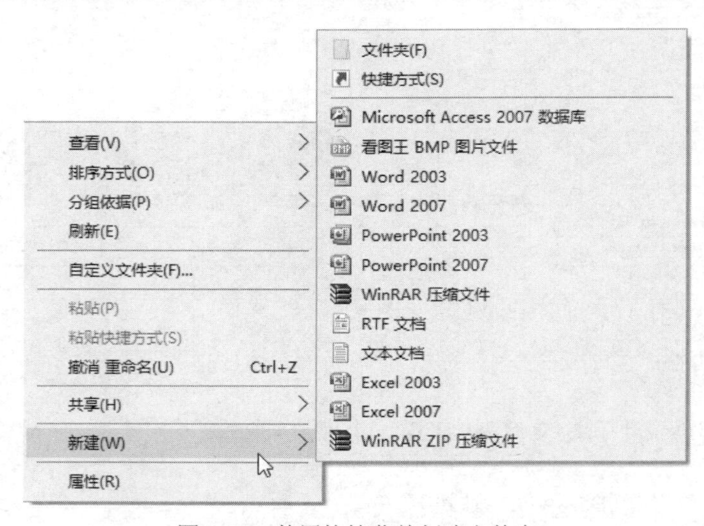

图 2-19 使用快捷菜单创建文件夹

④ 双击 aa 文件夹图标，打开 aa 文件夹，单击“新建项目”右侧下拉箭头打开下拉菜单，如图 2-20 所示。选择“文件夹”命令，创建 aa1、aa2 文件夹。

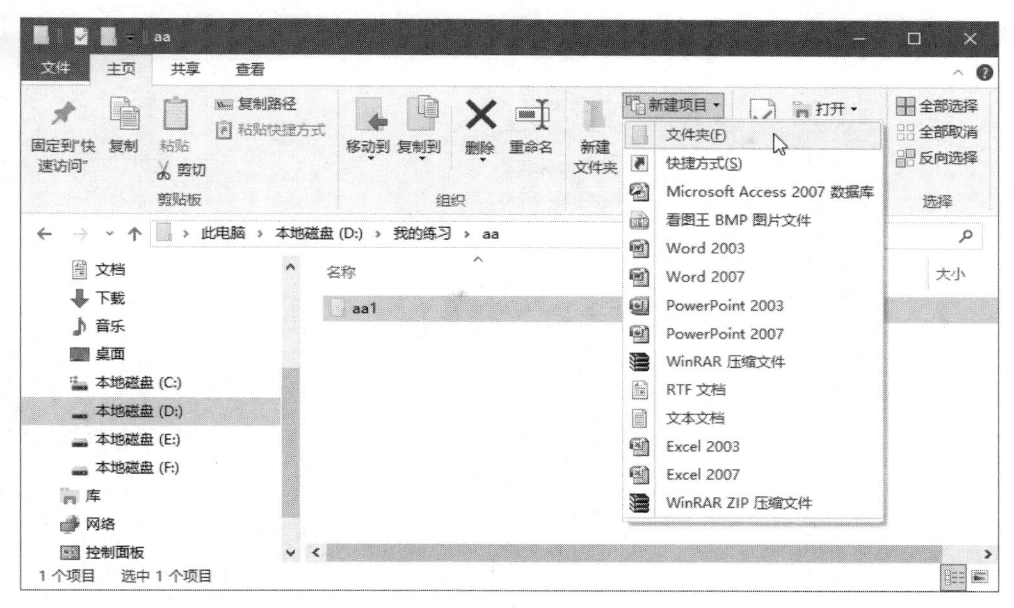

图 2-20　使用“新建项目”创建文件夹

⑤ 单击返回箭头←，返回“我的练习”文件夹。双击 cc 文件夹图标，打开 cc 文件夹，单击“新建项目”右侧下拉箭头打开下拉菜单，如图 2-20 所示。选择“文件夹”命令，创建 cc1 文件夹。至此完成了图 2-17 所示的文件夹结构。

（2）创建文件。

【案例 2】在图 2-17 所示文件夹 aa 中，新建一个文本文件 abc.txt；在 cc 文件夹中，新建一个 Word 文档 def.docx。

操作方法如下：

① 双击 aa 文件夹图标，打开 aa 文件夹，右击文件列表栏的空白处，在弹出的快捷菜单中选择“新建”→“文本文档”命令，如图 2-19 所示。将文件命名为 abc，在 aa 文件夹中创建了文本文件 abc.txt。

② 双击 cc 文件夹图标，打开 cc 文件夹，单击“新建项目”右侧下拉箭头打开下拉菜单，如图 2-20 所示。选择 Word 2007 命令，将文件命名为 def，在 cc 文件夹中创建了 Word 文档 def.docx。

3. 文件与文件夹的重命名

【案例 3】将图 2-17 所示的文件夹 aa 改名为“练习 1”，cc 文件夹中 Word 文档 def.docx 改名为“Word 练习”。

操作方法如下：

（1）右击重命名文件夹 aa，在弹出快捷菜单中选择“重命名”命令。如图 2-21 所示。输入新的文件夹名“练习 1”，完成对文件夹 aa 的重命名。

（2）选中文件 def.docx，在图 2-22 所示“主页”选项卡中选择单击“重命名”，输入新的文件名“Word 练习”，完成对文件 def.docx 的重命名。

文件与文件夹重命名方法完全相同，可以自行选择。

注意：文件的扩展名代表文件类型，所以重命名文件时一定要谨慎！

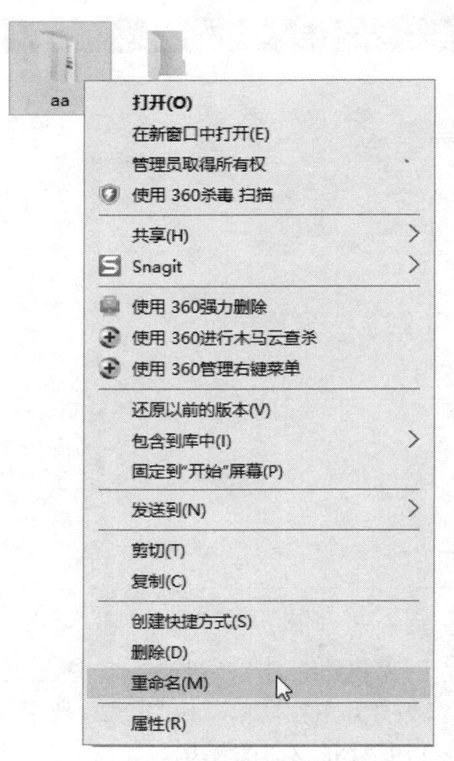

图 2-21　使用快捷快捷菜单重命名

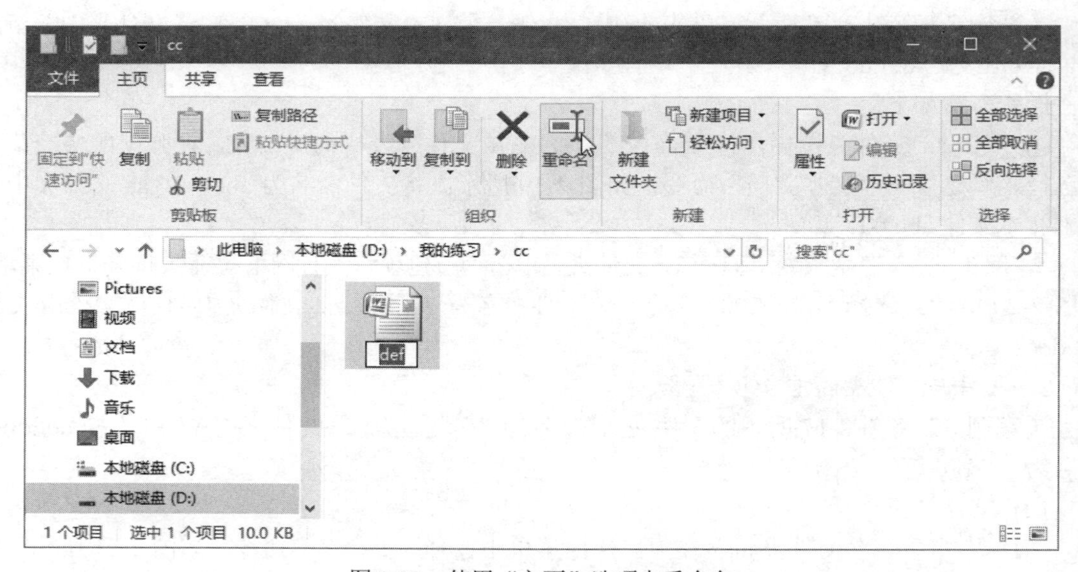

图 2-22　使用“主页”选项卡重命名

4. 文件与文件夹的复制

【案例 4】将文件 abc.txt 复制到“我的练习”文件夹中，将 cc 文件夹复制到 D 盘。

操作方法如下：

（1）右击要复制的文件 abc.txt，在弹出的快捷菜单中选择“复制”命令，如图 2-21 所示。

（2）选择目标文件夹“我的练习”，在文件列表区空白处右击，在弹出的快捷菜单中选择“粘贴”命令，完成复制操作。

（3）选定要复制的文件夹 cc，单击“主页”选项卡“复制”命令，如图 2-22 所示。

（4）选择目标位置 D 盘，单击“主页”选项卡“粘贴”命令，完成复制操作。

使用图 2-22 所示的“复制到”命令也可以实现复制，也可使用鼠标方法实现文件复制。

5. 文件和文件夹的移动

【案例 5】将“D:\我的练习\abc.txt”文件移动到“D:\cc”文件夹中，将“D:\我的练习”下的 aa 文件夹移动到 D 盘。

操作方法如下：

（1）右击要移动的文件 abc.txt，在弹出的快捷菜单中选择“剪切”命令，如图 2-21 所示。

（2）选择目标文件夹 D:\cc，在文件列表区空白处右击，在弹出的快捷菜单中选择“粘贴”命令，完成移动操作。

（3）选定要移动的文件夹 aa，单击“主页”选项卡“剪切”命令，如图 2-22 所示。

（4）选择目标位置 D 盘，单击“主页”选项卡“粘贴”命令，完成移动操作。

使用图 2-22 所示的“移动到”命令也可以实现文件及文件夹移动，也可使用鼠标方法实现文件及文件夹移动。

注意：使用鼠标拖动复制或移动文件和文件夹时，按下 Shift 键并保持，再用鼠标拖动该对象到目标文件夹，实现移动操作；按下 Ctrl 键并保持，再用鼠标拖动该对象到目标文件夹，实现复制操作。直接用鼠标拖动该对象到目标文件夹，同一磁盘间拖动实现文件和文件夹移动，不同磁盘间实现文件和文件夹复制。

6. 文件和文件夹的删除

【案例 6】将“D:\我的练习\cc”文件夹中的“Word 练习”文件删除，将“D:\aa”文件夹删除。

操作方法如下：

（1）右击“Word 练习”文件，在弹出的快捷菜单中选择“删除”命令，如图 2-21 所示。

（2）在图 2-23 所示的“删除文件”对话框中单击“是”按钮，将删除文件放入“回收站”中。

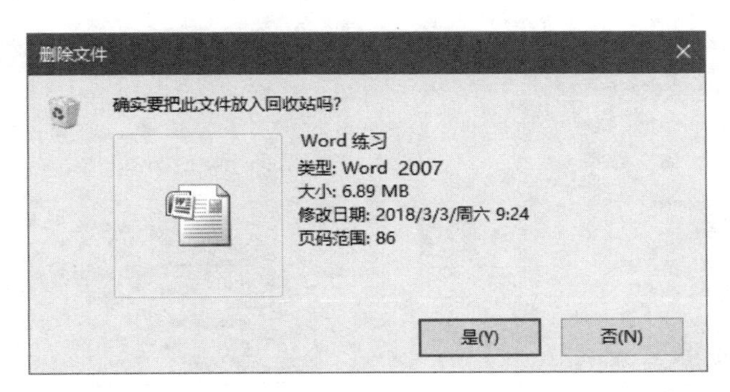

图 2-23　文件或文件夹删除

（3）选中“D:\aa”文件夹，使用图 2-22 所示“主页”选项卡中“删除”命令，将删除文件夹放入“回收站”中。

注意：从网络位置、可移动媒体（U盘、可移动硬盘等）删除文件和文件夹或者被删除文件和文件夹的大小超过“回收站”空间的大小时，被删除对象将不被放入“回收站”中，而是直接被永久删除，不能还原。

7. 文件和文件夹的还原，以及回收站的操作

（1）还原被删除的文件和文件夹。

【案例 7】将回收站中的“Word 练习”文件还原，将 aa 文件夹还原。

操作方法如下：

① 双击桌面“回收站”图标，打开“回收站”窗口，如图 2-24 所示。

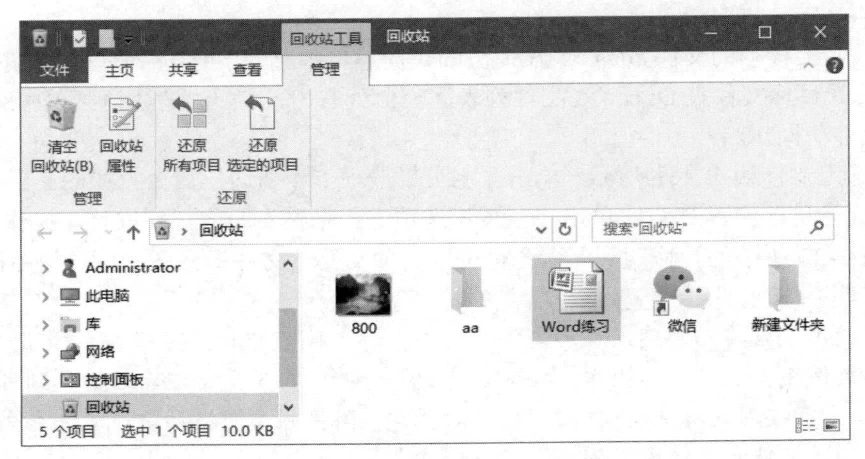

图 2-24 “回收站”窗口

② 选中文件“Word 练习”，单击“还原选定的项目”命令，则“Word 练习”文件将被还原到此电脑中的原始位置。

③ 右击 aa 文件夹图标，在弹出的快捷菜单中选择“还原”命令，则 aa 文件夹将被还原到此电脑中的原始位置。如图 2-25 所示。

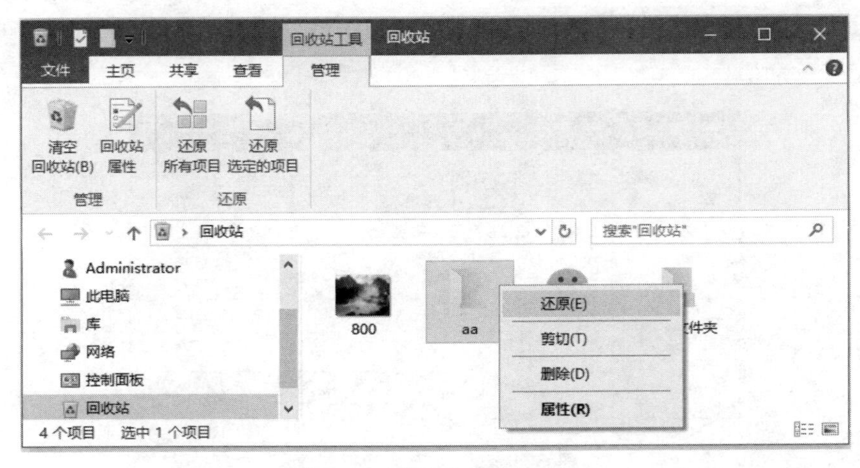

图 2-25 回收站中快捷菜单

（2）文件和文件夹的彻底删除。

【案例 8】 将“回收站”中的文件夹 aa 彻底删除，将文件“Word 练习”彻底删除。

操作方法如下：

① 双击桌面“回收站”图标，打开“回收站”窗口，如图 2-24 所示。

② 右击 aa 文件夹图标，在弹出的快捷菜单中选择“删除”命令，则 aa 文件夹将被彻底删除。如图 2-25 所示。

③ 单击“清空回收站”命令，则“回收站”中所有文件和文件夹将被彻底删除。

注意：“回收站”中的内容一旦被删除，被删除的对象将不能再恢复。

8. 文件和文件夹的属性设置

【案例 9】 将文件 abc.txt 设置为隐藏属性，将文件夹“我的练习”设置为共享属性。

操作方法如下：

（1）用快捷菜单设置文件属性。

1）右击文件 abc.txt，在弹出的快捷菜单中选择“属性”命令，打开如图 2-26 所示的文件属性对话框。

图 2-26 文件属性对话框示例

2）在对话框中选中“隐藏”复选框，单击“确定”按钮，文件设置为隐藏，如图 2-27 所示，此时文件依然显示。

3）在图 2-27 中取消“隐藏的项目”复选框的选定，文件将不再显示，处于隐藏状态。

（2）文件夹的共享。

1）右击文件夹“我的练习”，在弹出的快捷菜单中选择”共享”→“特定用户”命令，如图 2-28 所示。

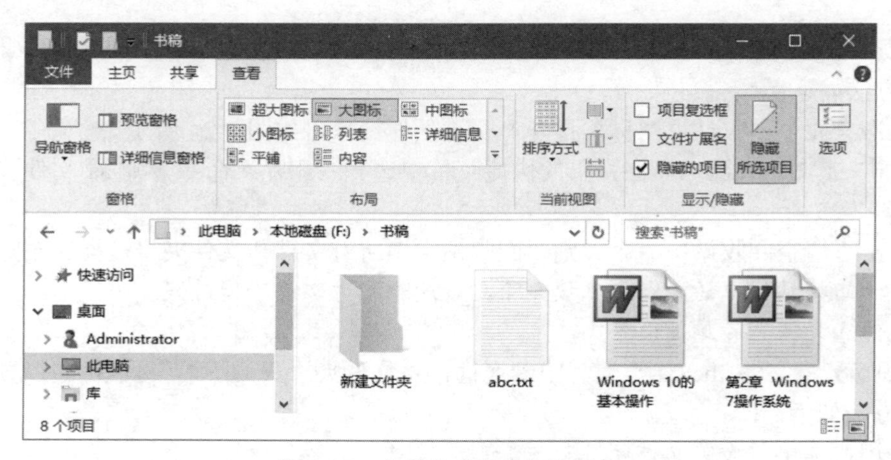

图 2-27　文件夹“查看”选项卡

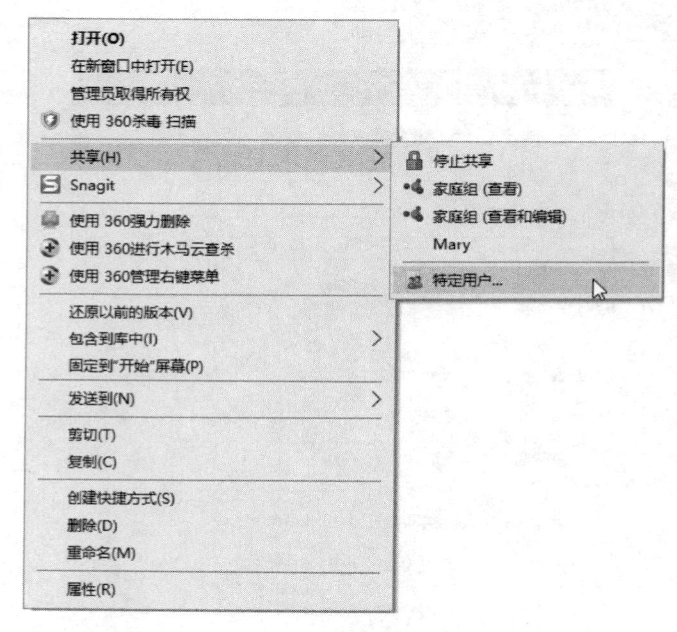

图 2-28　文件夹共享命令

2）在图 2-29 中，选择要与其共享的用户 Mary，单击“添加”按钮，最后单击“共享”按钮，完成文件夹共享属性设置。

注意：文件夹与磁盘均可设置共享属性，文件只需放在共享文件夹或磁盘中即可供各类用户查看。

9. 文件及文件夹搜索

【案例 10】在 F 盘中搜索名称中含“教学”的文件或文件夹。

操作方法如下：

（1）即时搜索。

在导航窗格选择 F 盘，在搜索框中输入“教学”，立即在 F 盘开始搜索名称含有“教学”的文件及文件夹，如图 2-30 所示。

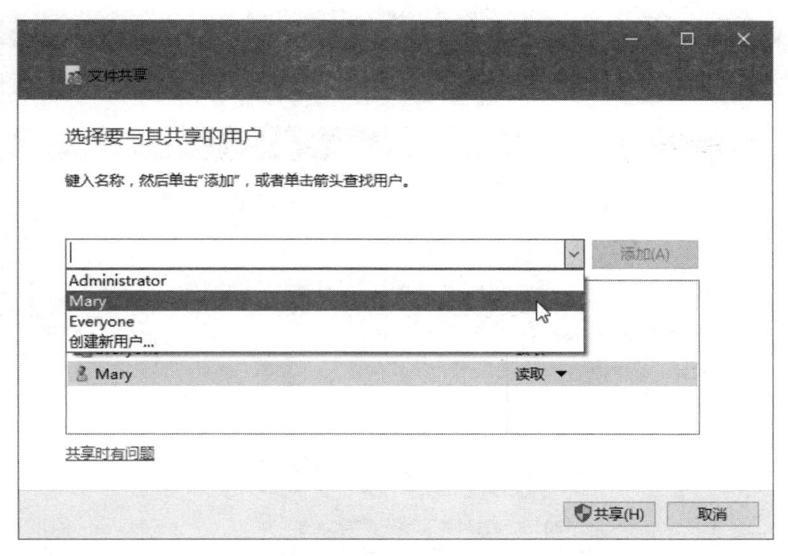

图 2-29　文件夹共享

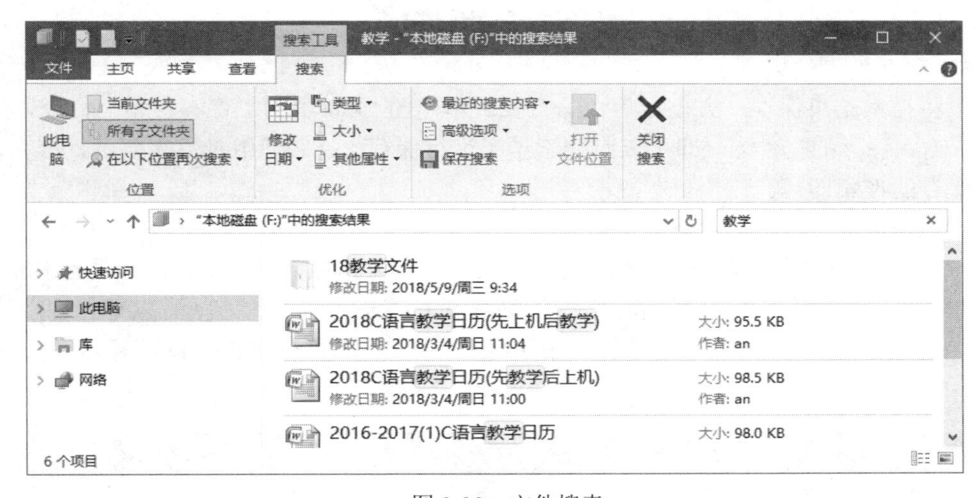

图 2-30　文件搜索

搜索时如果不知道准确文件名，可以使用通配符。通配符包括星号“*”和问号“？”两种。可以使用问号“？”代替一个字符，星号“*”代替任意个字符。

（2）更改搜索位置。

在默认情况下，搜索位置是当前文件夹及子文件夹。如果需要修改，可以在图 2-30 的“搜索”选项卡“位置”区域中进行更改。

（3）设置搜索类型。

如果想要加快搜索速度，可以在图 2-30 的“搜索”选项卡“优化”区域中设置更具体的搜索信息，如修改时间、类型、大小、其他属性等等。

（4）设置索引选项。

Windows 10 中，使用“索引”可以快速找到特定的文件及文件夹。默认情况下，大多数常见类型都会被索引，索引位置包括库中的所有文件夹、电子邮件、脱机文件。

单击图 2-31 中的“高级选项”的下拉按钮，在其下拉菜单中选择“更改索引位置”命令，对索引位置进行添加修改。添加索引位置完成后，计算机会自动为新添加索引位置编制索引。

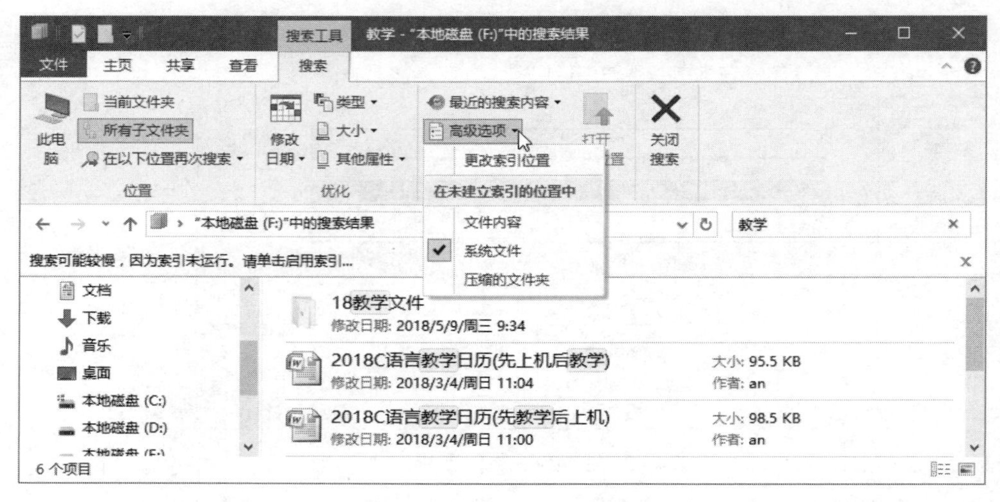

图 2-31　索引选项设置

（5）保存搜索结果。

可以将搜索结果保存，方便日后快速查找。单击图 2-30 中的“保存搜索”命令，选择保存位置，输入保存的文件名，即可以对搜索结果进行保存。日后使用时不需要进行搜索，只需要打开保存的搜索即可。

10. 文件与文件夹的显示方式

Windows 10 资源管理器窗口中的文件列表有“超大图标”“大图标”“中等图标”“小图标”“列表”“详细信息”“平铺”和“内容”8 种显示方式。选择的方法有以下几种：

（1）使用“查看”选项卡，选择“中图标”，则文件和文件夹以中图标显示。如图 2-32 所示。

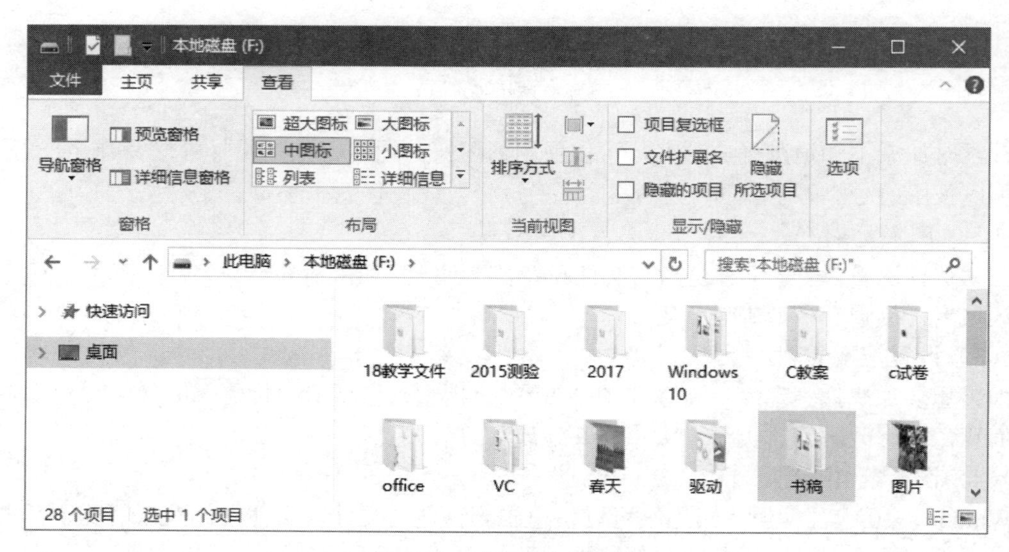

图 2-32　“查看”选项卡

（2）右击窗口空白处，在弹出快捷菜单中选择“查看”命令，如图 2-33 所示。

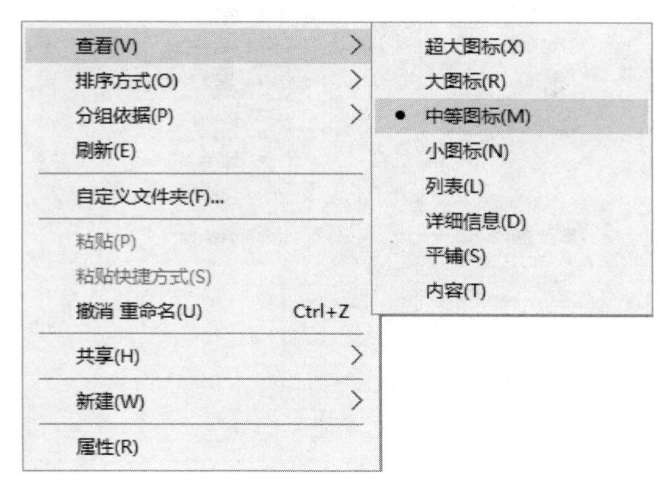

图 2-33　快捷菜单查看命令

11. 文件与文件夹的排序方式

浏览文件和文件夹时，文件和文件夹可以按名称、修改日期、类型或大小方式来调整文件列表的排列顺序，还可以选择递增、递减或更多的方式进行排序。排序方法如下：

（1）选择文件列表的排序方式可以使用选项卡，在图 2-34 中单击“排序方式”的下拉按钮，展开排序下拉菜单，分别选择“名称”和“递增”，则文件和文件夹按照名称升序排列。

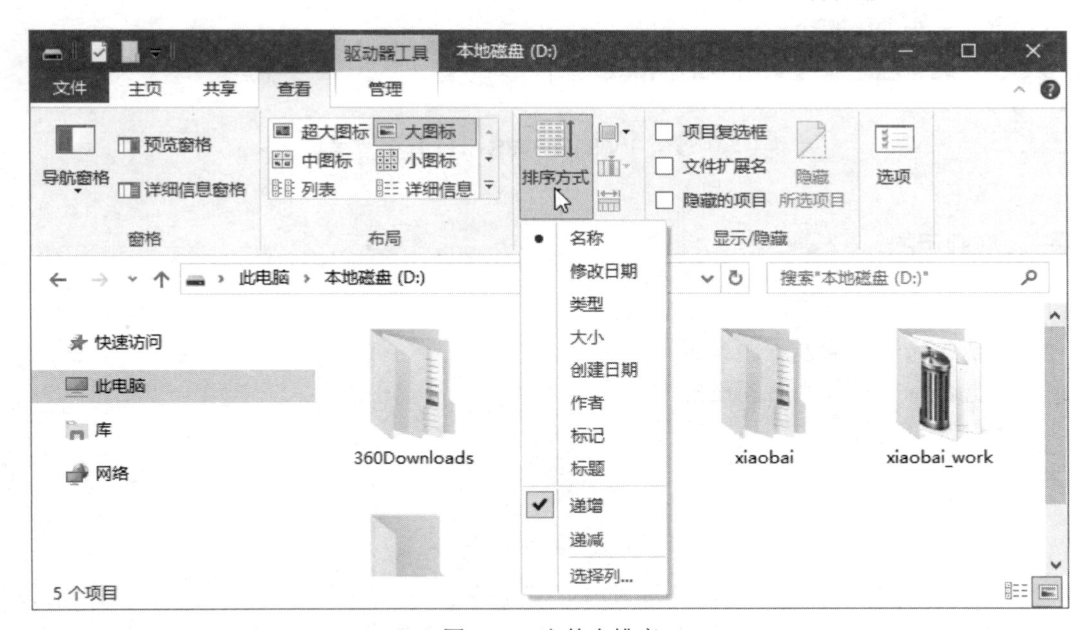

图 2-34　文件夹排序

（2）右击“此电脑”窗口空白处，在弹出的快捷菜单中选择“排序方式”→“类型”，如图 2-35 所示。此时文件和文件夹按照类型排列。

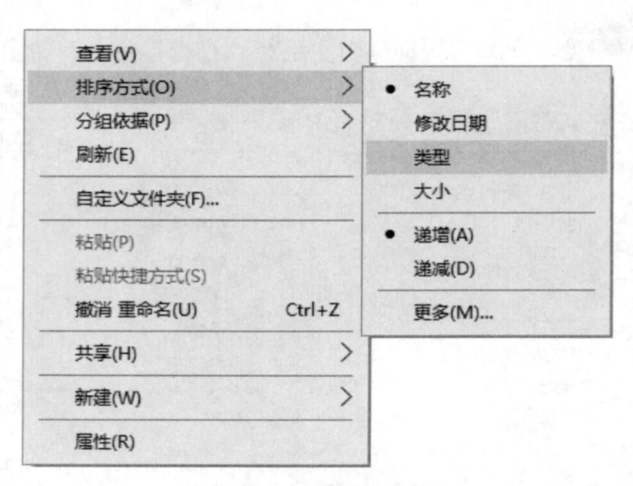

图 2-35　快捷菜单排序

三、实验练习

1．在 D 盘根目录下建立文件夹 AA，在 AA 文件夹下建立子文件夹 BB 和子文件夹 CC。

2. 在 BB 文件夹下建立一个名为 kaoshi.txt 的文本文件，并将该文件复制到 CC 文件夹中。

3．将从 CC 文件夹中复制来的文件 kaoshi.txt 改名为 exam.txt，并在桌面上为其创建快捷方式，再将文件的属性设置为“只读”。

4．将 BB 文件夹中的文件“kaoshi.txt”移动到 AA 文件夹中。

5．将文件夹 BB 删除。

6．在“此电脑”中搜索所有的 Word 文档。

实验 3　Windows 10 的设置

一、实验目的

1．掌握“控制面板”的功能及使用方法。

2．熟练掌握个性化及主题设置。

3．掌握鼠标、日期和时间设置。

4．了解账户的设置。

二、实验内容及步骤

1．控制面板

“控制面板”和“设置”都是 Windows 10 提供的控制计算机的工具，但“设置”在功能方面还不能完全取代“控制面板”，“控制面板”的功能更加详细。通过“控制面板”，用户可以对系统的设置进行查看和调整。

选择“开始”→“Windows 系统”→“控制面板”命令，即可打开“控制面板”窗口，如图 2-36 所示。

图 2-36　控制面板

2. 个性化设置

右击桌面空白处，在弹出的快捷菜单中选择“个性化”命令，打开“个性化”窗口，如图 2-37 所示。“个性化”窗口左侧窗格中有个性化设置的几个主要功能标签，在此可以分别对“背景”“颜色”“锁屏界面”“主题”“开始”“任务栏”进行设置。

图 2-37　“个性化”窗口

（1）设置桌面背景。

1）在左侧导航窗格中单击“背景”标签。

2）在右侧窗格单击“背景”下拉按钮，展开其下拉列表，在这里选择桌面背景的样式，是“图片”“纯色”还是“幻灯片放映”，选择“图片”。

3）单击“选择图片”中列出的某张图片，就可以将该图片设置为桌面背景；或者单击“浏览”按钮，在“打开”对话框中选择某图片设置为桌面背景。

4）单击“选择契合度”下拉按钮，确定图片在桌面上的显示方式。

（2）设置颜色。

1）如图 2-37 所示，在左侧导航窗格中选择“颜色”，打开“颜色”窗格，如图 2-38 所示。

2）在右侧窗格中选择一种颜色，立即可以看到 Windows 中的主色调改变为该颜色。

3）将“‘开始’菜单、任务栏和操作中心透明”与“显示标题栏的颜色”两个设置为“开”，可以看到“开始”菜单、任务栏、操作中心和标题栏颜色同时改变，如图 2-38 所示。

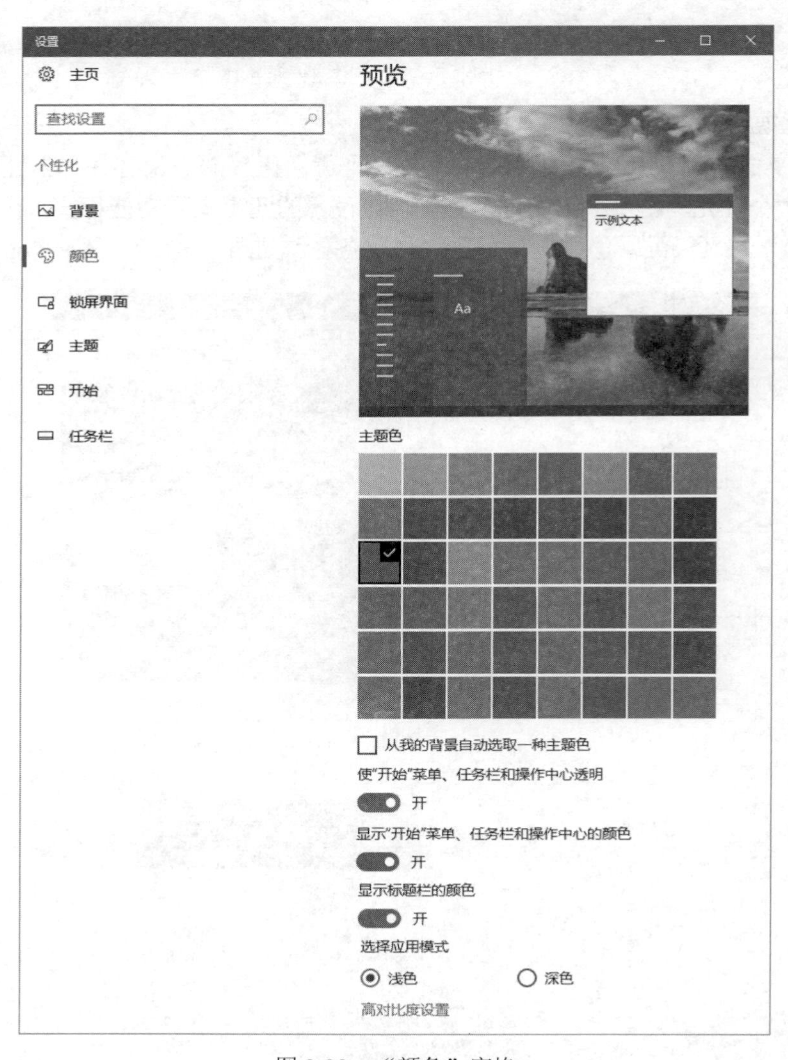

图 2-38　“颜色”窗格

（3）设置主题。

主题是指搭配完整的系统外观和系统声音的一套方案，包括桌面背景、屏幕保护程序、声音方案、窗口颜色等。如图 2-37 所示，在左侧导航窗格中选择“主题”，在右侧单击“主题设置”，打开如图 2-39 所示的窗口。在“Windows 默认主题”选项区中单击“鲜花”，主题即设置完毕。

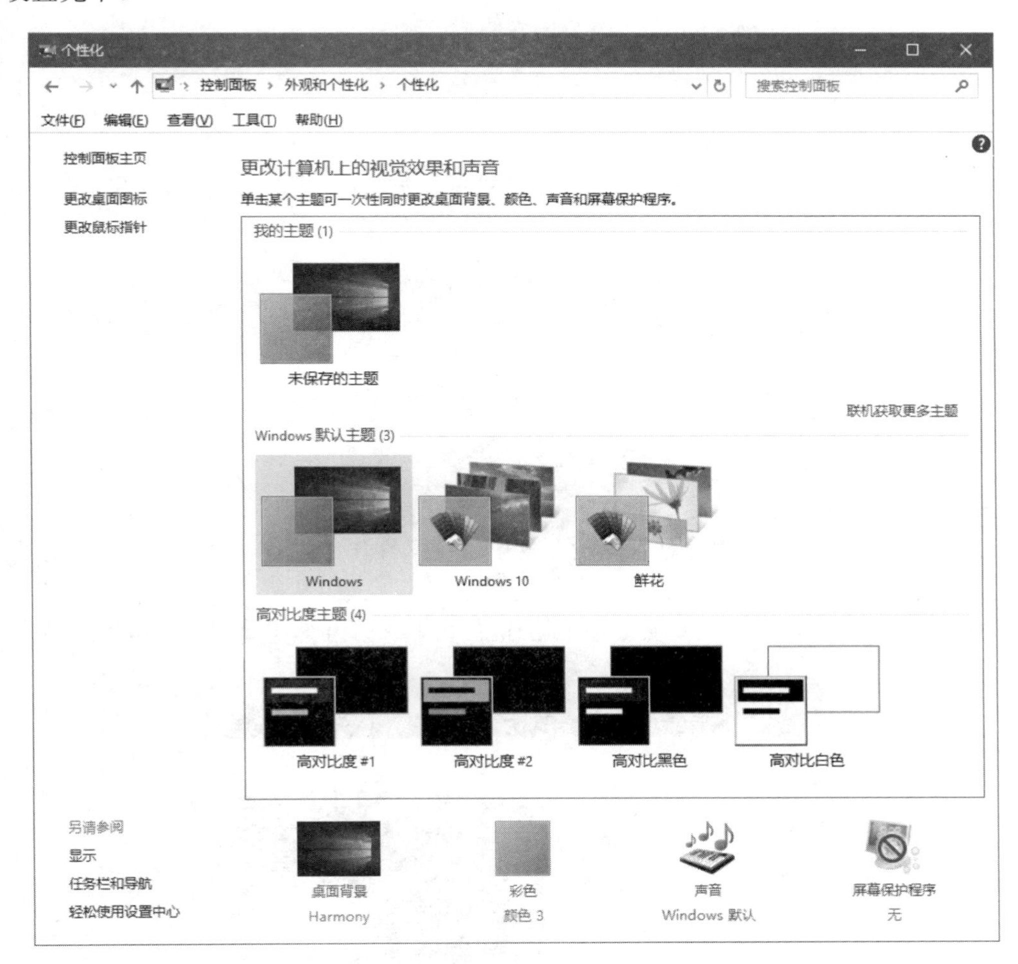

图 2-39　“主题”窗格

（4）设置屏幕保护程序。

屏幕保护程序是用于保护计算机屏幕的程序，当用户暂停计算机的使用时，它能使显示器处于节能状态，并保障系统安全。

1）在图 2-39 中，单击右下方“屏幕保护程序”，弹出“屏幕保护程序设置”对话框，如图 2-40 所示。

2）在“屏幕保护程序”下拉列表中，选择一种喜欢的屏幕保护程序，如“气泡”，在“等待”微调框内设置等待时间，如“3 分钟”，单击“确定”按钮，完成设置。

3）在用户未操作计算机的 3 分钟之后，屏幕保护程序自动启动。若要重新操作计算机，只需移动一下鼠标或者按键盘上任意键，即可退出屏保。

图 2-40 “屏幕保护程序”设置

（5）“开始”菜单设置。

可以按照个人的使用习惯，对“开始”菜单进行个性化的设置，如是否在“开始”菜单中显示应用列表、是否显示最常用的应用等。

1）如图 2-37 所示，在左侧导航窗格中选择“开始”，打开如图 2-41 所示的“开始”菜单设置窗口。

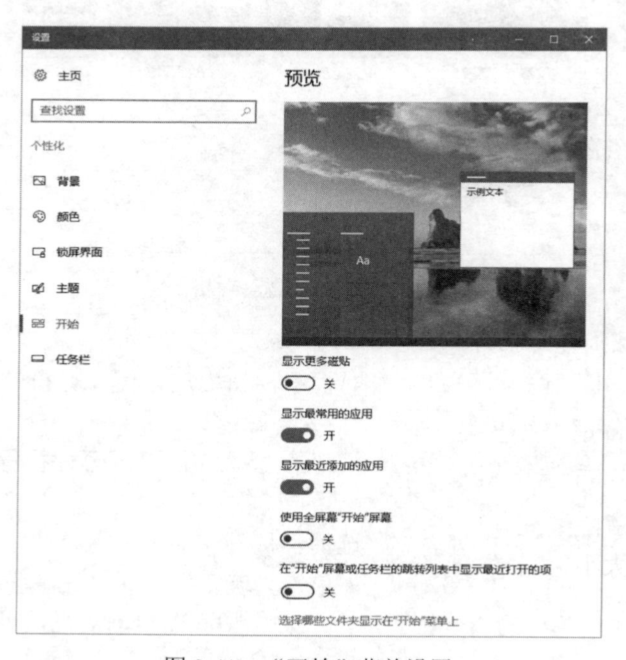

图 2-41 “开始”菜单设置

2）将“显示最常用的应用”设置为“开”，在“开始”菜单中显示常用的应用图标。

3）将“显示最近添加的应用”设置为“开”，新安装程序会在“开始”菜单中建立图标。

（6）任务栏设置。

在系统默认状态下，任务栏位于桌面的底部，并处于锁定状态。如图 2-37 所示，在左侧导航窗格中选择“任务栏”，打开如图 2-42 所示任务栏设置窗口。

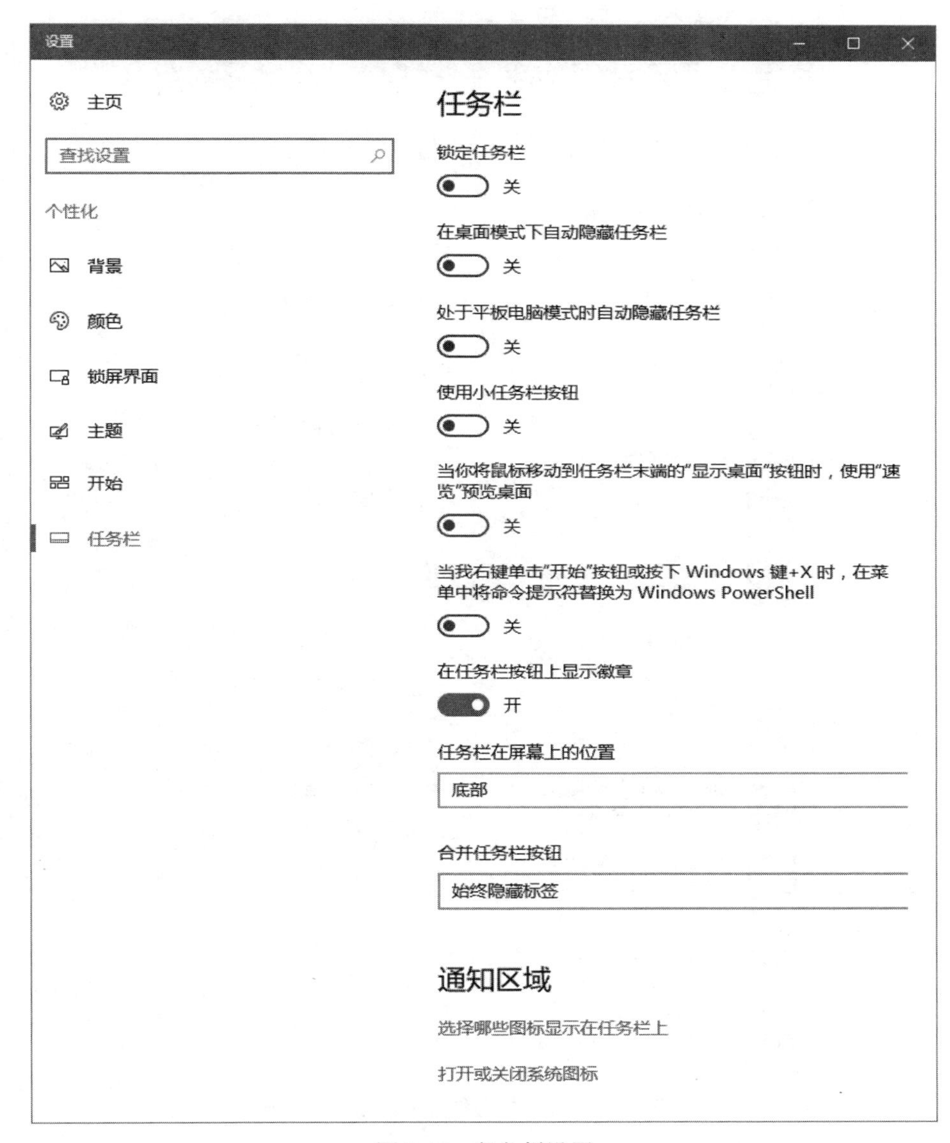

图 2-42　任务栏设置

1）解除锁定。解除锁定之后方可对任务栏的位置和大小进行调整。

2）调整任务栏大小。任务栏解除锁定后，将鼠标指向任务栏空白区的上边缘，此时鼠标指针变为双向箭头状↕，然后拖动至合适位置后释放，即可调整任务栏的大小。

3）移动任务栏位置。任务栏解除锁定后，将鼠标指向任务栏的空白区，然后拖动至桌面周边的合适位置后释放，即可将任务栏移动至桌面的顶部、左侧、右侧或底部。

4）隐藏任务栏。将“在桌面模式下自动隐藏任务栏”设置为“开”，任务栏随即隐藏起来。鼠标移到任务栏区域，任务栏显示。

5）通知区域显示图标设置。单击图 2-42 下方“选择哪些图标显示在任务栏上”，打开如图 2-43 所示任务栏通知区域设置窗口。首先将“通知区域始终显示所有图标”设置为“关”，然后将需要显示图标设置为“开”，其余设置为“关”。

图 2-43　任务栏通知区域显示设置

3. 鼠标设置

（1）单击图 2-36 中的“硬件和声音”，打开如图 2-44 所示的“硬件和声音”窗口。

（2）单击“鼠标”，打开如图 2-45 所示“鼠标属性”对话框。

（3）选中“切换主要和次要的按钮”，将鼠标左右键互换，即将鼠标设置为左手鼠标。

（4）移动滑标设置双击鼠标速度，并进行测试。

图 2-44 “硬件和声音”窗口

图 2-45 “鼠标属性”对话框

4. 日期和时间设置

（1）单击图 2-36 中的“时钟、语言和区域”，打开如图 2-46 所示的“时钟、语言和区域”窗口。

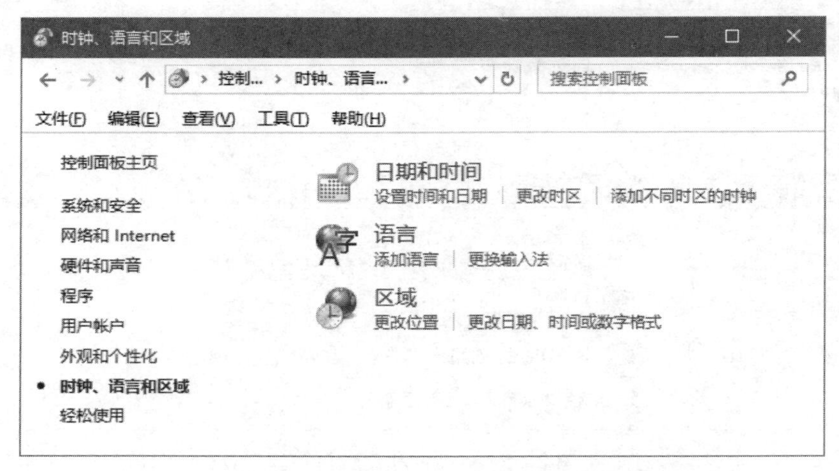

图 2-46 “时钟、语言和区域”窗口

（2）单击图 2-46 中“日期和时间”，打开“日期和时间”对话框，如图 2-47 所示。

（3）单击“更改日期和时间”，打开如图 2-48 所示的“日期和时间设置”对话框。

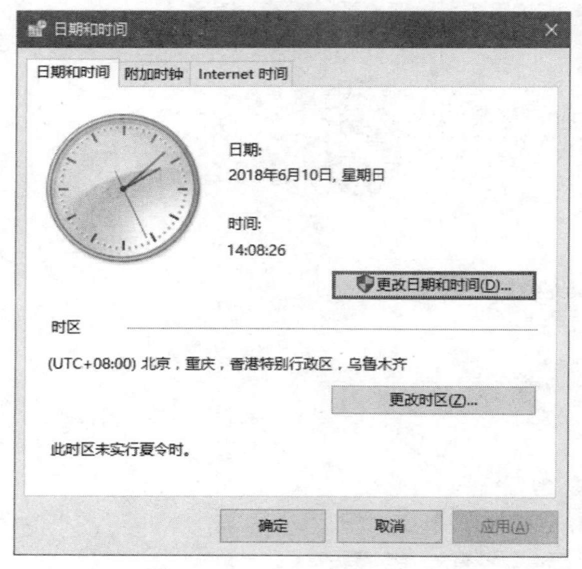

图 2-47 “日期和时间”对话框

图 2-48 “日期和时间设置”对话框

（4）单击时、分、秒区域修改时钟，单击选中日期设置日期，单击“确定”，完成日期和时间修改。

（5）修改日期时，单击 ◂ 2018年6月 ▸，日期区域显示 12 月；单击 ◂ 2018 ▸，日期区域显示 2010-2020 年；单击 ◂ 2010-2019 ▸，显示 2000-2099 年区间。这样方便修改跨度较大年份，如图 2-49 所示。

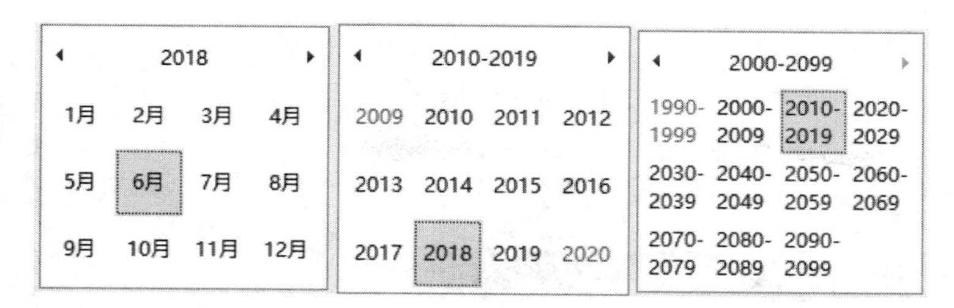

图 2-49　日期修改

5. 账户的设置

（1）创建用户账户

只有管理员账户才有创建新用户账户的权限，因此创建新的用户账户时必须以管理员账户登录。下面以创建一个名称为 Mary 的新账户为例说明创建过程，具体操作步骤如下：

1）在桌面上右击“此电脑”图标，在弹出的快捷菜单中选择“管理”命令，如图 2-50 所示。

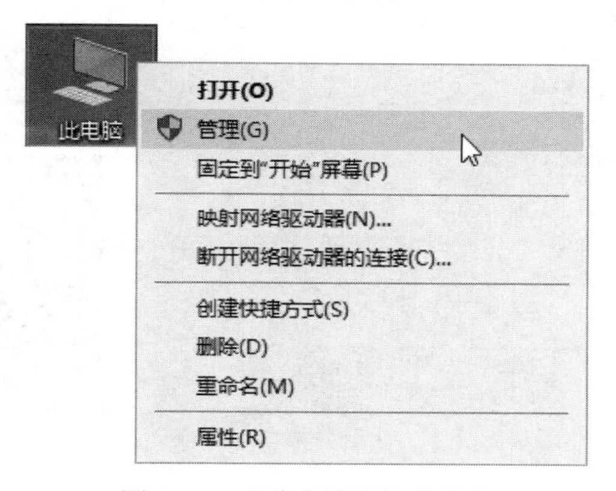

图 2-50　“此电脑”快捷菜单

2）在如图 2-51 所示的“计算机管理”窗口左侧导航窗格中，选择“本地用户和组”中的“用户”，这时显示三类用户。选择“DefaultAccount”，单击操作窗格中的“更多操作”，在弹出的菜单中选择“新用户”命令，创建新用户。

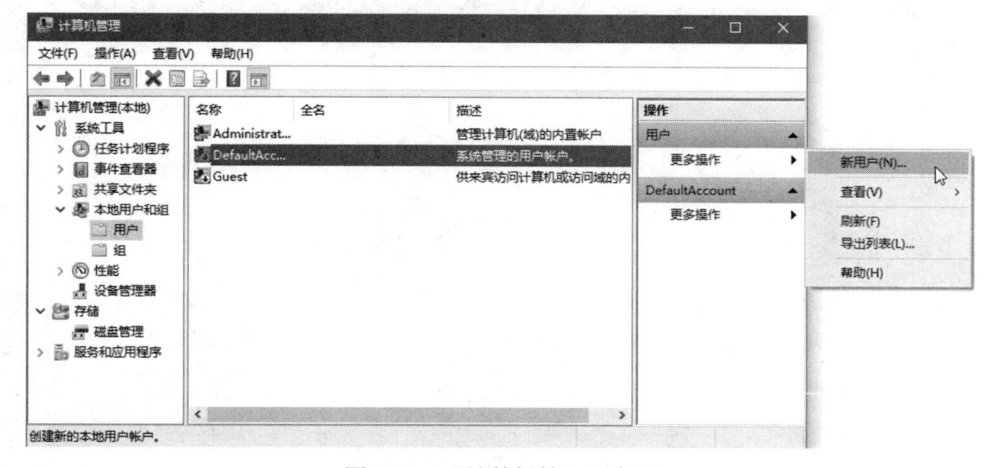

图 2-51　“计算机管理”窗口

3）在如图 2-52 所示的“新用户”对话框中输入用户各项信息和密码，单击“创建”按钮，完成新用户创建，在“计算机管理”窗口中可以看到新用户。

4）打开开始菜单，单击弹出如图 2-53 所示的菜单，选择 Mary，可以进行用户的切换，这时输入密码进行登录，新用户可以使用计算机。

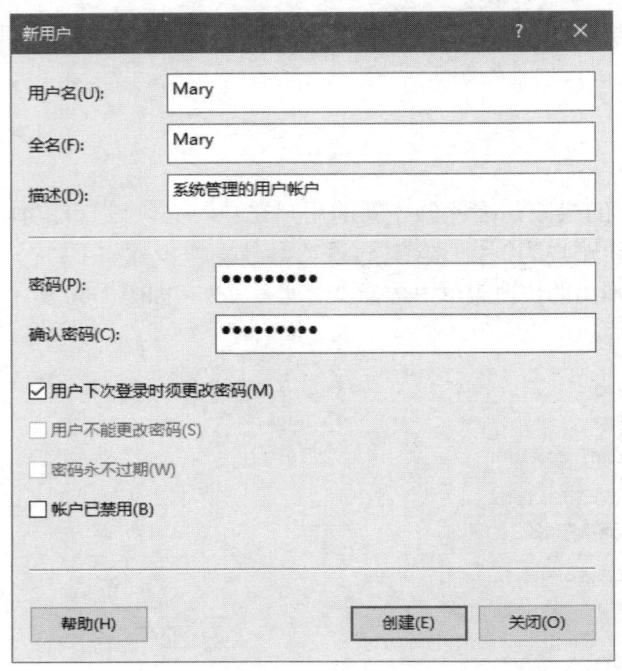

图 2-52　创建新用户

图 2-53　切换用户

（2）更改用户账户。

1）以管理员账户登录系统，在图 2-36 所示控制面板中单击“更改账户类型”，进入如图 2-54 所示的“管理账户”窗口。

图 2-54　管理账户

2）在图 2-54 中单击选择需要更改的用户，打开如图 2-55 所示的“更改账户”窗口。此处可以更改账户的名称、账户类型，创建密码，删除账户，还可以选择管理其他账户。如图 2-56 所示，也可以更改账户。

图 2-55　更改账户

（3）删除用户账户。

删除用户账户也是只有管理员用户才可以进行的操作，在如图 2-56 所示的“计算机管理”窗口中右击 Mary 账户，在快捷菜单中选择“删除”命令。打开如图 2-57 所示的删除账户确认对话框，选择“是”，完成删除操作。

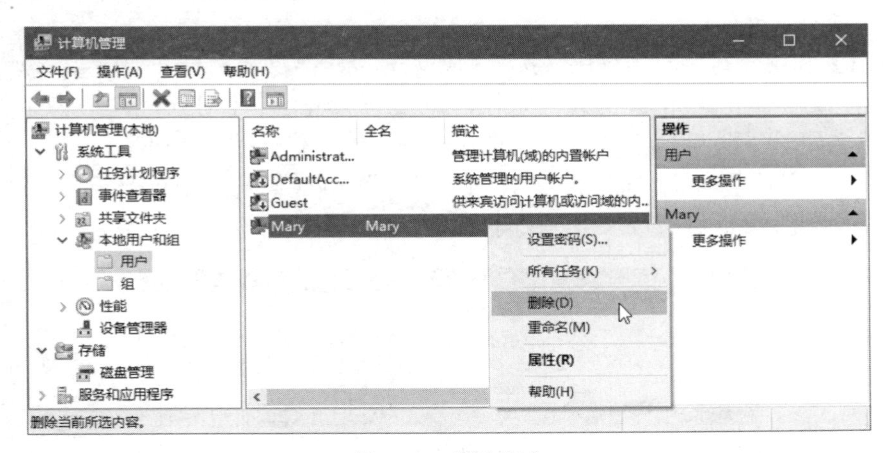

图 2-56　删除账户

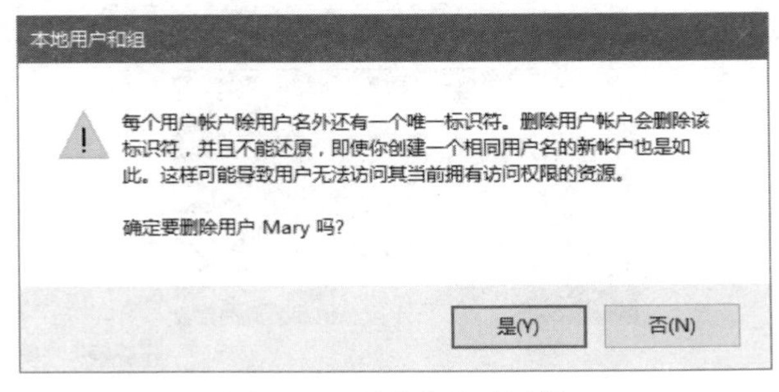

图 2-57　删除确认对话框

三、实验练习

1．启动控制面板。
2．更改桌面背景，设置屏幕保护程序。
3．设置系统日期为 2018 年 10 月 1 日，时间为 8 点 9 分 10 秒。
4．设置鼠标为左手鼠标。
5．设置任务栏自动隐藏。
6．创建一个标准账户，并以此账户登录。

实验 4　附件

一、实验目的

1．熟悉 Windows 10 常用附件的功能。
2．掌握“写字板”程序的使用方法。
3．掌握“画图”程序的使用方法。

二、实验内容及步骤

1．写字板的应用

【案例 1】利用“写字板”程序，按下列要求建立一个文档，样文如图 2-58 所示。
（1）标题为“庐山瀑布”，并设为宋体、20 号、加粗，居中对齐。
（2）正文如图并设为 14 号、宋体、向左对齐文本、首行缩进 1 厘米。
（3）插入图片，图片在桌面上，文件名“瀑布”，设置图片居中对齐。
（4）保存文档到 D 盘根目录下，文件名为“庐山瀑布.rtf”。

图 2-58　“写字板”程序应用示例

操作方法如下：

（1）使用“开始”菜单启动“写字板”应用程序。选择“开始”→“Windows 附件”→“写字板”命令，即可打开“写字板”程序。

（2）输入文本。在文档编辑区输入文档的标题，按 Enter 键，在下一行输入文档的正文。

（3）插入图片。单击图 2-58 中功能区的“图片”，打开如图 2-59 所示的“选择图片”对话框，选中图片，单击“打开”按钮，图片插入文档。

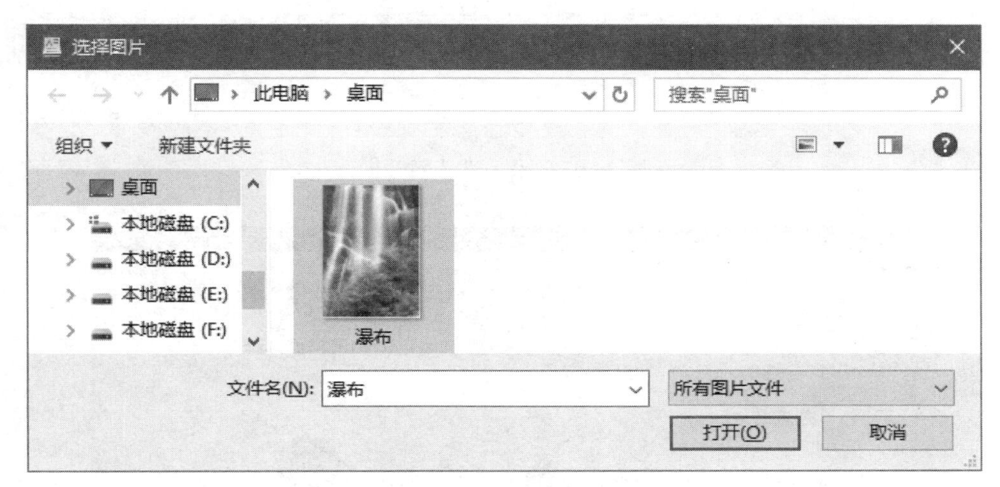

图 2-59 “选择图片”对话框

（4）在功能区的“主页”选项卡下对文档进行排版。

① 选定标题文字，在“字体”组中，选择“字体系列”下拉列表中的“宋体”，选择“字体大小”下拉列表中的 20，单击“加粗”按钮 B；单击“段落”组中的“居中”按钮。

② 选定正文文字，在“字体”组中，选择“字体大小”下拉列表中的 14，选择“字体系列”下拉列表中的“宋体”。

③ 单击“段落”组中的“左对齐”按钮，单击“段落”按钮，打开“段落”对话框，在“首行”文本框中输入“1 厘米”，然后单击“确定”按钮，关闭“段落”对话框。

④单击选中图片，单击“段落”组中的“居中”按钮。

（5）单击快速访问工具栏中的“保存”按钮，弹出如图 2-60 所示“保存为”对话框，输入文件名“庐山瀑布”，选择保存位置“D:”，单击“保存”按钮，关闭对话框。

（6）单击“写字板”窗口的“关闭”按钮，关闭“写字板”程序。

2. 画图的应用

【案例 2】利用“画图”程序绘制一幅几何图画，如图 2-61 所示。要求如下：

（1）输入文本“画图练习”，字体微软雅黑，字号 20。

（2）小鸭身为黄色，鸭头为灰色，小鸭眼睛和腿为黑色。

（3）树身为绿色，太阳为红色，太阳光辉为黄色。

（4）保存文档到 D 盘根目录下，文件名为 picture.png。

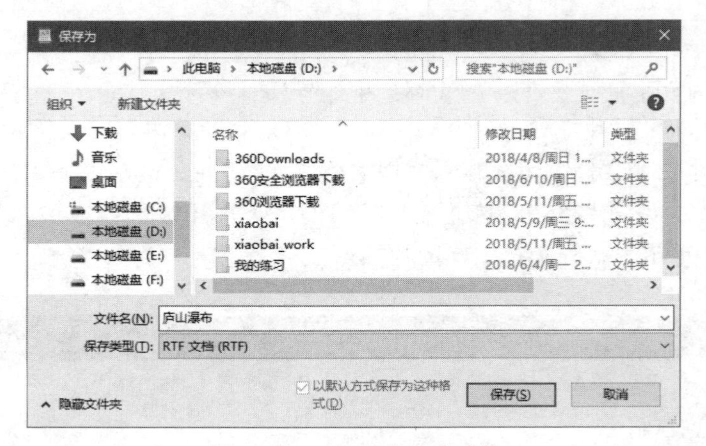

图 2-60　“保存为”对话框

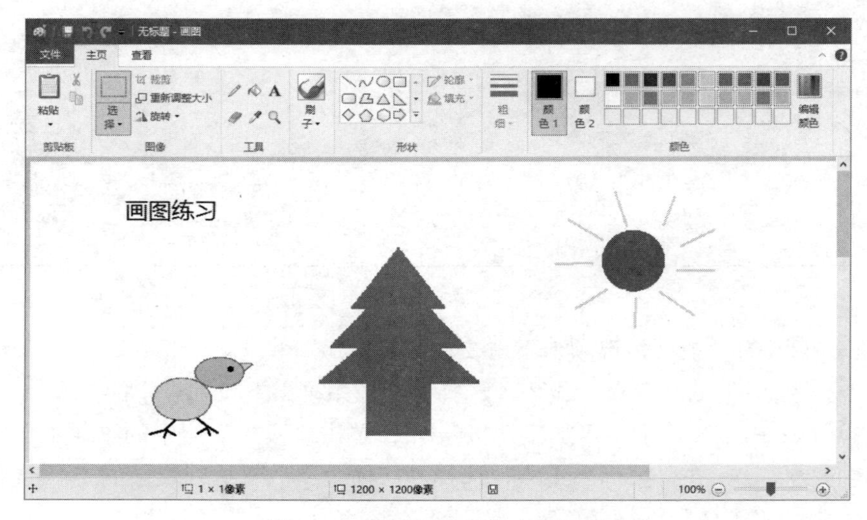

图 2-61　“画图”程序应用示例

操作方法如下：

（1）使用“开始”菜单启动“画图”应用程序。

选择“开始”→“Windows 附件”→“画图”命令，即可打开“画图”程序。

（2）在绘图区，利用功能区的“主页”选项卡下的绘图工具，绘制几何图形：

① 绘制小鸭：选中“颜色”组中的“颜色 1”，单击颜料盒中的黑色，从而将“颜色 1”设为黑色，选择“形状”组中的“椭圆形”，在绘图区按住鼠标左键拖动，绘制出一个黑色的椭圆，成为鸭身，如此方法绘制出鸭头、鸭眼；选择“形状”组中的“直线”，在绘图区按住鼠标左键拖动，分别绘制出黑色的鸭腿、鸭嘴。

② 为小鸭涂色：将“颜色 2”设为黄色，选择“工具”组中的“填充”，右击鸭身，将鸭身涂为黄色，如此方法将鸭嘴涂为黄色，鸭头涂为灰色，鸭眼涂为黑色。

③ 绘制小树：设置“颜色 1”为绿色，选择“形状”组中的“三角形”，在绘图区拖动鼠标左键，绘制出 3 个绿色三角形成为树冠，选择“矩形”，拖动鼠标左键，在树冠下方绘制出树干。

④ 为小树涂色：选择“工具”组中的“填充”，单击树冠和树干，将小树涂为绿色。

⑤ 绘制太阳：设置“颜色 1”为黄色，设置“颜色 2”为红色，选择“形状”组中的“椭圆形”，按住 Shift 键，按住鼠标右键拖动，绘出一个圆圆的太阳，选择“形状”组中的“直线”，按住鼠标左键拖动，在太阳周边画出几条放射状的黄线，成为太阳光辉。

⑥ 为太阳涂色：选择“工具”组中的“填充”，右击太阳，将太阳涂为红色。

⑦ 单击工具中的“文本”工具，然后单击绘图区域中想要输入文字的位置，出现文本编辑框和文本工具栏。在文本编辑框中输入文字“画图练习”，在文本工具栏中，在“字体”组中，选择“字体系列”下拉列表中的“微软雅黑”，选择“字体大小”下拉列表中的 20。

（3）单击快速访问工具栏中的“保存”按钮，弹出“保存为”对话框，输入文件名 picture.png，选择保存位置“D:”，单击“保存”按钮，关闭对话框。

（4）单击“画图”窗口的“关闭”按钮，关闭“画图”程序。

三、实验练习

1．利用“写字板”程序，按照如下要求新建一个文档，并将文档保存在 D 盘下，文件名为 tz.rtf。

（1）文档内容：通知今天下午四点，在综合楼报告厅召开新生开学典礼，请按时参加。

（2）使“通知”成为文章的标题，其余文字为文章正文。

（3）将标题“通知”设置为加粗、黑体、24 号、居中。

（4）将正文（“今天”～“参加”）设置为宋体、20 号、向左对齐文本、首行缩进 1.5 厘米。

（5）使用插入区域的“日期和时间”输入日期。

2．利用“画图”软件完成如图 2-62 所示图形，并将图片保存在 D 盘下，文件名为 lx.png。要求如下：

（1）输入文字“画图练习”，字体设为宋体，字号设为 28，字形设为加粗。

（2）分别画出圆、正方形、等边三角形、箭头。

（3）分别用红、黄、绿、蓝填充上述图形。

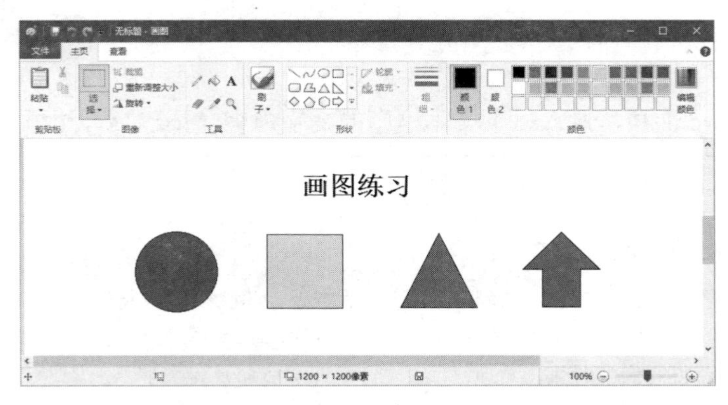

图 2-62　画图练习

3．利用“画图”程序，创建一幅图画，并将文件保存在 D 盘下，文件名为 ht.png。

（1）图片内容任选，要求构图美观大方，文字高雅。

（2）将其设置为墙纸，然后恢复原来的墙纸。

第 3 章　文字处理软件 Word 2016

本章实验的基本要求：

- 熟练掌握 Word 文档的建立、保存等基本操作。
- 熟练掌握 Word 文档的文本编辑与修改。
- 熟练掌握 Word 文档的字符格式、段落格式设置及页面排版。
- 熟练掌握表格的基本操作。
- 熟练掌握图片与文字的混合排版。
- 熟练掌握邮件合并等功能的操作。

实验 1　Word 文档的建立与编辑

一、实验目的

1．掌握文件的新建、打开、保存和关闭等操作。
2．熟练掌握录入文本及文本的选中、移动、复制等操作。
3．掌握文本的查找与替换。

二、实验准备

1．了解 Word 程序窗口中快速工具栏、标题栏、功能区、状态栏等组成元素。
2．在某个磁盘（如 D:\）下创建自己的文件夹。

三、实验内容及步骤

【案例 1】创建文档并保存。

操作要求：

（1）创建 Word 文档，录入以下文本框中的文字内容（不包括外边框）。

> 谁也给不了你想要的生活！
>
> （文摘）
>
> “时间不欺人”，这是她教会我的道理！
>
> 一个二十几岁的人，你做的选择和接受的生活方式，将会决定你将来成为一个什么样的人！我们总该需要一次奋不顾身的努力，然后去到那个你心里魂牵梦绕的圣地，看看那里的风景，经历一次因为努力而获得圆满的时刻。
>
> 这个世界上不确定的因素太多，我们能做的就是独善其身。指天骂地的发泄一通后，还是继续该干嘛干嘛吧！
>
> 因为你不努力，谁也给不了，你想要的生活！

（2）以“基本操作练习”文档名进行保存，保存位置为自己的文件夹。

实验过程与内容：

（1）打开 Word 程序，在“开始”界面中单击“空白文档”，系统自动创建一个新的 Word 文档，默认名为“文档 1-Word”。

（2）依次单击“文件”的“另存为”选项，在“另存为”页面双击“这台电脑”选项或单击“浏览”选项，会打开“另存为”对话框，如图 3-1 所示。

（3）在“保存位置”的下拉列表中找到自己的文件夹，在“文件名”的文本框中输入文档名“基本操作练习”，单击“保存”按钮。

（4）在文本编辑区输入文字内容。

（5）单击工具栏上的“保存”按钮，保存输入的文本内容。

（6）单击窗口的“关闭”按钮，关闭文档。

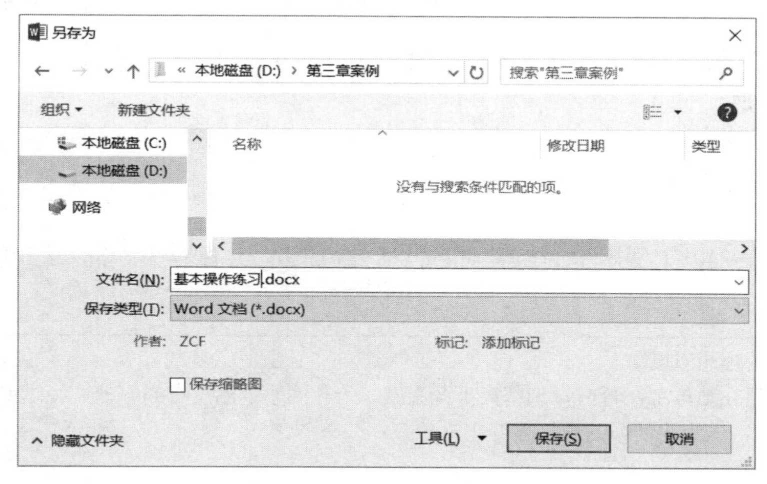

图 3-1　“另存为”对话框

【案例 2】文本的查找与替换。

操作要求：

（1）在 Word 中输入以下文本框的内容（不包括外边框），命名为“查找与替换练习”，并保存在自己的文件夹中。

> **保存文件**
> “文件”→“保存”：用于不改变文件保存。
> “文件”→“另存为”：一般用于改变文件名的保存，包括盘符、目录或文件名的改变。
> “文件”→“另存为 Web 页”：存为 HTML 文件，其扩展名为.htm、.html、.htx。

（2）使用“查找与替换”功能，将文中所有“文件”两个字替换为“文档”。

实验过程与内容：

（1）新建文档并保存为“查找与替换练习”，输入文本内容。

（2）将功能区切换至“开始”选项卡，在“编辑”组中单击“替换”命令，打开“查找和替换”对话框。

（3）在“查找内容”文本框内输入要查找的文本“文件”。在“替换为”文本框内输入替换内容“文档”，如图 3-2 所示。

查找和替换

查找(D) 替换(P) 定位(G)

查找内容(N): 文件

选项: 向下搜索, 区分全/半角

替换为(I): 文档

更多(M) >> 替换(R) 全部替换(A) 查找下一处(F) 取消

图 3-2 “查找和替换”对话框

（4）单击“替换”按钮，原文字被替换，并自动找到下一处。单击“全部替换”按钮，可以完成所有替换。

（5）单击“关闭”按钮，结束操作。

【案例 3】在文档中插入符号。

操作要求：

在 Word 中录入以下文本框的内容（不包括外边框），并保存为“符号练习”，保存位置为自己的文件夹。

> 生活中的理想温度
>
> 人类生活在地球上，每时每刻都离不开温度。一年四季，温度有高有低，经过专家长期的研究和观察对比，认为生活中的理想温度应该是：
>
> 居室温度保持在 20℃~25℃；
>
> 饭菜的温度为 46℃~58℃；
>
> 冷水浴的温度为 19℃~21℃；
>
> 阳光浴的温度为 15℃~30℃。

实验过程与内容：

（1）新建文档并保存为“符号练习”，输入一般文本内容。

（2）插入单位符号——℃

打开“搜狗输入法”，在其状态栏中单击键盘形状的“输入方式”按钮，然后单击“特殊符号”命令，如图 3-3 所示。打开“符号大全”窗格（如图 3-4 所示），选择“数学/单位”选项卡，单击“℃”即可。

图 3-3 选择“特殊符号”命令

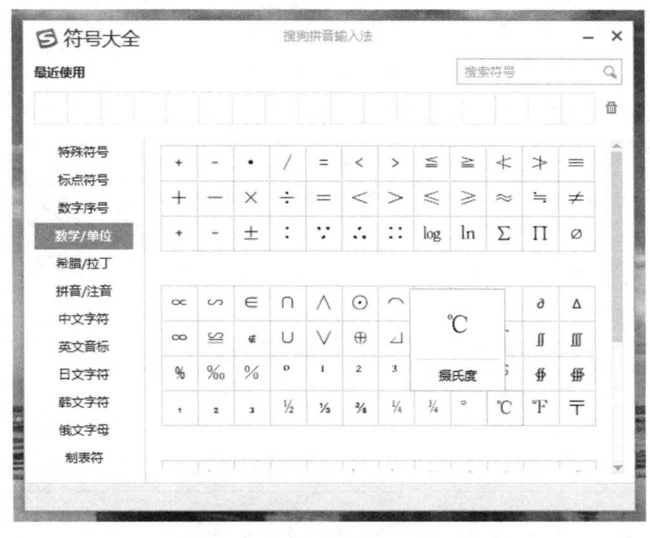

图 3-4　“数学/单位”选项卡

（3）插入、、、符号。

功能区切换至“插入”，单击“符号”组的“符号”命令按钮，打开“符号”对话框，在“符号”选项卡的“字体”下拉列表中选择 Webdings（如图 3-5 所示），在字符列表中选择其中一个符号，如，单击“插入”按钮。再依次选择其他几个符号，并完成插入操作。然后关闭“符号”对话框。

（4）单击文档窗口的“关闭”按钮，关闭文档。在出现确认更改的提示框中选择“是”，保存并关闭文件。

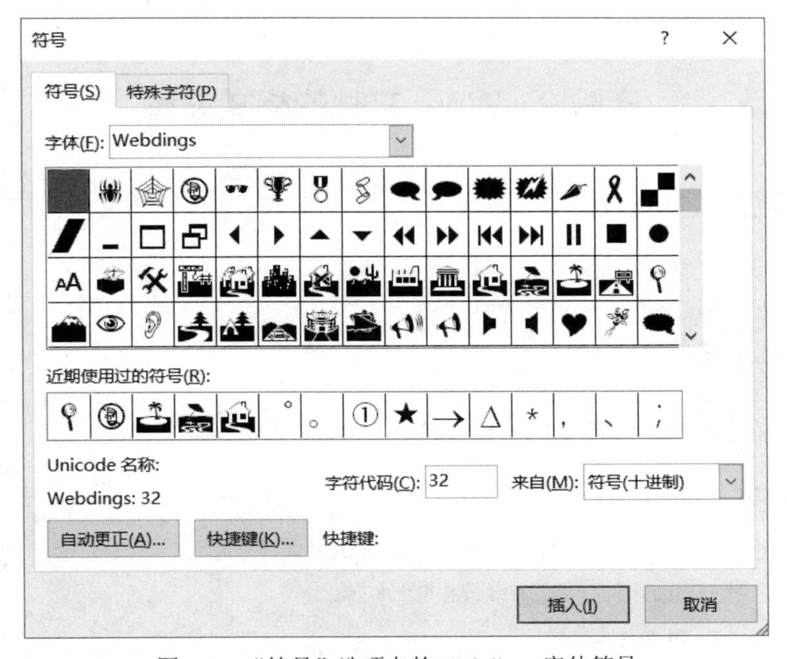

图 3-5　“符号”选项卡的 Webdings 字体符号

四、实验练习

1．打开自己文件夹中的“符号练习”文档，进行如下操作：

（1）将文档中所有的℃替换为℉。

（2）在文档中插入以下一些符号，并输入相应的文本内容。

> 数学符号：≈　∮　≧　∞
> 标点符号：《》　【】　︽︾
> 特殊符号：■　▼　★　※　㊣
> 单位符号：㎎　℃　￥　‰　℉
> 序号：①　Ⅳ　㈠　Ⅻ
> →　↖　⇦　⟲　↳　✒　☎　👍　✋　☒　☑　✂　📖　✌　☺　♉　☜　⏮　🕸　🏘　🔒

2．新建 Word 文档，输入以下文字内容后，以“水调歌头”为文件名保存到自己的文件夹中。

> 水调歌头
>
> 丙辰中秋，欢饮达旦，大醉。作此篇，兼怀子由。
>
> 明月几时有？把酒问青天。不知天上宫阙，今夕是何年。我欲乘风归去，惟恐琼楼玉宇，高处不胜寒，起舞弄清影，何似在人间！
>
> 转朱阁，低绮户，照无眠。不应有恨，何事长向别时圆？人有悲欢离合，月有阴晴圆缺，此事古难全。但愿人长久，千里共婵娟。

实验 2　Word 文档的格式设置

一、实验目的

1．熟练掌握对文档字符格式和段落格式的设置。
2．熟练掌握分栏、首字下沉等的格式设置。
3．熟练掌握表格的基本操作。
4．掌握设置页眉、页脚和页码的操作方法。
5．掌握页面设置和打印预览的操作方法。

二、实验准备

1．了解 Word 窗口功能区中各个选项卡的功能。
2．在某个磁盘（如 D:\）下创建自己的文件夹。
3．用来插入目录的 Word 文本。

三、实验内容及步骤

【案例 1】设置字符格式。

操作要求：

（1）打开“基本操作练习”文档，另存为“字符格式设置”，保存在自己的文件夹中。

（2）将标题“谁也给不了你想要的生活！”设置为黑体、小二号字、红色，加黄色双下划线，其他字体设置为等线、三号。

（3）将第二行的“文摘”加双删除线。

（4）对字符“你做的选择和接受的生活方式”设置宽度为 1.5 磅的天蓝色边框，对字符“你将来成为一个什么样的人”加底纹样式“30%”、颜色“蓝色”。

（5）对字符“奋不顾身”设置为鲜绿色突出显示、200%缩放，对字符“指天骂地”设置为黄色突出显示、66%缩放。

（6）对字符“魂牵梦绕”设置为黄色突出显示，字符间距加宽 2 磅。

（7）将最后一行字符设置为红色、加粗、倾斜、加着重号。

实验过程与内容：

（1）设置字符的基本格式。

选中第一行（标题）的所有字符，单击“开始”功能区的“字体”按钮（“字体”组右下角的图标按钮），在弹出的“字体”对话框中按练习要求选择字体、字号、字符颜色，设置黄色双下划线。

选择其他文字，使用“字体”选项卡的“字体”“字号”下拉列表选择“等线”字体和“三号”字号。

用如上操作方法，分别选择“文摘”及最后一行文字，打开“字体”对话框，对“文摘”加“双删除线”，将最后一行文字设置为红色、加粗、倾斜，并加着重号。

（2）设置突出显示。

利用 Ctrl 键分别选中字符“奋不顾身”和“魂牵梦绕”，单击“字体”选项卡上的“突出显示”的下拉按钮，选择鲜绿色设置字符突出显示效果。

用相同操作设置字符“指天骂地”的突出显示，选择“黄色”。

（3）设置边框和底纹。

选中字符“你做的选择和接受的生活方式”，单击“段落”选项卡的“边框和底纹”按钮，在下拉列表中选择“边框和底纹”命令，打开对话框，选择“方框”、天蓝色、1.5 磅宽度，如图 3-6 所示。

选中字符“你将来成为一个什么样的人”，按如上步骤，打开“边框和底纹”对话框，单击“底纹”选项卡，在“图案”栏的“样式”下拉列表中选择“30%”，单击“颜色”按钮，选择“标准色”中的蓝色。

（4）设置字符缩放和间距。

选中字符“奋不顾身”，单击“字体”按钮，在弹出的“字体”对话框中选择“高级”选项卡，如图 3-7 所示。在“缩放”下拉列表中选择“200%”，单击“确定”按钮。用类似的方法，对字符“指天骂地”设置 66%缩放。

图 3-6 “边框和底纹”对话框

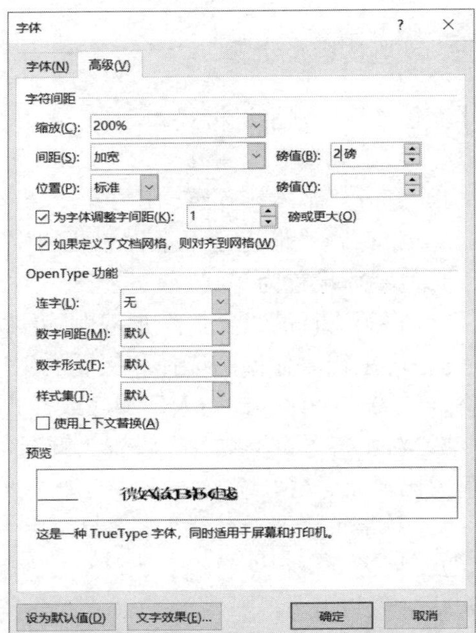

图 3-7 “高级”选项卡

选中字符“魂牵梦绕”，按如上步骤，打开“高级”选项卡，在“间距”下拉列表中选择“加宽”，在“磅值”项中设置 2 磅，完成字符间距加宽的设置。

（5）设置效果如图 3-9 所示，保存文档。

【案例 2】设置段落格式。

操作要求：

（1）打开“字符格式设置”文档，另存为“段落格式设置”，保存在自己的文件夹中。

（2）将第一段（标题）设置为居中对齐，段间距的段前、段后各 1 行。

（3）将第二段设置为右对齐。

（4）将第五段设置为左右各缩进“1 字符”，行间距为固定值“20 磅”。

（5）其余段落均设置为首行缩进 2 字符，行间距为 1.5 倍行距。

实验过程与内容：

（1）设置对齐方式。将插入点置于第一行中，功能区切换至“开始”，单击“段落”组中的“居中”按钮，将第一行设为居中对齐。

同样的方法设置第二行为“右对齐”。

（2）设置段前、段后间距。将插入点置于第一行中，功能区切换至“开始”，单击“段落”按钮，打开“段落”对话框（如图 3-8 所示）。将“间距”中的“段前”和“段后”均设置为“1 行”。

（3）设置左右缩进、首行缩进和行距。将插入点置于第五段中，打开“段落”对话框，在“缩进”栏中设置“左侧”“右侧”分别为“1 字符”。打开“行距”下拉列表，选择“固定值”，然后将右侧的“设置值”调整为“20 磅”。

将其余段落全部选中，打开“段落”对话框，打开“特殊格式”下拉列表，单击“首行缩进”，将“缩进值”设置为“2 字符”（或直接输入“2 字符”）。打开“行距”下拉列表，选择“1.5 倍行距”。

（4）在“段落”对话框中可随时通过“预览框”观察调整后的大致效果，设置结束后，单击“确定”按钮。设置效果如图 3-9 所示。

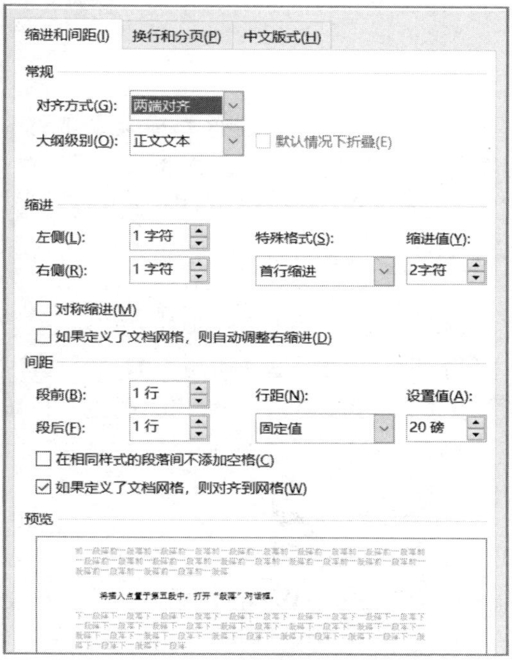

图 3-8 “段落”对话框

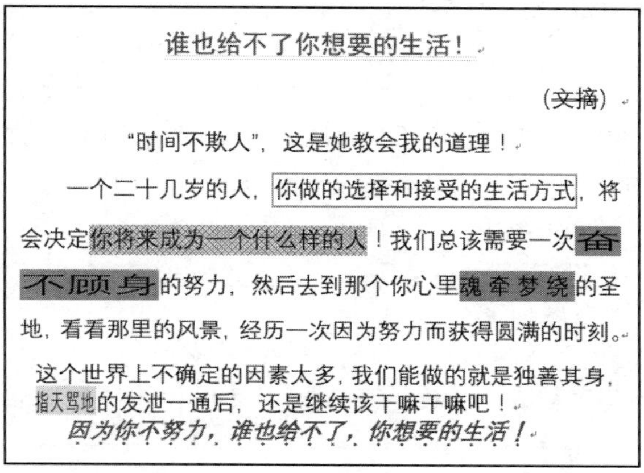

谁也给不了你想要的生活！

（文摘）

“时间不欺人”，这是她教会我的道理！

一个二十几岁的人，你做的选择和接受的生活方式，将会决定你将来成为一个什么样的人！我们总该需要一次奋不顾身的努力，然后去到那个你心里魂牵梦绕的圣地，看看那里的风景，经历一次因为努力而获得圆满的时刻。

这个世界上不确定的因素太多，我们能做的就是独善其身，指天骂地的发泄一通后，还是继续该干嘛干嘛吧！

因为你不努力，谁也给不了，你想要的生活！

图 3-9 “字符、段落格式设置”文档的设置效果

【案例 3】应用样式，设置分栏及首字下沉。

操作要求：

（1）在 Word 中录入以下内容（不包括外边框），并保存为“分栏及首字下沉练习”，保存位置为自己的文件夹。

优秀是一种习惯

（文摘）

优秀的人很多，我们都看得见。不客观的人，会说优秀的人与寻常人差距遥远，这之间的差距，大多是天生的。客观的人会分析，这些人优秀在哪里哪里，如何如何是自己的榜样，或者，如何如何的，不可超越。其实，细想想，优秀的人，与寻常的人，到底有多少差别呢？有多少差别是不可逾越的呢？

假如不说那些极少极少数极需要天分才能做好的事情，优秀的人与寻常人，最大的差别在这儿——细节的习惯，与习惯的细节。

（2）将第一行设置为标题 1。

（3）将“优秀的人很多……，有多少差别是不可逾越的呢？”这一段分为两栏，栏宽相等，加分隔线。

（4）将分栏这一段的第一个“优秀”设为首字下沉，下沉行数为 2 行，距正文 0.5 厘米。

实验过程与内容：

（1）将第一行设置为标题 1。

将插入点置于第一行的任意位置，或在该段中选择任意数量的文字。功能区切换至“开始”，单击“样式”组样式列表框中的“标题 1”命令，这时第一行的字符显示为“标题 1”的默认格式设置。

（2）设置分栏。

选择“优秀的人很多……，有多少差别是不可逾越的呢？”，将功能区切换至“布局”，单击“页面设置”组中的“分栏”按钮，在下拉列表中选择“更多分栏”，打开“分栏”对话框。在“预设”中单击“两栏”，选中“栏宽相等”和“分隔线”复选框（如图 3-10 所示）。在预览内可显示设置后的效果，单击“确定”按钮完成设置。

（3）设置“首字下沉”。

选择字符“优秀”，将功能区切换至“插入”选项卡，单击“文本”组中的“首字下沉”按钮，在下拉列表中选择“首字下沉选项”，打开“首字下沉”对话框（如图 3-11 所示），单击“下沉”，将“下沉行数”设置为“2”，“距正文”设置为“0.5 厘米”，单击“确定”按钮。设置效果如图 3-12 所示。

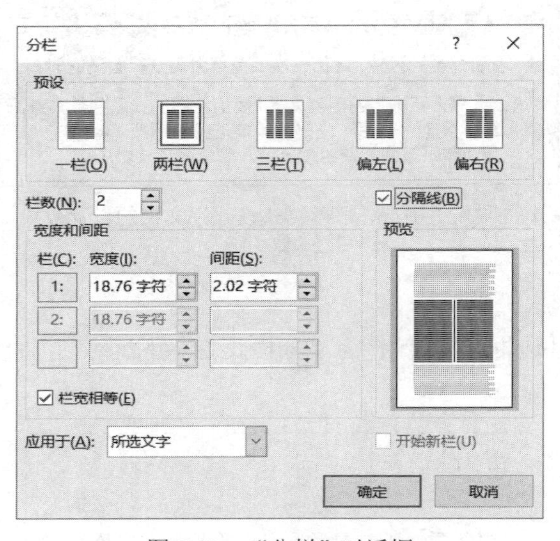

图 3-10 “分栏”对话框

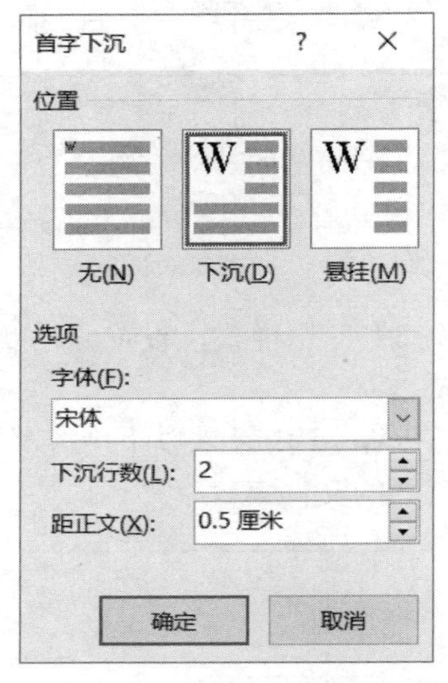

图 3-11 “首字下沉”对话框

优秀是一种习惯。

（文摘）

优秀的人很多，我们都看得见。不客观的人，会说优秀的人与寻常人差距遥远，这之间的差距，大多是天生的。客观的人会分析，这些人优秀在哪里哪里，如何如何是自己的榜样，或者，如何如何的，不可超越。其实，细想想，优秀的人，与寻常的人，到底有多少差别呢？有多少差别是不可逾越的呢？

假如不说那些极少极少数极需要天分才能做好的事情，优秀的人与寻常人，最大的差别在这儿——细节的习惯，与习惯的细节。

图 3-12 “分栏及首字下沉练习”的设置效果

【案例 4】项目符号和编号的设置。

操作要求：

（1）在 Word 中录入以下内容（不包括外边框），并保存为“项目符号编号练习”，保存位置为自己的文件夹。

最高境界

学习的最高境界——悟；

做人的最高境界——舍；

生活的最高境界——乐；

修炼的最高境界——空；

交友的最高境界——诚；

人生的最高境界——静；

爱情的最高境界——容。

（2）为第二行至第四行添加项目符号，符号样式如图 3-13 所示。

（3）将第五行至第八行加上如图 3-13 所示的项目编号。

实验过程与内容：

（1）设置项目符号。

选择第二行至第四行，功能区切换至“开始”，单击“段落”组的“项目符号”按钮，在列表中选择符号。设置效果如图 3-13 所示。

如果列表中没有需要的符号，可以选择“定义新项目符号”命令，打开其对话框，如图 3-14 所示。在对话框中利用“符号”命令打开“符号”对话框，选择所需符号，作为项目符号。

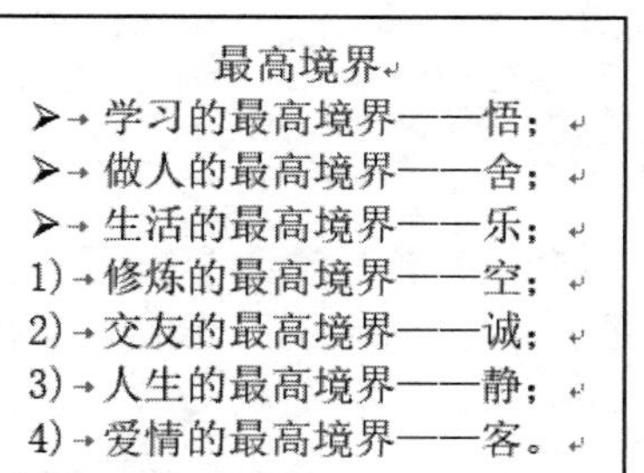

最高境界

➢ 学习的最高境界——悟；

➢ 做人的最高境界——舍；

➢ 生活的最高境界——乐；

1) 修炼的最高境界——空；

2) 交友的最高境界——诚；

3) 人生的最高境界——静；

4) 爱情的最高境界——容。

图 3-13　“项目符号编号练习”的设置效果

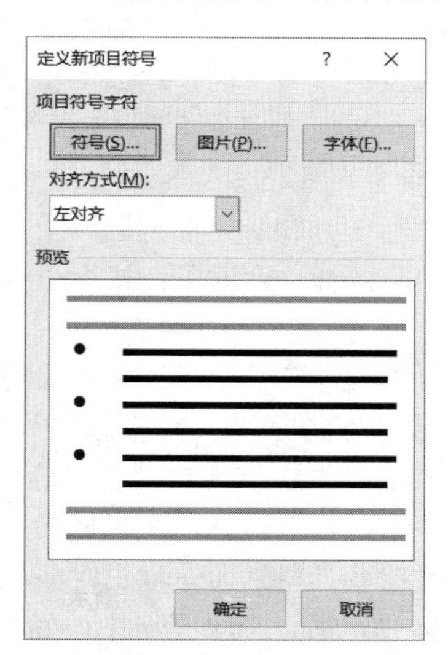

图 3-14　“定义新项目符号”对话框

（2）设置项目编号。

选择第五行至第八行，功能区切换至“开始”，单击“段落”组的“项目编号”按钮，在列表中选择一种编号样式。设置效果如图 3-13 所示。

【案例 5】制作工资表并进行格式化。

操作要求：

（1）新建 Word 文档，绘制如下所示表格（含标题），命名为“表格练习”，并保存在自己的文件夹中。

9 月份工资表

项目 姓名	基本工资	奖金		应发工资	备注
		出勤	绩效		
张小云	478.00	200.00	128.00	806.00	浮动工资为上有金额
李民	376.00	200.00	140.00	716.00	
新力	544.00	200.00	280.00	1024.00	
合计					

（2）表标题为隶书三号字，第一行设为隶书五号字，其他文字均为小五号字。

（3）单元格对齐方式为“垂直、水平均居中对齐”。

（4）设置第一列宽 3 厘米，第二列列宽设置为“60 磅”。

（5）外框线为 0.75 磅蓝色双实线，内框线为 0.5 磅红色单实线。

（6）最下面一行的合计数通过计算得来。

实验过程与内容：

（1）新建表格。

新建文档，输入表的标题。

然后，光标置于插入表格位置，功能区切换至“插入”，单击“表格”组的“表格”按钮，打开“插入表格”下拉列表，选择其中的“插入表格”命令，打开对话框。在“表格尺寸”的“列数”和“行数”增量框中均输入“6”，如图 3-15 所示。单击“确定”按钮。

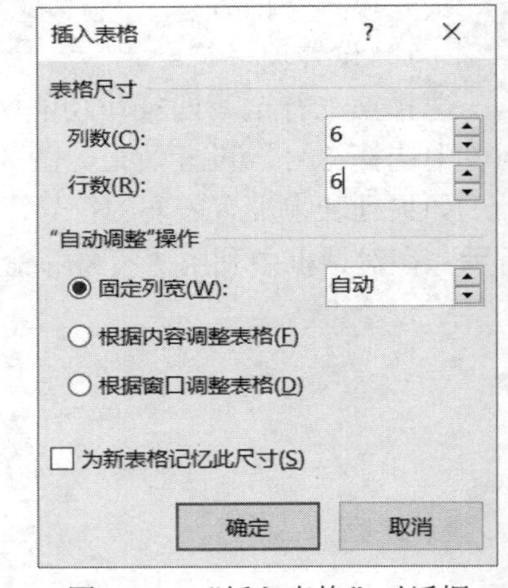

图 3-15 “插入表格”对话框

（2）合并单元格。

选定 1 行 1 列和 2 行 1 列的两个单元格，右击，打开快捷菜单，选择“合并单元格”命令，完成合并单元格操作。

按相同的操作方法，参照样表，完成其他三个合并单元格操作。

（3）绘制斜线表头，输入原始数据。

打开“插入表格”下拉列表，选择“绘制表格”命令，光标自动变为铅笔形状，进入绘制状态。单击鼠标并拖动，在表格的第一行第一列的单元格中绘制斜线，即为“斜线表头”。再次单击“绘制表格”命令取消绘制状态。

将光标置于第一个单元格中，然后按“回车”键，单元格分为两个段落。将第一个段落设置为右对齐，第二个段落设置为左对齐。然后，输入表格内容。

（4）设置表标题及表格中的字符格式。

分别选择表标题及表格的第一行字符，设置字体为隶书，字号分别为三号和五号。选择表格中其他行字符，设置字号为小五号。

（5）设置单元格对齐方式。

光标置于表格内，单击表格左上角的选定按钮选定表格，功能区切换至“表格工具-布局”，单击“对齐方式”组的第二行第二列“水平居中”按钮，如图 3-16 所示。即可将整个表格设置为“垂直、水平居中对齐”。

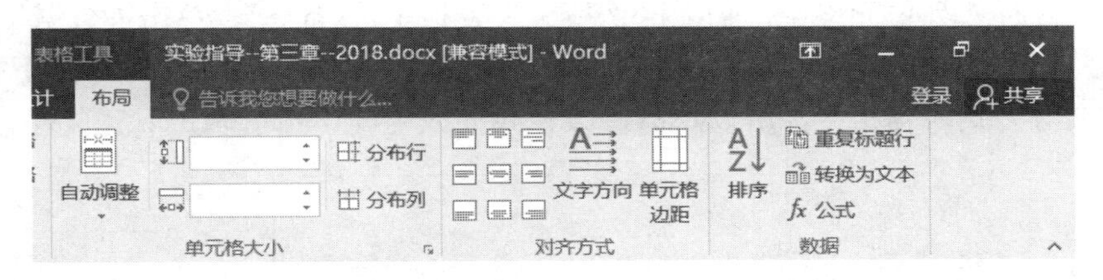

图 3-16　“表格工具-布局”选项卡

将光标置于第一个单元格的第一段，功能区切换至“开始”，单击“段落”组的“右对齐”按钮将第一个段落设置为右对齐。类似地将第二个段落设置为左对齐。

（6）设置列宽。

将光标置于第一列的上方，鼠标指针变为向下黑色箭头，单击左键选定第一列，功能区切换至“表格工具-布局”选项卡，在“单元格大小”组的“表格列宽”框中输入“3”，然后按“回车”键，将第一列列宽调整为 3 厘米。

相同的操作方法，将第二列的列宽设置为“60 磅”，但设置时需要在“表格列宽”框中输入“60 磅”，单位不能省略。

（7）设置表格边框及底纹。

选定表格，功能区切换至“开始”，单击“段落”组“边框”的下三角按钮，选择“边框和底纹”命令，打开“边框和底纹”对话框，如图 3-17 所示。

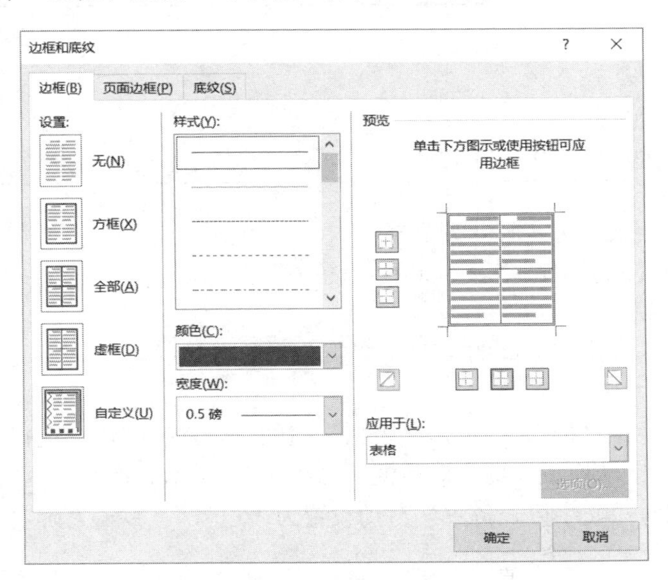

图 3-17　“边框”选项卡

在“边框”选项卡中，单击“设置”项中的“方框”，在“样式”列表中选择“双实线”，在“颜色”打下拉列表中选择“蓝色”，在“宽度”下拉列表中选择“0.75 磅”。

按照如上相同的设置方法，重新设置边框“样式”为“单实线”，“颜色”为“红色”，“宽度”为“0.5 磅”。然后，单击“预览”内的内部水平框线按钮及垂直框线按钮，设置内部框线。

（8）用公式计算最后一行的合计数据。

光标置于 6 行 2 列单元格中，功能区切换至“表格工具-布局”，单击“数据”组的“f_x 公式”，打开“公式”对话框，如图 3-18 所示。在“公式”文本框中自动填入公式“=SUM（ABOVE）”。由于案例要求与公式内容相符，所以不需修改公式的应用，单击“确定”完成操作。

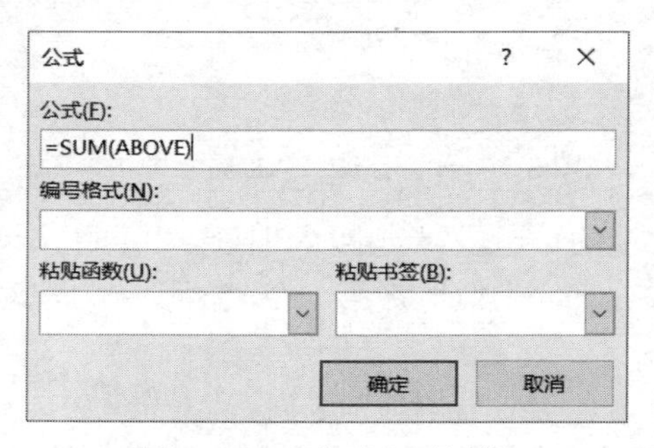

图 3-18 “公式”对话框

用相同操作方法完成其他合计数值的计算。

【案例 6】文本转换为表格。

操作要求：

（1）新建 Word 文档，输入以下文本框的文本内容（不包括外边框），保存为“文本转换为表格”，保存位置为自己的文件夹。

姓名,数学,语文,外语
王光,95,88,99
石佳,96,88,90
郑大,90,93,89

（2）将文本内容转化为 4 行 4 列表格。

（3）设置表格样式为“网格表 6 彩色-着色 6”。

实验过程与内容：

（1）输入文本，注意文本间的“,”分隔符为半角符号。

（2）选定文本内容。

（3）功能区切换至“插入”，单击“表格”组的“表格”按钮，选择“文本转换成表格”命令，显示出“将文字转换成表格”对话框。如图 3-19 所示。在对话框的“列数”框中，表格的列数设置为“4”，“文字分隔位置”自动设置为“逗号”。单击“确定”按钮完成操作。

（4）应用表格样式。

光标置于表格中，功能区切换至“表格工具-设计“，单击“表格样式”组的“其他”按钮，在列表中选择“网格表”中第 6 行第 7 列的样式，即为“网格表 6 彩色-着色 6”的样式，如图 3-20 所示。

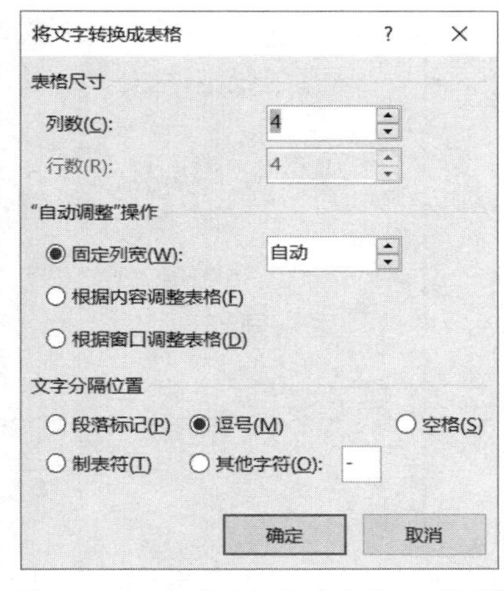

图 3-19　“将文字转换成表格”对话框

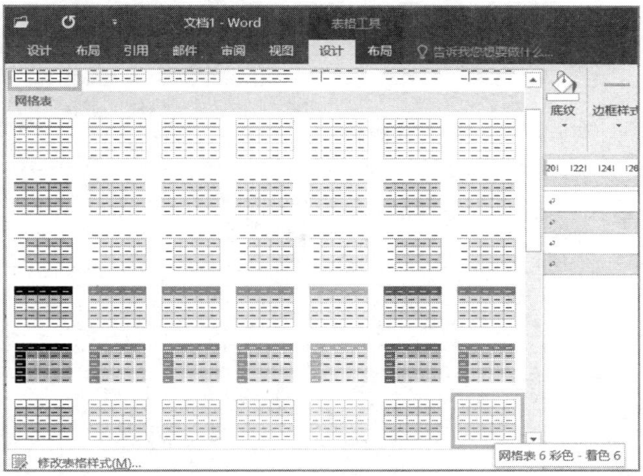

图 3-20　“表格样式”列表

【案例 7】页面格式的排版。

操作要求：

（1）在 Word 中打开“项目符号编号练习”，另存为“页面格式练习”，保存位置为自己的文件夹，实现如图 3-21 示的设置效果。

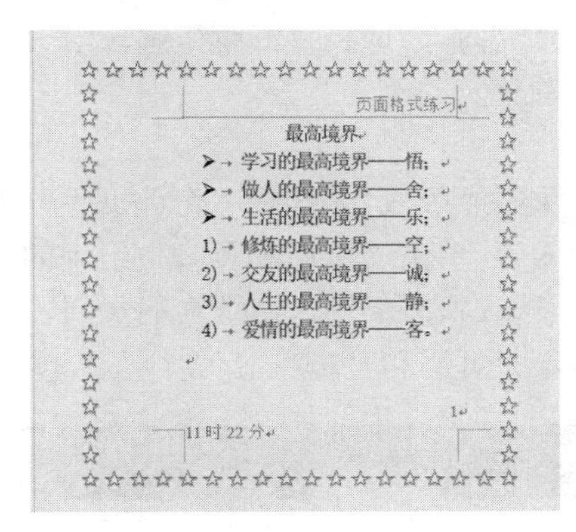

图 3-21　页面格式排版后的效果

（2）设置上、下、左、右页边距分别为 2 厘米、2 厘米、2.5 厘米、2 厘米。纸张方向为纵向。纸张大小为自定义大小，宽度 10 厘米、高度 10 厘米。装订线页边距为“10 磅”，装订线位置为“左”，每页 11 行，每行 15 个字符。

（3）设置页眉和页脚为奇偶页不同，奇数页的页眉为“页面格式练习”，右对齐。页脚的为系统时间，左对齐。

（4）将页码插入到文档的页面底端，右对齐，“普通数字 3”样式。

（5）为文档设置艺术型边框，页面颜色为“绿色，个性色 6，淡色 80%”。

实验过程与内容：

（1）设置页面格式。

将功能区切换至“布局”，单击“页面设置”按钮，出现如图 3-22 所示的“页面设置”对话框。

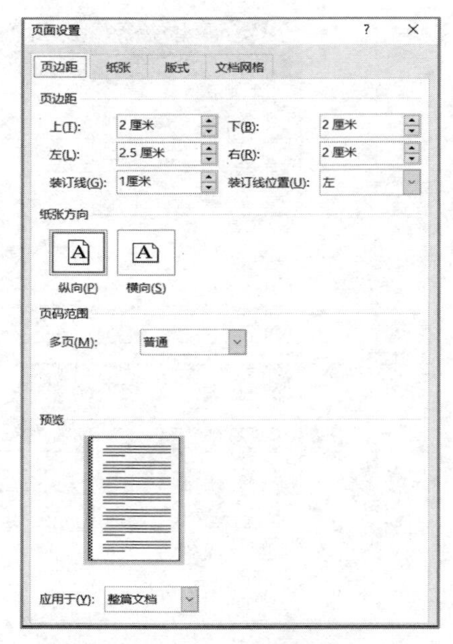

图 3-22　“页面设置”对话框

在“页面设置”对话框中，选择“页边距”选项卡，设置上、下、左、右页边距；装订线的位置、距离。纸张方向为“纵向”。选择“纸张”选项卡设置纸张的大小，选择“文档网格”设置每页行数和每行的字符数。

（2）设置页眉和页脚。

在“页面设置”对话框中单击“版式”，选择“奇偶页不同”选项。

然后将功能区切换至“插入”，单击“页眉和页脚”组中的“页眉”按钮，选择“空白页眉”，进入“页眉”编辑状态。默认状态下输入奇数页的页眉，接着再输入偶数页的页眉，设置对齐方式为右对齐。同时显示“页眉和页脚工具-设计”选项卡，如图 3-23 所示。

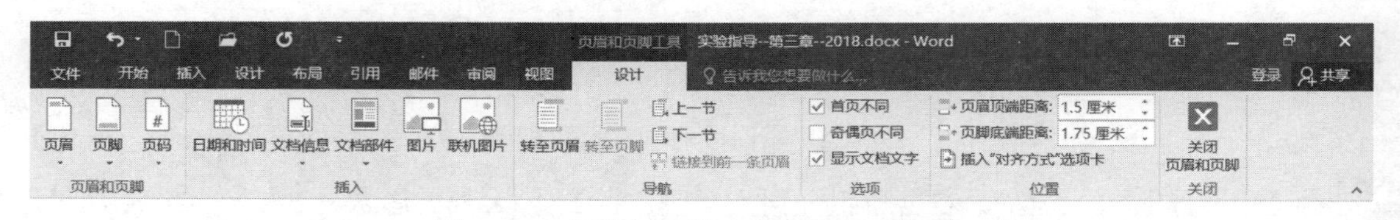

图 3-23　“页眉和页脚工具-设计”选项卡

单击“页眉和页脚工具-设计”选项卡的“转至页脚”按钮，进入“页脚”编辑区。

单击如图 3-23 中的“日期和时间”按钮，打开“日期和时间”对话框。选择一种可用的时间格式。

（3）插入页码。

功能区切换至“插入”，单击“页眉和页脚”组中的“页码”按钮，在下拉列表中选择“页面底端”的“普通数字 3”。

（4）为文档设置艺术型边框。

在功能区中切换至“开始”选项卡。在“段落”组中单击“边框”下拉按钮，在弹出的下拉列表中选择“边框和底纹”命令，如图 3-24 所示，出现“边框和底纹”对话框。在对话框中使用“页面边框”选项卡，在“艺术型”下拉列表中选择一种样式，为整个页面设置艺术型边框。

（5）设置页面颜色。

在功能区中切换至“设计”选项卡。在“页面背景”组中单击“页面颜色”按钮，在调色板中选择页面颜色为“绿色，个性色 6，淡色 80%”，如图 3-25 所示。

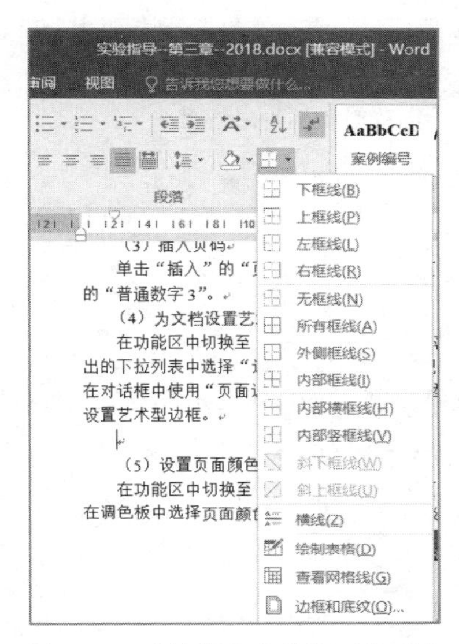

图 3-24　“边框和底纹”下拉列表

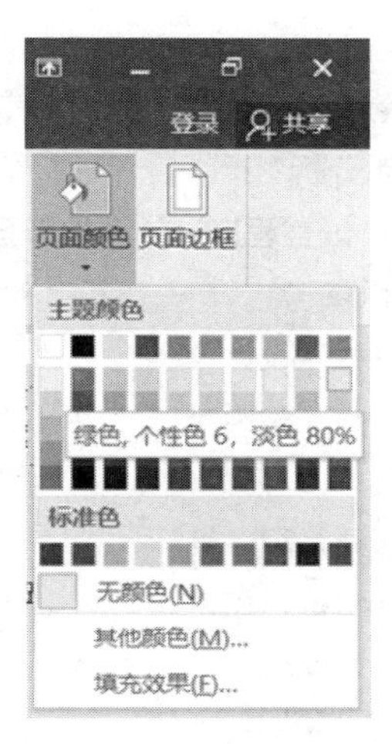

图 3-25　“页面颜色”调色板

【案例 8】插入目录和封面。

操作要求：

（1）新建 Word 文档，录入以下内容（不包括外边框），并保存为“目录封面练习”，保存位置为自己的文件夹。

第 1 章　C 语言概述及 C 程序的实现

1.1　基本知识点

一个 C 源程序文件是由一个或若干个函数组成的。在这些函数中有且只有一个是主函数 main（），主函数由系统提供。各个函数在程序中所处的位置并不是固定的。

一个 C 源程序文件是一个编译单位，即以源文件为单位进行编译，而不是以函数为单位进行编译。

1.1.1　C 程序的组成、main( )函数

1.1.2　标识符的使用

C 语言中所有数据都是以常量、变量、函数和表达式的形式出现在程序中的，在程序中，要用到很多名字。其中，用来标识符号常量名、变量名、函数名、数组名以及类型名等有效字符序列称为标识符。

1.1.3　C 程序的上机过程

1.2　例题分析

例 1.5　以下（　）不是合法标识符。

A. Float　　B. unsigned　　C. intege　　D. Char

相关知识：C 语言的标识符。

1.3 习题及答案

第 2 章 数据类型、运算符与表达式

2.1 基本知识点

2.1.1 基本数据类型及其定义

2.1.2 常量

常量：在程序运行过程中，其值不变的量，叫常量。常量分为普通常量和符号常量(用#difine 定义)两种。

常量的类型分为：整型、实型（单精度型、双精度型）、字符型和字符串常量。

2.1.3 变量

2.2 例题分析

第 3 章 C 语言程序设计及编译预处理

3.1 基本知识点

3.1.1 简单程序设计

简单程序设计又称为顺序结构程序设计，是程序设计的最基本的结构，其设计很简单。在这部分内容中，主要涉及到的内容有：① 利用计算机求解实际问题的过程，② 算法及表示方法。

3.1.2 选择结构程序设计

3.1.3 循环结构程序设计

3.1.4 编译预处理

3.2 例题分析

（2）在文本内容的最前面插入目录。

（3）插入“网格”封面，文件标题为“C 语言程序设计”，文件副标题为“自己的班级学号姓名”，删除文档摘要。

实验过程与内容：

（1）新建 Word 文档，保存为“目录封面练习”，输入文本内容。

（2）按样式设置各级标题的格式。

将光标置于第一行，切换功能区至“开始”，在“样式”组的样式列表中单击“标题 1”样式，即将“第 1 章……”的格式设置为一级标题。使用“格式刷”将“第 2 章……”“第 3 章……”的样式也设置为一级标题。

按同样的操作方式将所有节（如“1.1……”）的格式设置为“标题 2”样式。将所有小节（如“1.1.1……”）的格式设置为“标题 3”样式。

（3）文稿按照统一的格式排好版后，将光标置于要插入目录的位置。

（4）插入目录。

功能区切换至“引用”，单击“目录”组中“目录”的下三角按钮，打开下拉列表，选择一种自动目录的样式，如“自动目录 1”，生成目录如图 3-26 所示。

（5）插入及删除封面。

功能区切换至“插入”，单击“页面”组的“封面”下三角按钮，在下拉列表中选择“网格”的封面样式，系统自动在文档的第一页前插入封面，如图 3-27 所示。在标题和副标题文本框中输入文字内容，删除摘要文本框中的内容。

图 3-26　自动生成的目录

图 3-27　“网格”样式的封面

如果要删除已有的封面，可再次打开“插入”选项卡中“封面”的下拉列表，单击“删除当前封面”即可。

四、实验练习

1．打开自己文件夹中的“水调歌头”文档，进行字符格式的设置：

（1）将标题设置为：等线、三号字。

（2）将副标题设置为：华文隶书、五号字、倾斜。

（3）将正文设置为：楷体、四号字。

2．打开自己文件夹中的“水调歌头”文档，进行段落格式的设置：

（1）将标题设置为居中对齐格式，段前、段后设置 1 行间隔。

（2）将副标题设置为右对齐方式，并且加波浪线下划线。

（3）调整正文的左缩进和右缩进，使得每行显示大约 28 个汉字。

（4）将正文首行缩进 2 个字符，行间距调整为 1.2 倍行距。

3．打开自己文件夹中的“水调歌头”文档，进行边框和底纹格式的设置：

（1）将副标题添加边框，并且底纹设置为灰色。

（2）添加一个页面边框：红色、1.5 磅方框边框。

4．打开自己文件夹中的“水调歌头”文档，进行分栏和首字下沉的设置：

（1）将正文部分分为两栏，栏宽相等，加分隔线。

（2）将每一自然段的第一个字设置为首字下沉，宋体、下沉 2 行、距正文 10 磅。

5．打开自己文件夹中的“水调歌头”文档，进行页眉和页脚的设置：

（1）设置页眉：“宋词—水调歌头”，楷体、8 号字，居中对齐。

（2）设置页脚：14 号字、“第 X 页 共 X 页”。

6．打开自己文件夹中的“水调歌头”文档，进行下列页面格式的设置：

（1）设置打印纸为：32 开大小，纵向打印。

（2）设置左右页边距为 2 厘米，上下页边距为 3 厘米。

（3）用打印预览观察打印后的效果。

7．新建 Word 文档，输入以下文字内容，然后按要求完成操作：

山海关

景点：票价

老龙头：50.00 元

孟姜女庙景区：25.00 元

一关古城体验游“全价票”（天下第一关－钟鼓楼－王家大院）：50.00 元

长城景观三联游“全价票”（老龙头－孟姜女庙－天下第一关－钟鼓楼－王家大院）：125.00 元

（1）将“景点”至最后的文字内容转化成 3 行 3 列表格。

（2）设置表格第一列宽 6.5 厘米，表格样式为“网格表 4-着色 6”。

8．新建 Word 文档，输入以下文字内容，然后按要求完成操作：

2005 年世界 GDP 前 10 名排行榜

国家	GDP（亿美元）	人均 GDP(美元)	人均 GDP 名次
美国	124550.68	43740	7
日本	45059.12	38980	11
德国	27819.00	34580	19
中国	22286.62	1740	128
英国	21925.53	37600	12
法国	21101.85	34810	18
意大利	17230.44	30010	26
西班牙	11236.91	25360	33
加拿大	1115.192	32600	20
巴西	7940.98	3460	97

（1）将文中后 11 行文字转换为一个 11 行 4 列的表格。

（2）设置表格居中，表格第一列列宽为 2 厘米，其余列列宽为 3 厘米，行高为 0.6 厘米，表格单元格对齐方式为垂直、水平均居中。

（3）设置表格外框线为 0.75 磅蓝色双实线，内框线为 0.5 磅红色单实线。

（4）按“人均 GDP（美元）”列（依据“数字”类型）升序排列表格内容。

9．在 Word 中绘制如下表所示的表格，并保存为：招聘登记表.doc。

招聘登记表

<table>
<tr><td>姓名</td><td></td><td>民族</td><td></td><td rowspan="6">照片</td></tr>
<tr><td>出生日期</td><td></td><td>政治面貌</td><td></td></tr>
<tr><td>英语程度</td><td></td><td>联系电话</td><td></td></tr>
<tr><td>就业意向</td><td colspan="3"></td></tr>
<tr><td>E-mail 地址</td><td colspan="3"></td></tr>
<tr><td>通信地址</td><td colspan="3"></td></tr>
<tr><td>有何特长</td><td colspan="4"></td></tr>
<tr><td>奖励或
处分情况</td><td colspan="4"></td></tr>
<tr><td rowspan="5">简历</td><td>时间</td><td colspan="2">所在单位</td><td>职务</td></tr>
<tr><td></td><td colspan="2"></td><td></td></tr>
<tr><td></td><td colspan="2"></td><td></td></tr>
<tr><td></td><td colspan="2"></td><td></td></tr>
<tr><td></td><td colspan="2"></td><td></td></tr>
<tr><td colspan="5">学院推荐意见：
（盖章）
年　月　日</td></tr>
<tr><td>学校就业
办意见</td><td>（盖章）
年　月　日</td><td>用人单
位意见</td><td colspan="2">（盖章）
年　月　日</td></tr>
</table>

实验 3　Word 文档的图文混排

一、实验目的

1．掌握图片、艺术字等的插入方法。
2．掌握文本框的使用方法。
3．掌握图片的排版方法。
4．掌握插入 SmartArt 等图形的方法。
5．掌握输入数学公式的方法。
6．掌握 Word 中常用的目录生成方法。

二、实验准备

1．制作目录的 Word 文档。
2．用来作为文档背景及插图的图片。
3．制作“邀请函”的 Excel 表格。

三、实验内容及步骤

【案例 1】图文混排文档。
操作要求：
（1）在 Word 文档中输入以下内容（不包括外边框），命名为“图文混排练习”，并保存在自己的文件夹中。

§3.1　方程求根

科学技术的很多问题常归结为求方程 $f(x)=0$ 的根。在中学里我们已解过 x 的二次方程，如 $ax^2+bx+c=0$ 就属于这一种类型。方程的根有两个，即

$$x=\frac{-b\pm\sqrt{b^2-4ac}}{2a}$$

一元二次方程的求根公式

如果 x_2 是它的根，那么用 x_2 代入 f(x)中，其值必定为 0。我们知道：$f(x)=y=ax^2+bx+c$ 的图线是一条二次曲线。

（2）标题使用艺术字，艺术字样式：三行三列，“上下型”环绕方式，文字效果为“转换-两端近”。形状样式采用第 4 行第 3 列的样式。
（3）插入数学公式。
（4）插入一幅图片，作为文档的背景。
（5）插入云形标注，标注内容为“一元二次方程的求根公式”。

实验过程与内容：

（1）新建文档，输入一般文本内容，保存文档为“图文混排练习”。

（2）插入小节符号“§”。

功能区切换至“插入”，单击“符号”组的“符号”按钮，选择“其他符号”，打开“符号”对话框。在“特殊符号”选项卡中选择“小节”符号（如图 3-28 所示），单击“插入”命令按钮，即可将符号插入到文本中。单击“关闭”按钮关闭对话框。

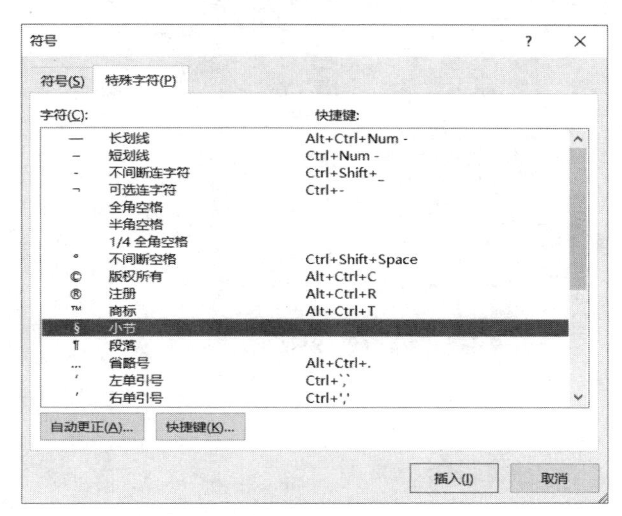

图 3-28　“符号”对话框

（3）设置上标、下标。

选择数字 2，功能区切换至“开始”，单击“字体”组的 x^2 命令按钮，进行上标的设置；单击 x_2 命令，进行下标的设置。

（4）标题使用艺术字，并设置艺术字样式、文字环绕及效果。

使用艺术字，并设置艺术字样式。选定标题文字，功能区切换至“插入”，单击“文本”组的“艺术字”按钮，在打开的艺术字列表中选择第三行第三列的样式，如图 3-29 所示。

图 3-29　“艺术字”样式列表

设置艺术字的环绕方式。单击标题，会相应出现“绘图工具-格式”选项卡，单击“排列”组的“环绕文字”按钮，选择“上下型环绕”。

设置艺术字效果。单击标题，在“绘图工具-格式”选项卡中，单击“艺术字样式”的“文字效果”按钮，如图 3-30 所示，指向“转换”命令，选择“弯曲”组中第四行第三列的“两端近”。

图 3-30　设置“艺术字”效果

（5）设置艺术字的形状样式。

单击标题，在“绘图工具-格式”选项卡中，单击“形状样式”列表中第 4 行第 3 列的样式。

（6）插入数学公式。

确定插入点，功能区切换至“插入”，单击“符号”组“公式”的下拉按钮，选择“二次公式”，公式编辑框自动出现在插入点，在编辑框外空白处单击鼠标，结束操作。

（7）插入标注。

确定插入点，在“插入”选项卡中，单击“插图”组的“形状”按钮，选择“标注”中的“云形标注”按钮，光标变为“十”字形，拖动鼠标插入标注。

右键单击标注，选择“编辑文字”，输入文字内容。

（8）插入背景图片，设置图片格式。

功能区切换至“设计”，单击“页面背景”组的“页面颜色”按钮，选择“填充效果”命令，打开“填充效果”对话框。

选择对话框的“图片”选项卡，如图 3-31 所示，单击“选择图片”命令按钮；在随后的窗口中选择“从文件”的“浏览”命令，打开“选择图片”对话框，找到一幅图片，如“背景图.jpg”，插入到文档中，效果如图 3-32 所示。

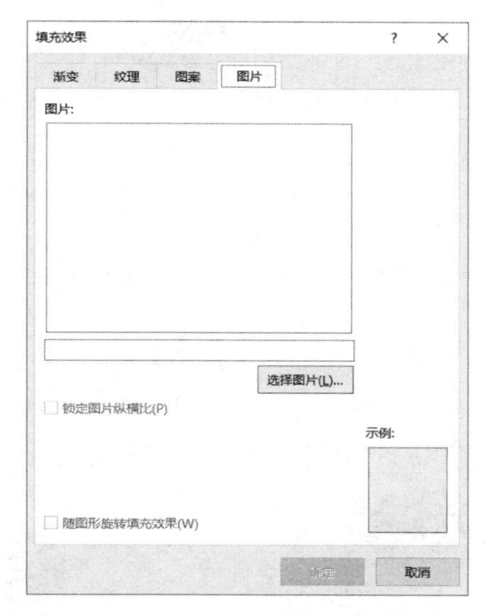

图 3-31　“填充效果”对话框的“图片”选项卡

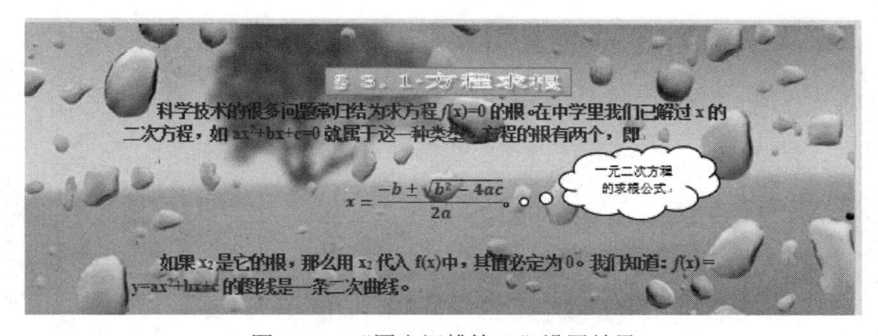

图 3-32　“图文混排练习”设置效果

【案例 2】绘制流程图。

操作要求：

（1）在 Word 中利用系统的图形形状绘制如图 3-33 所示的流程图，命名为“流程图练习”，并保存在自己的文件夹中。

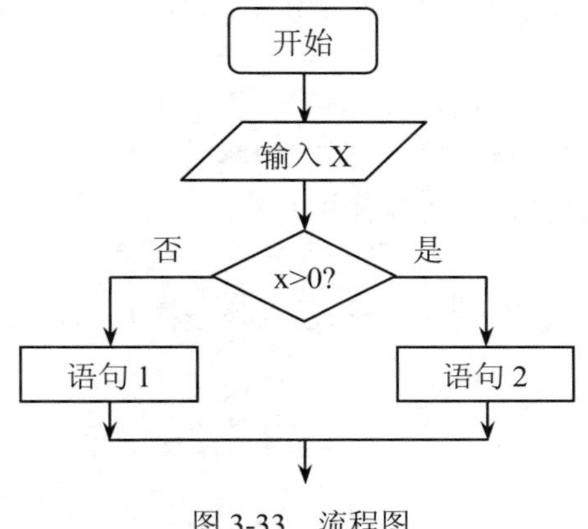

图 3-33　流程图

（2）按照图形位置设置恰当的“对齐与分布”，如若干个图形的“水平居中”。

（3）将所有图形组合为一个图形。

实验过程与内容：

（1）功能区切换至“插入”，单击“插图”组的“形状”按钮，在弹出的下拉列表中包含了可供使用的各种图形工具，如图 3-34 所示。

（2）在“流程图”组中，选择相应的工具进行图形的绘制。

（3）图形的对齐与分布。

按住 Shift 键，同时选择几个图形，如“开始”图形、“输入 x”“x>0?”三个图形，功能区切换至“绘图工具-格式”，单击“排列”组的“对齐对象”按钮，打开下拉列表，选择“水平居中”（根据图形位置，选择相应的对齐方式），如图 3-35 所示，将三个图形的中线对齐。

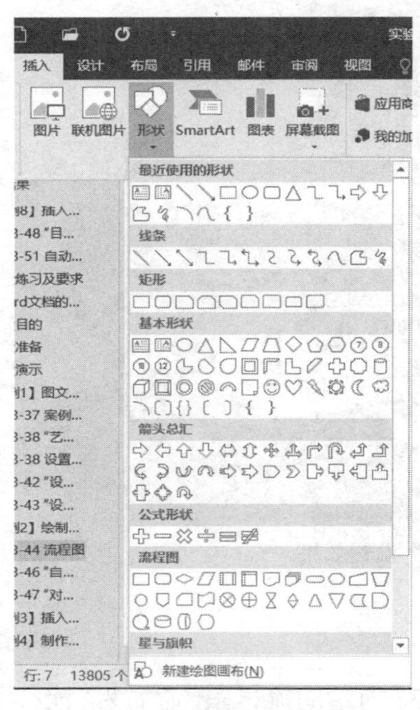

图 3-34 “形状”下拉列表

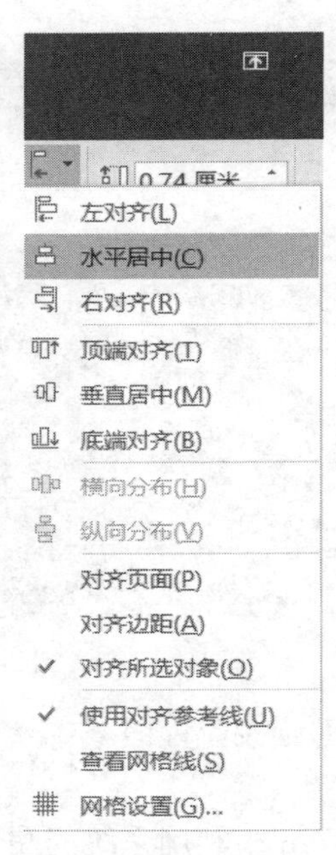

图 3-35 “对齐对象”按钮及其下拉列表

选择其他若干图形，按照类似方法设置图形的对齐方式。

（4）组合图形。

拖动鼠标选定所有图形，或者按住 shift 键，逐个单击自选图形，也可以选定所有图形。右击鼠标，从快捷菜单中选择“组合”，将所有的图形进行组合，成为一个图片。

【案例 3】使用 SmartArt 图形设计旅游的行程安排。

操作要求：

（1）在 Word 文档中输入以下内容（不包括外边框），命名为“SmartArt 练习”，并保存在自己的文件夹中。

行程安排
葡京娱乐场 -东望洋炮台 -圣母雪地殿圣堂 -东望洋灯塔 -卢廉若公园

（2）将输入的正文内容修改为 SmartArt 的“基本流程”样式，设置颜色为“彩色-个性色”。

（3）在适当位置插入一幅图片，设置图片高 5 厘米，宽 8 厘米，四周型环绕。

实验过程与内容：

（1）插入 SmartArt 图形，输入旅游的行程景点。

打开 Word 文档，将功能区切换到“插入”选项卡，单击“插图”组中的 SmartArt 按钮。打开“选择 SmartArt 图形”对话框，选择需要的 SmartArt 图形类型，如单击“流程”选项，在右侧的选项面板中单击“基本流程”图标，然后单击“确定”按钮，如图 3-36 所示。

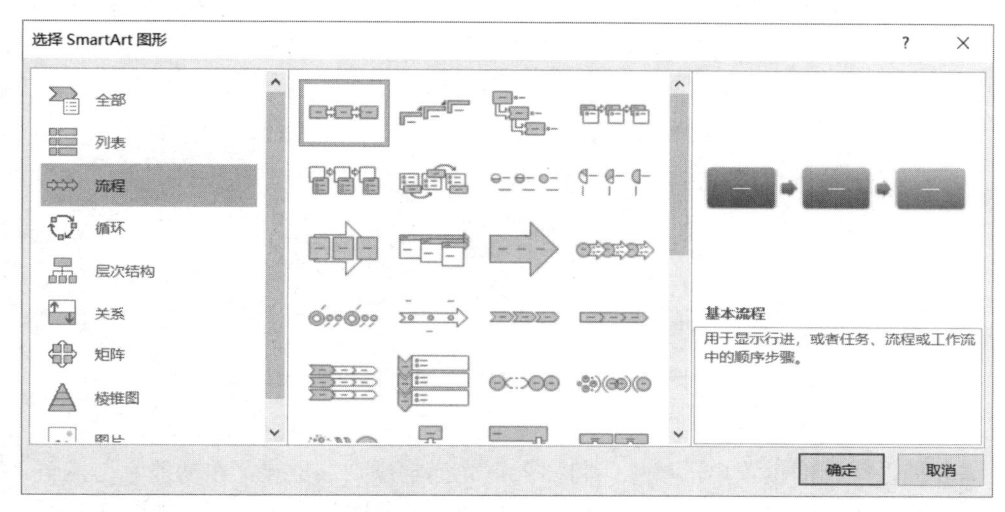

图 3-36　单击“基本流程”图标

此时，在文档中插入了 SmartArt 图形，可以直接单击标识为“文本”的文本框输入相应的文本内容。但因为默认的文本框只有 3 个，不足以输入 5 个文本内容。所以需要选择 SmartArt 图形，单击图形框左侧的图标按钮，打开“在此处键入文字”对话框，如图 3-37 所示。当默认的 3 个文本框输入完成后，按 Enter 键即可增加一个文本框，依此方法继续输入文本至结束。

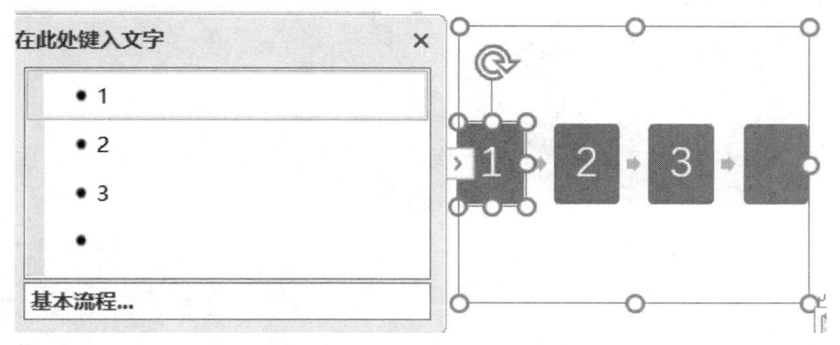

图 3-37　在“在此处键入文字”对话框中增加文本框输入文本

（2）设置 SmartArt 图形颜色为“彩色-个性色”。

单击“SmartArt 样式”组中的“更改颜色”按钮，在展开的样式库中选择一种颜色方案，如选择“彩色”组中的“彩色-个性色”，更改了图形的颜色，如图 3-38 所示。

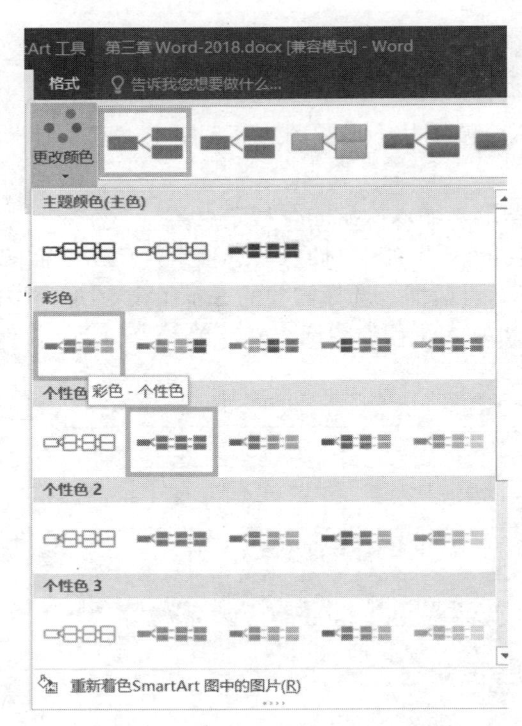

图 3-38 选择“彩色-个性色”颜色

（3）插入图片。

在需要插入图片的位置单击鼠标，将插入点光标定位到该位置。在功能区切换至“插入”选项卡，在“插图”组中单击“图片”按钮。打开“插入图片”对话框，如图 3-39 所示。在“位置”下拉列表中选择图片所在的文件夹，然后选择需要插入文档中的图片，单击“插入”按钮。

图 3-39 “插入图片”对话框

（4）通过功能区设置项精确设置图片的大小。

选择插入的图片，在“图片工具-格式”选项卡下“大小”组中的“形状高度”和“形状宽度”增量框中输入数值，可以精确调整图片在文档中的大小。

（5）调整图片版式。

选中图片，功能区切换到“图片工具-格式”选项卡，在“排列”组中单击“环绕文字”按钮，在打开的下拉列表中选择一种环绕选项，如选择“四周型”。设置效果如图3-40所示。

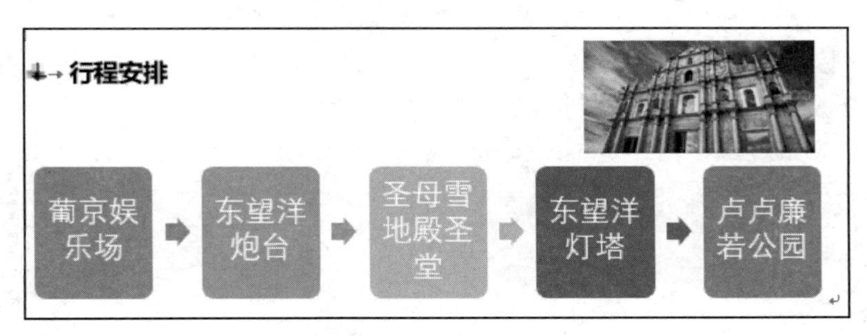

图3-40 “SmartArt练习”设置效果

【案例4】插入书签、脚注。

操作要求：

（1）打开“目录封面练习”Word文档，另存为“书签脚注练习”，保存位置为自己的文件夹。

（2）在“1.1.3 C程序的上机过程”后插入书签，书签名为“上机过程”。

（3）对“1.1.1 C程序的组成、main( )函数”中的“函数”后插入脚注，脚注内容为“具有相对独立单一功能的程序代码”。

实验过程与内容：

（1）插入书签。

将插入点置于“1.1.3 C程序的上机过程”后，将功能区切换至“插入”，单击“链接”组的“书签”命令，打开“书签”对话框。

在“书签名”文本框中输入“上机过程”，如图3-41所示，单击“添加”按钮，完成操作。

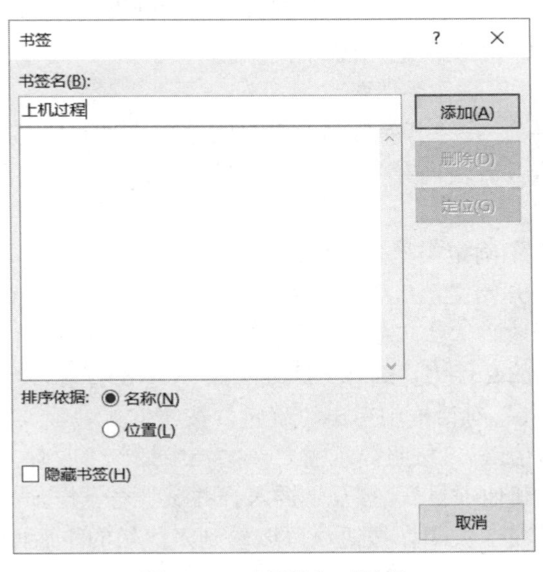

图3-41 “书签”对话框

（2）插入脚注。

将光标置于“1.1.1 C 程序的组成、main( )函数”行的末尾，功能区切换至“引用”，单击“脚注”组的“插入脚注”命令，插入点自动切换至当前页面底端，输入脚注文本。而在插入脚注的文本右上角出现数字形式的脚注标记，序号从“1”开始。

（3）定位书签。

插入点置于文档末尾。单击“链接”组中的“书签”命令，在“书签”对话框的列表中选择“上机过程”书签，单击“定位”按钮，观察到插入点自动置于“1.1.3 C 程序的上机过程”后，即书签所在的位置。

【案例 5】制作邀请函。

操作要求：

（1）在 Word 文档中输入以下内容（不包括外边框）。

请柬

尊敬的：

您好！为丰富学院的文化生活，学院将于 2018 年 10 月 21 日下午 15:00 时在学院会议室举办以“激情飞扬在十月，创先争优展风采”为主题的演讲比赛。特邀您参加。

2018 年 10 月 6 日
院长：李科

（2）在“尊敬的”之后运用邮件合并功能制作内容相同、收件人不同（收件人为“评委.xlsx”中的每个人，采用导入方式）的多份请柬，每页邀请函中只能包含一位领导，所有的邀请函页面另外保存在一个名为“邀请函.docx”文件中，保存在自己的文件夹下。

实验过程与内容：

（1）将 Excel 数据表“评委.xlsx”复制到自己的文件夹中。

（2）打开 Word，输入“邀请函”的文字内容。

（3）使用“邮件合并”制作邀请函。

功能区切换至“邮件”，在“开始邮件合并”组中单击“开始邮件合并”按钮，在弹出的下拉列表中选择“邮件合并分步向导”，此时在文档窗口的右侧会出现“邮件合并”窗格，如图 3-42 所示。

在“选择文档类型”中确定类型为“信函”。

然后单击“下一步：开始文档”，“选择开始文档”为“使用当前文档”。

单击“下一步：选择收件人”，在“使用现有列表”中单击“浏览”按钮，打开“选取数据源”对话框，找到自己的文件夹，选择“评委.xlsx”，单击打开。在随后出现的“选择表格”对话框、“邮件合并收件人”对话框中单击“确定”按钮。

单击“下一步：撰写信函”，按照提示需要在文档中插入“收件人”的位置（如“尊敬的”后面）单击，然后单击“其他项目”，打开“插入合并域”对话框，如图 3-43 所示，默认选项不需修改，单击“插入”及“关闭”按钮，可以看到“尊敬的”后面出现“«姓名»”域。

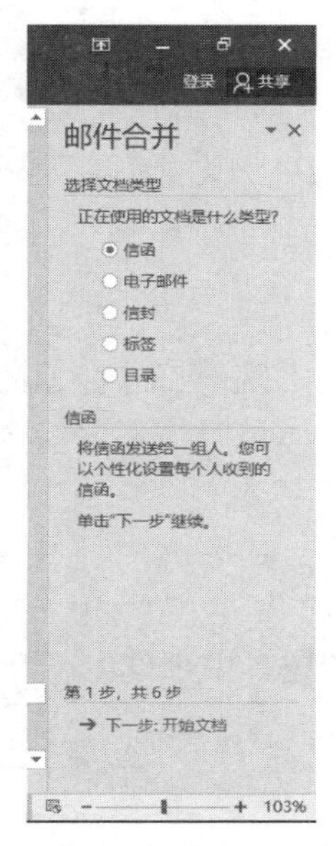

图 3-42　“邮件合并”窗格

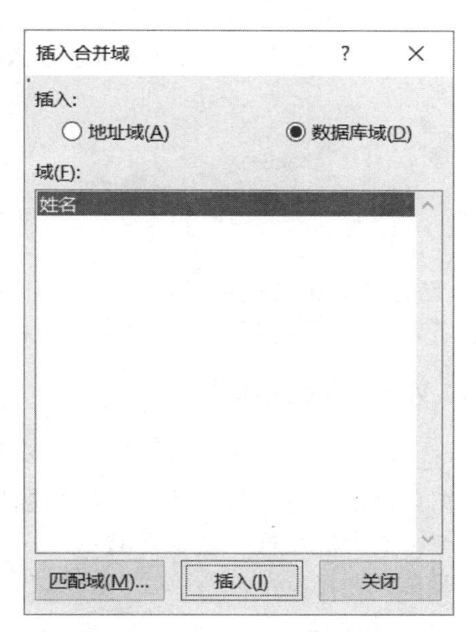

图 3-43　“插入合并域”对话框

单击“下一步：预览信函”，可以观察到第一个评委的名字出现在文档中的插入位置，单击窗格“收件人”的切换按钮，可在文档中查看各个收件人的姓名。

单击“下一步：完成合并”，将文档保存为“邀请函.docx”，保存位置为自己的文件夹。

四、实验练习

1．打开自己文件夹中的“水调歌头”文档，进行以下操作：

（1）插入一幅图片，设置图片高度和宽度均缩放 50%，环绕方式为“衬于文字下方”。映像右透视，阴影向下偏移 10 磅。

（2）在正文的右下角添加一个文本框，输入“诗词欣赏”四个字，要求横排、隶书、小三号字，且用绿色做底纹。

（3）给文档添加一幅艺术字，内容为“文学宝库”，设置为三行一列样式艺术字，字体为隶书、小初号字体，居中对齐，上下型环绕。

2．在 Word 中制作如图 3-44 所示的版面效果，并以“综合练习”文件名存放在自己的文件夹中。

图 3-44　“综合练习”样本

3．新建一个文档，输入以下数学公式：

$$\sqrt[3]{\frac{a^2+b}{c-d}}$$

$$\int_L (x^2+y)ds+\sum_{i=1}^{10}(a_i^3+b_i^2)$$

4．新建 Word 文档，录入文字内容“行程：西栅－昭明书院－三寸金莲馆－乌镇大戏院－白莲塔寺”。然后将其修改为“交错流程”布局 SmartArt，颜色为“彩色-个性色”。

五、Word 综合大作业

1．选题：

根据自己的喜好自拟一个感兴趣的题目，或从下列参考题目中任选其一，有创意地完成一篇 3~5 页的有思想性和艺术性的 Word 文档。

主要参考题目有：

（1）产品说明

（2）产品广告

（3）某企业的宣传报道

（4）新闻

（5）个人简历

（6）自荐信

2．要求：

（1）将你所在的班级、学号和姓名写在页眉处。

（2）在页脚中设置页码和总页数。

（3）在文档中设置分栏、首字下沉、首行缩进。

（4）插入一个与文档的中心思想相呼应的表格（自己进行边框和底纹的设置）、艺术字、图片（图片有各种版式、水印等效果）、文本框、自选图形。

（5）设置段落格式：行距、段前和段后间距、项目符号和编号等。

（6）设置字符格式：字体、字号、字形、字符边框和底纹、字符加下划线、字符位置、字符间距、字符缩放、字符效果、上标、下标、文字方向等。

（7）设置页面边框。

（8）进行页面设置：纸型为 A4 纸，上、下、左、右页面边距分别是 2 厘米、2.5 厘米、2 厘米、2 厘米。

（9）保存文档的文件名为：班级学号姓名。

第 4 章　电子表格软件 Excel 2016

本章实验的基本要求：

- 掌握 Excel 工作簿、工作表及单元格的基本操作。
- 掌握各种类型数据的输入方法及快速填充数据的方法。
- 掌握工作表的格式设置及美化操作。
- 熟练使用公式和常用函数进行计算的方法。
- 掌握数据管理与分析方法。
- 掌握使用图表呈现数据的方法。

实验 1　Excel 的基本操作

一、实验目的

1. 掌握 Excel 电子表格中的基本概念。
2. 熟练掌握工作簿和工作表的基本操作方法。
3. 熟练掌握各种类型数据及快速输入数据的方法。
4. 熟练掌握设置数据格式、单元格格式及应用样式美化数据表的方法。
5. 熟练掌握条件格式的应用。

二、实验准备

1. 理解 Excel 的基本概念：单元格、区域、工作表、工作簿、填充柄、样式。
2. 熟悉 Excel 的操作界面。
3. 所有素材工作簿在“第一项”文件夹下。

三、实验内容及步骤

【案例 1】新建工作簿和工作表。

在“第一项”文件夹下创建一个 Excel 工作簿，命名为“班级信息管理.xlsx”。

操作要求：

（1）在工作簿下创建 4 工作表，分别命名为“同学信息”“班费收支情况”“班级活动”和“班级成绩”。

（2）在“同学信息”工作表中，输入表结构的数据表，并输入任意两名同学的信息。

（数据表结构为：学号、姓名、性别、身份证号、联系电话、籍贯）

（3）打开“学生名册”工作簿，将包含本班名单的工作表复制到“班级信息管理”工作簿。

实验过程与内容：

（1）新建 Excel 工作簿。

在“第一项”文件夹下，右击，在快捷菜单中选择“新建”→“Microsoft Excel 工作表”命令，如图 4-1 所示，改写新创建工作簿的主文件名，将“新建 Microsoft Excel 工作表”修改为“班级信息管理”，扩展名.xlsx 不变，如图 4-2 所示。

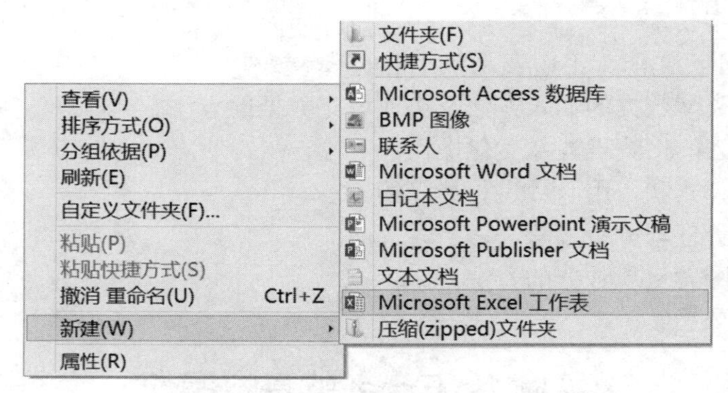

图 4-1 用右键快捷菜单新建工作簿

（2）新建工作表并重新命名。

单击 Sheet1 工作表标签旁的加号即“新建工作表”按钮，新建三个工作表，如图 4-3 所示。双击工作表标签或在工作表标签上右击或在快捷菜单中选择“重命名”命令，分别将四个工作表重命名为“同学信息”“班费收支情况”“班级活动”和“班级成绩”。

新建 Microsoft Excel 工作表.xlsx

图 4-2 在此状态为新建的工作簿重命名

Sheet1 Sheet2 Sheet3 Sheet4

图 4-3 工作表标签和新建工作表按钮

（3）录入数据。

在“同学信息”工作表中从 A1 单元格开始，输入数据表的结构数据：学号、姓名、性别、身份证号、联系电话、籍贯。并在下两行输入两位同学的信息。效果如图 4-4 所示。输入身份证号时要先在英文标点状态下输入单引号。

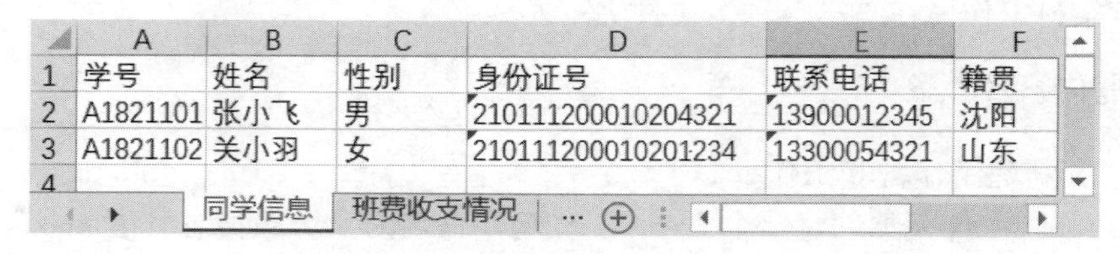

	A	B	C	D	E	F
1	学号	姓名	性别	身份证号	联系电话	籍贯
2	A1821101	张小飞	男	210111200010204321	13900012345	沈阳
3	A1821102	关小羽	女	210111200010201234	13300054321	山东
4						

同学信息 班费收支情况 ...

图 4-4 输入了数据的“同学信息”工作表

（4）打开工作簿。

选择“文件”→“打开”→“浏览”命令，在弹出的“打开”对话框，找到教师指定位置的文件夹，如在桌面上找“第一项”文件夹，打开该文件夹中的工作簿“学生名册.xlsx”。

（5）复制工作表。

在“学生名册”工作簿，找到自己班级名单的工作表，在工作表标签处右击，在如图 4-5 所示的快捷菜单中选择“移动或复制”命令，在弹出的如图 4-6 所示的对话框中选择工作簿为

“班级信息管理.xlsx”，选择在“班费收支情况”工作表之前插入，单击选中“建立副本”复选框，单吉“确定”按钮之后，便将工作表复制到“同学信息”工作表之后，“班费收支情况”工作表之前。

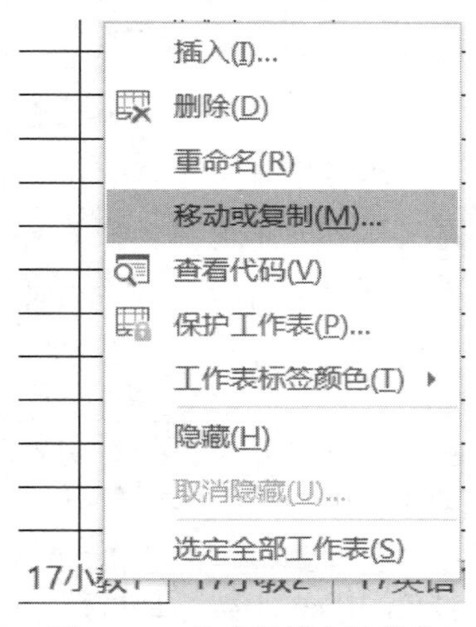

图 4-5　工作表标签右键菜单

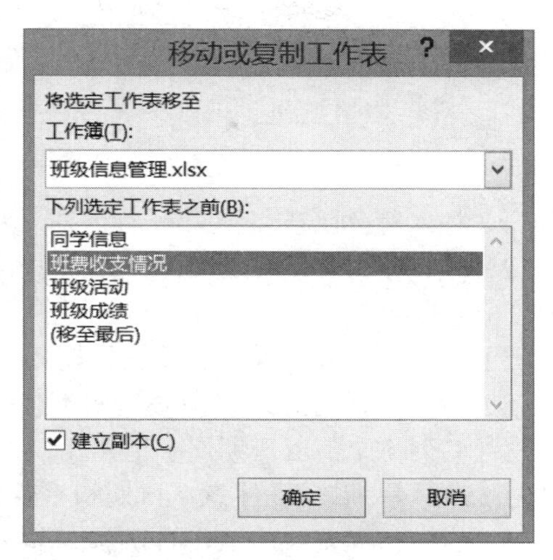

图 4-6　“移动或复制工作表”对话框

（6）保存工作簿。

按 Ctrl+S 组合键或选择“文件”→“保存”命令，保存当前的“班级信息管理”工作簿。

【案例 2】工作表中数据的基本操作。

操作要求：

打开“示例 2.xlsx”工作簿，在如图 4-7 所示的“值班名单”工作表中按如下要求进行操作，完成效果如图 4-8 所示。

	A	B	C	D
1	陈运坤	赵启洲	孙胜捷	宋子洪
2	邓泉水	赵世坤	王国富	田凤雨
3	杜林	赵庄	王洪涛	田玲
4	冯凌超	郑雄	王娜娜	汪涛
5	付爽	丁勇	王伟学	王春雷
6	何雅杰	高洋	王祯毅	王洪华
7	纪鹏宇	关辉	位亮	王建
8	郎方	关旭东	薛建丽	王世超
9	李贵钊	李萍萍	余博阳	王威
10	陆英萍	刘广东	苑晓宇	王洋
11	宁新生	刘江	詹峰	魏广银
12	庞乐	潘加征	赵国强	张浩
13	宋婉月	邵国涛	孟庆猛	王凡
14	苏英翱	宋阳	裘宏	王茜

值班名单

图 4-7　“值班名单”工作表中原始数据

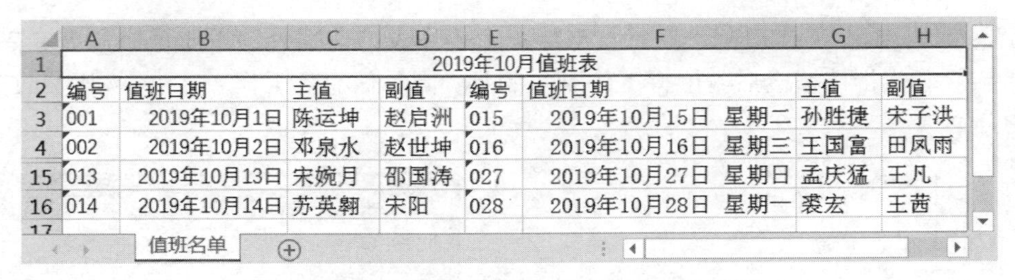

	A	B	C	D	E	F	G	H
1	2019年10月值班表							
2	编号	值班日期	主值	副值	编号	值班日期	主值	副值
3	001	2019年10月1日	陈运坤	赵启洲	015	2019年10月15日 星期二	孙胜捷	宋子洪
4	002	2019年10月2日	邓泉水	赵世坤	016	2019年10月16日 星期三	王国富	田凤雨
15	013	2019年10月13日	宋婉月	邵国涛	027	2019年10月27日 星期日	孟庆猛	王凡
16	014	2019年10月14日	苏英翱	宋阳	028	2019年10月28日 星期一	裘宏	王茜

图 4-8 完成操作后“值班名单”表中的数据

（1）插入行/列：分别在第一行前插入两个空行，在 A 列和 C 列数据前插入两个空列。

（2）填充序列：分别在 A 列和 E 列填充编号 001～028；在 B 列和 F 列填充日期 2019-10-1 到 2019-10-28。

（3）输入列标题：编号、值班日期、主值、副值……

（4）设置日期格式：设置 B 列每个值班日期的格式为长日期格式，如“2019 年 10 月 1 日”；设置 F 列每个值班日期属于星期几，例如日期为“2019/10/15”的单元格应显示为“2019 年 10 月 15 日 星期二”（注意：日期和星期之间有空格）。

（5）合并单元格：将 A1:H1 合并，输入数据表标题“2019 年 10 月值班表”。

实验过程与内容：

（1）插入行/列：在行号 1 和 2 处拖拽鼠标，选中图 4-7 数据表中的前 2 行，右击，选择“插入”命令，在第一行数据前插入两个空行；在 C 列和 D 列的列标处拖拽鼠标选中这两列，右击，选择“插入”命令，在 C 列数据前插入两个空列；使用同样的方法在 A 列数据前插入两个空列。

（2）填充数据：在 A3 单元格输入单引号再输入 001，按回车键，用鼠标按住 A3 单元格的填充柄向下拖拽至 A16 单元格，完成序列 001～014 的填充；在 B3 单元格中输入日期 2019-10-1，之后在 B3 单元格的填充柄处双击，向下填充。使用同样的方法在 E 列和 F 列填充数据。

（3）输入列标题：分别在 A2:D2 单元格中输入相应的列标题，选中 A2:D2 区域，按 Ctrl+C 组合键复制，选中 E2 单元格，按 Ctrl+V 组合键粘贴。

（4）设置日期型数据格式：选中 B3:B16 区域，选择“开始”选项卡“数字”组“日期”下拉列表中的“长日期”，如图 4-9 所示；选中 F3:F16 区域，单击“开始”选项卡“数字”组右下角的更多选项按钮，弹出如图 4-10 所示的“设置单元格格式”对话框，在“分类”下拉列表中选择“自定义”，在“类型”下拉列表中选择“yyyy"年"m"月"d"日"”，在类型文本框中输入空格 aaaa，单击“确定”按钮完成格式设置。

（5）单元格合并居中：选中 A1:H1 区域，选择“开始”选项卡“对齐方式”组中“合并后居中”命令，在合并后的单元格 A1 中输入数据表标题“2019 年 10 月值班表”，之后保存工作簿。

图 4-9 常用数据格式列表

图 4-10　“设置单元格格式”对话框

【案例 3】基本的格式化工作表。

操作要求：

打开“示例 3.xlsx”工作簿，对其中的“课程表”工作表按下面的要求进行格式化操作，完成效果如图 4-11 所示。

	B	C	D	E	F
2	星期一	星期二	星期三	星期四	星期五
3	数学	语文	数学	数学	数学
4	英语	语文	品德	英语	音乐
5	技术	英语	语文	语文	语文
6	语文	综合	音乐	音乐	语文
7	品德	围棋	语文	品德	自习
8	美术	体育	体育	美术	体育
9	活动	自习	自习	辅导	自习
10	班会	自习	自习	辅导	自习

课程表

图 4-11　完成格式设置的“课程表”工作表

（1）对“一年一班上学期课程表”单元格进行格式设置：行高为 20，单元格水平对齐方式为“居中”，字号为“16”，字体为“等线”，字形为加粗，设置背景填充图案样式“6.25% 灰色”。

（2）设置第 2 行的行高为 28，单元格对齐方式为水平垂直都居中，将 A2:F2 区域设置填充色为“橙色，个性色 2，深色 25%”，字体为黑体，字号为 14，颜色为“白色，背景 1”，字形为加粗。

（3）设置第 3 到 10 行行高为 20，单元格水平对齐方式为“居中”，设置 A3:A10 区域字体为“等线”，字号为“12”，单元格的底纹颜色为“黄色”。

（4）为 A2:F10 区域设置浅蓝色双实线样式内外边框。

实验过程与内容：

（1）设置行高：选中第 1 行到第 10 行，在行号处右击，在快捷菜单中选择行高，在“行高”对话框中输入数值 20，单击“确定”按钮完成操作。用同样的方法将第 2 行的行高设置为 28。

（2）设置单元格对齐方式：选中 A1:F10 区域，在“开始”选项卡“对齐方式”组单击“水平居中”按钮；用同样的方法，选中 A2:F2 区域，选择对齐方式为水平垂直居中。

（3）设置字体颜色和底纹：选中 A1 单元格，单击“开始”选项卡“字体”组右下角的更多选项按钮，打开“设置单元格格式”对话框，如图 4-12 所示，选择“图案样式”列表中的“6.25%灰色”；选中 A2:F2 区域，在“开始”选项卡“字体”组中选择填充按钮，在颜色列表中选择“橙色，个性色 2，深色 25%”。其他位置的填充操作略。

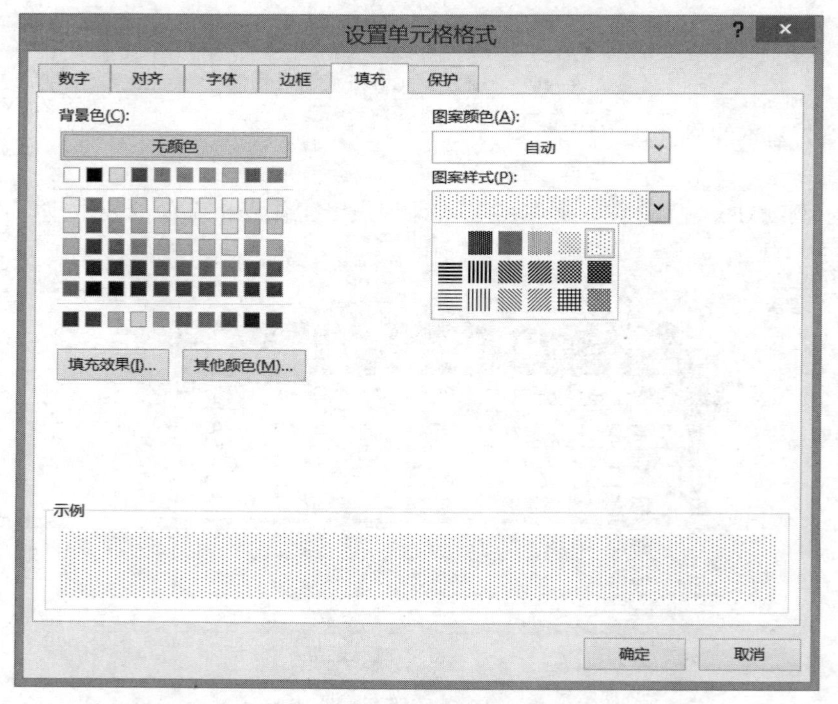

图 4-12　“设置单元格格式”对话框“填充”选项卡

（4）设置边框：选中 A2:F10 区域，在“开始”选项卡“字体”组的“边框”下拉列表中，先选择最后一项“其他边框”，打开如图 4-13 所示的“设置单元格格式”对话框，在其中选择颜色为浅蓝色，线条为双实线，单击“预置”区的外边框和内部按钮，单击“确定”按钮完成边框设置。

（5）字体、字形、字号等设置方法略。完成后保存工作簿。

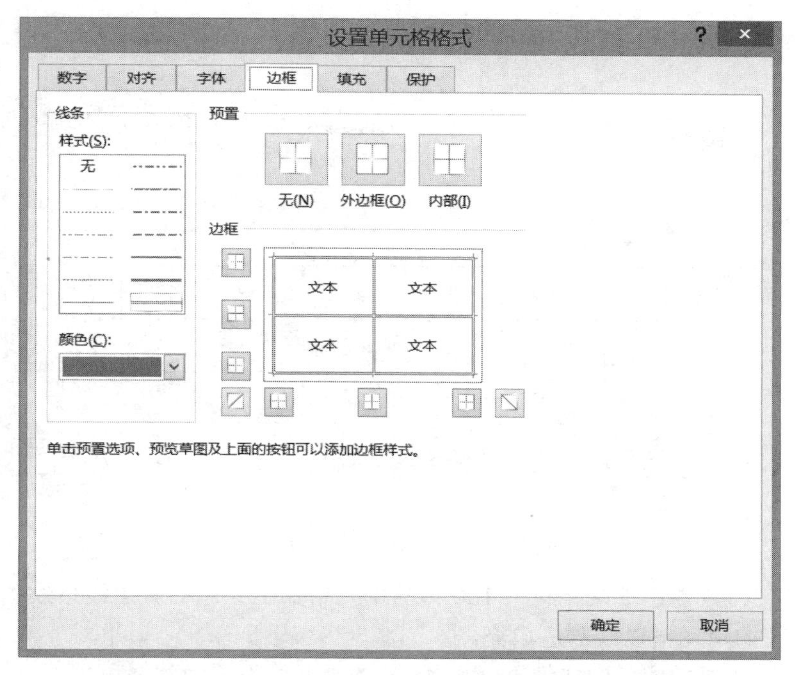

图 4-13　“设置单元格格式”对话框/“边框”选项卡

【案例 4】应用样式美化工作表。

操作要求：

打开“示例 4.xlsx”工作簿，应用样式对“教材销售表”工作表进行格式化，完成效果如图 4-14 所示。

（1）为 A1 单元格中“教材销售情况表”设置单元格样式为“标题 1”。

（2）为 A2:D18 区域套用表格格式为“绿色，表样式深色 11”。

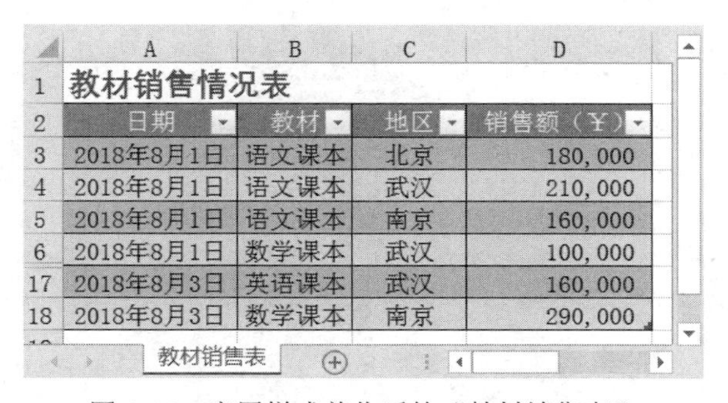

图 4-14　应用样式美化后的“教材销售表”

实验过程与内容：

（1）设置单元格样式：选中合并后的 A1 单元格，在“单元格样式”下拉列表中选择 “标题 1”。

（2）套用表格格式：选中 A2:D18 区域，在“开始”选项卡“样式”组中“套用表格格式”下拉列表中选择“深色”分组中的“表样式深色 11”。

（3）完成后保存工作簿。

【案例 5】条件格式设置。

操作要求：

打开“示例 5.xlsx”工作簿，在工作表“期末成绩表”中，按如下要求设置条件格式，完成效果如图 4-15 所示。

三年一班成绩表							
学号	姓名	数学	语文	英语	品德	科学	五科总分
1	许景龙	99	100	96	45	35	375
2	杨世明	97	95	89	47	40	368
3	于海晨	97	96	100	44	46	383
4	张雷	100	96	100	46	46	388
5	赵启洲	98	96	99	43	32	368
6	赵世坤	91	89	88	40	39	347

期末成绩表

图 4-15　设置了条件格式的“期末成绩表”工作表

（1）将语文、数学、英语三科中 100 分的单元格加上红色细对角线条纹图案，成绩低于 90 分的成绩所在的单元格以浅蓝色填充。

（2）为品德和科学两科中成绩不低于 45 分的单元格设置为浅绿色填充。

实验过程与内容：

（1）选中 C3:C21 区域，在如图 4-16 所示的“开始”选项卡“样式”组“条件格式”下拉列表中选择“突出显示单元格规则”子菜单中的“等于”选项；在弹出的“等于”对话框的文本框中输入 100，在“设置为”下拉列表中选择“自定义格式”选项，打开如图 4-17 所示的“设置单元格格式”对话框；在对话框的“填充”选项卡中选择图案颜色为红色，图案样式为“细对角线条纹”。用类似的方法设置 C3:C21 区域中成绩低于 90 分的突出显示单元格规则设置为小于 90 分，以浅蓝色填充。

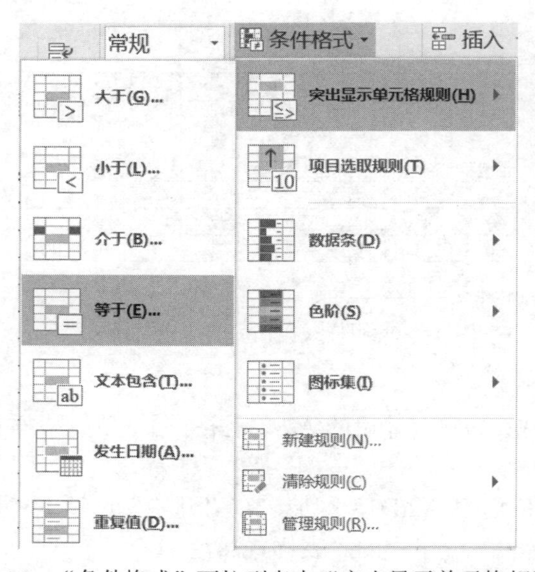

图 4-16　“条件格式”下拉列表中“突出显示单元格规则”

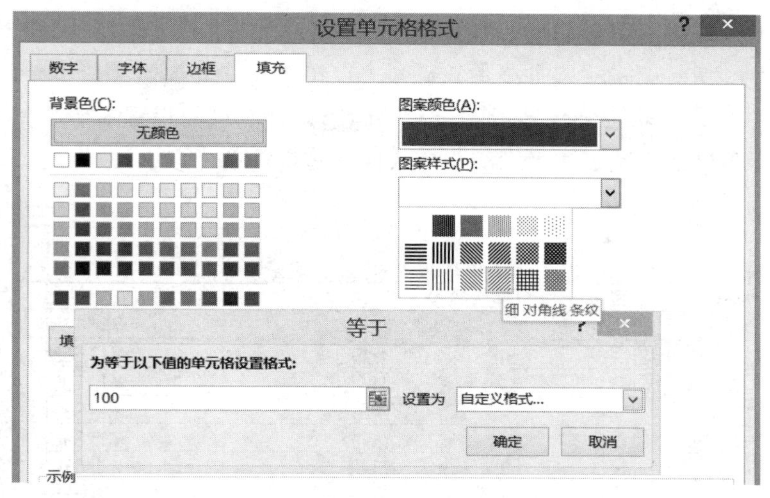

图 4-17　在“设置单元格格式”对话框设置以红色条纹填充

（2）选中 F3:G21 区域，在“开始”选项卡“样式”组“条件格式”下拉列表中选择“突出显示单元格规则”子菜单中的“其他规则”选项，打开如图 4-18 所示的“新建格式规则”对话框；在该对话框中设置单元格值大于或等于 45，单击“格式”按钮，在弹出的“设置单元格格式”对话框的“填充”选项卡中选择浅绿色，单击两次“确定”按钮完成操作。

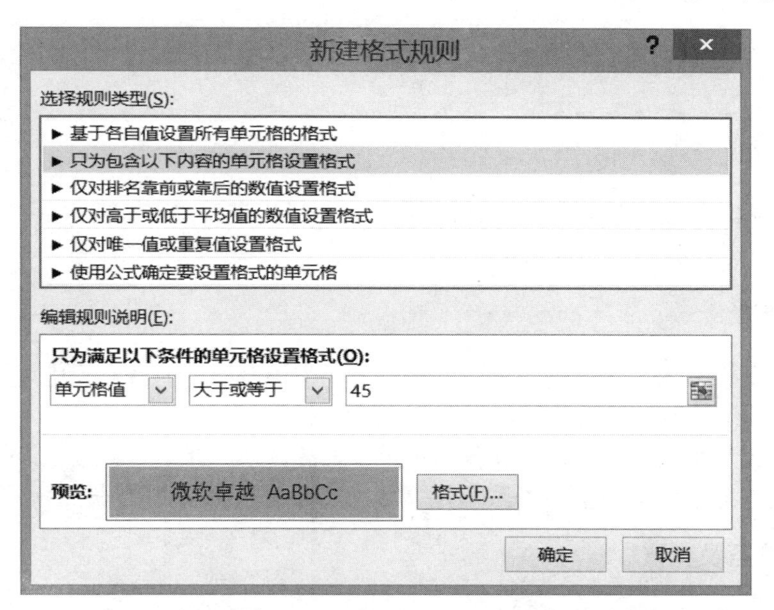

图 4-18　“新建格式规则”对话框

四、实验练习

打开“练习.xlsx”工作簿，按下面的要求进行操作，完成效果如图 4-19 所示。

1. 将 A1 单元格中的“2018ABC-2000 各城市销售情况”，设置为红色，等线，加粗，12 号字，将 A1:C1 单元格合并后居中。

2．设置 C3:C12 数据区域水平居中对齐。

3．设置 D3:D12 数据区域用货币形式显示人民币符号，并保留 3 位小数。

4．使用条件格式，将“销售数量（台）”列 C3:C12 区域，设置渐变填充-绿色数据条；

5．为 A2:C12 数据区域添加最细实线样式内外边框。

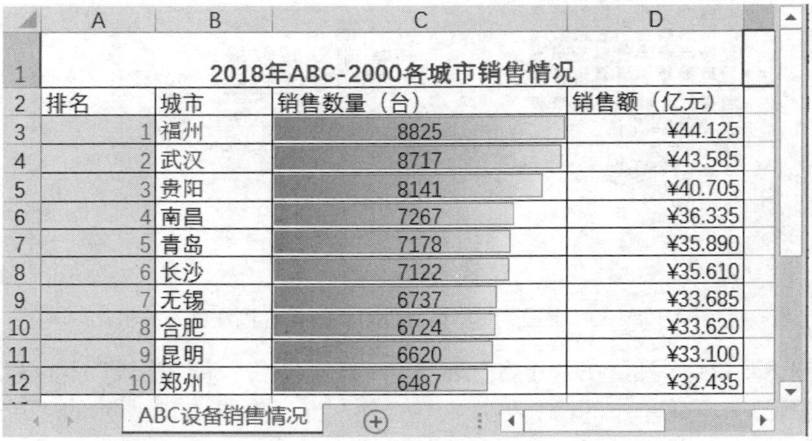

	A	B	C	D
1	2018年ABC-2000各城市销售情况			
2	排名	城市	销售数量（台）	销售额（亿元）
3	1	福州	8825	¥44.125
4	2	武汉	8717	¥43.585
5	3	贵阳	8141	¥40.705
6	4	南昌	7267	¥36.335
7	5	青岛	7178	¥35.890
8	6	长沙	7122	¥35.610
9	7	无锡	6737	¥33.685
10	8	合肥	6724	¥33.620
11	9	昆明	6620	¥33.100
12	10	郑州	6487	¥32.435

ABC设备销售情况

图 4-19　练习完成效果示例

实验 2　公式与函数的应用

一、实验目的

1．熟练掌握使用公式进行计算的方法。

2．熟练应用 Excel 各种的常用函数。

二、实验准备

1．理解单元格引用方法：相对引用、绝对引用与混合引用的特点及应用。

2．了解 Excel 各种常用函数的功能及参数的使用。

3．熟悉公式与函数输入、修改及复制等操作方法。

4．案例及练习中使用的全部工作簿在“第二项”文件夹下。

三、实验内容及步骤

【案例 1】在单元格中使用公式。

操作要求：

在如图 4-20 所示“CBA 积分榜”工作表中，使用公式计算胜场数、败场数和胜率。其中公式的计算方法如下：

胜场=主场胜数+客场胜数；

败场数=总场数-胜场；

胜率=胜场/总场数。

	A	B	C	D	E	F	G	H
2		球队	总场数	胜场		战绩		胜率
3				主场	客场	胜场	败场	
4	1	广厦	38	16	15	=D4+E4		
5	2	辽宁	38	16	13			
6	3	广东	38	16	12			
22	19	四川	38	7	1			
23	20	八一	38	3	0			

CBA积分榜

图 4-20　“CBA 积分榜”工作表

实验过程与内容：

（1）打开工作簿“示例 1.xlsx”，并将“1CBA 积分榜”工作表选中为当前工作表。

（2）计算胜场数：选中 F4 单元格，输入公式“=D4+E4”，输入公式时先输入等号，之后单击 D4 单元格进行引用，再手工输入运算符“+”，单击引用 E4 单元格，最后输入回车键确认输入并显示公式结果。

（3）向下复制公式：再次单击选中 F4 单元格，双击单元格右下角的填充柄，向下复制公式；或者按住填充柄向下拖拽至 F23 单元格。

（4）计算败场数：选中 G4 单元格，输入公式“= C4 -F4”，输入公式后单击编辑栏上的确认按钮 ✓ 确认输入并显示结果，双击 G4 单元格的填充柄向下复制公式至 G23 单元格，完成此列操作。

（5）计算胜率：选中 H4 单元格，输入公式“=F4/C4”，输入公式后单击编辑栏上的确认扫钮 ✓ 确认输入并显示结果，向下复制公式至 H23 单元格，完成此列操作。

【案例 2】单元格绝对引用的应用。

操作要求：

在如图 4-21 所示的“杂志订阅”工作表中，计算各班级不同杂志的订阅金额。计算方法如下：

金额=订阅册数*单价

实验内容与过程：

（1）打开工作簿“示例 2.xlsx”，其中包含“杂志订阅表”工作表和如图 4-22 所示的“定价表”工作表。

D3　=C3*定价表!$C$2

	A	B	C	D	E
1	**某初中杂志订阅情况汇总表**				
2	**班级**	**杂志名称**	**订阅册数**	**金额**	
3	初1.1班	爱语文	25	¥ 150	
4	初1.2班	爱语文	30		
14	初1.2班	英语阅读	30		
15	初1.3班	英语阅读	25		
16	初1.4班	英语阅读	30		

杂志订阅表

图 4-21　“杂志订阅表”工作表

	A	B	C	D
1	**序号**	**杂志名称**	**单价**	
2	1	爱语文	¥ 6.0	
3	2	天天数学	¥ 9.0	
4	3	英语阅读	¥ 8.0	
5	4	科幻迷	¥ 10.0	
6	5	爱科学	¥ 7.0	

定价表

图 4-22　“定价表”工作表

（2）在“杂志订阅表”工作表标签处单击，将其选为当前工作表。

（3）计算金额：将光标定位在 D3 单元格，输入公式“=C3*定价表!$C$2”，先输入等于号“=”，单击 C3 单元格，将其引用到公式中，在键盘上输入操作符“*”，单击“定价表”标签，在“定价表中”单击 C2 单元格，将其引用到公式中。

（4）转换单元格引用方式：在编辑栏选中公式中的相对引用地址“C2”，按 F4 键将其转换为绝对地址“$C$2”。之后单击编号栏的对话按钮，确认输入并显示公式结果。

（5）复制公式：按住 D3 单元格右下角的填充柄向下拖拽复制公式到 D7 单元格。

（6）使用同样的方法计算“天天数学”和“英语阅读”杂志的“金额”。

【案例 3】常用数字函数的应用。

操作要求：

在如图 4-23 所示的“成绩表”工作表中分别使用求和函数（SUM）和平均值函数（AVERAGE）计算每位同学的总分、平均分，使用最大值（MAX）和最小值（MIN）函数计算班级单科最高分和最低分，并使用计数函数（COUNT）计算考试人数。

要点提示：本例将使用如图 4-24 所示“∑自动求和”下拉列表中的 5 个常用函数。

使用“自动求和”下拉列表中的函数的操作方法如下。

	A	B	C	D	E	F	G	H
1	学生成绩表							
2	学院	学号	姓名	英语	高数	计算机	总分	平均分
3	工商学院	A1444101	陈立权	62	88	69		
4	工商学院	A1444102	陈晓龙	54	53	73		
30	工商学院	A1444128	赵庄	66	75	93		
31	工商学院	A1444129	郑雄	87	88	70		
32			单科最高分：				考试人数	
33			单科最低分：					

图 4-23 “成绩表”工作表

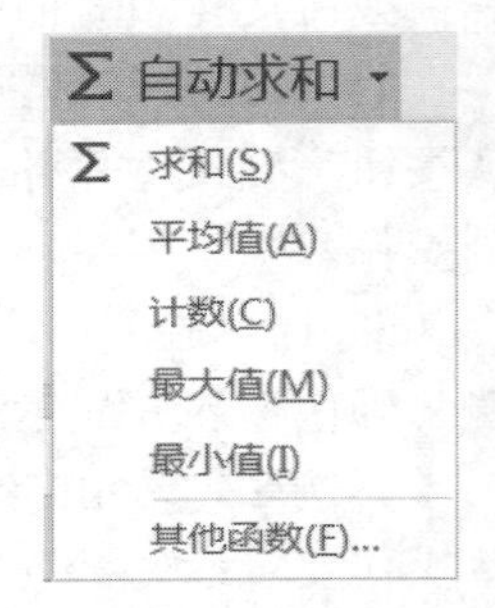

图 4-24 常用函数列表

方法 1：在“开始”选项卡“编辑”组，单击“自动求和”下拉按钮Σ ·，打开列表选择。

方法 2：在“公式”选项卡“函数库”组，单击“自动求和”下拉按钮Σ 自动求和 ·，打开列表选择函数。

实验过程与内容：

（1）打开工作簿“示例 3.xlsx”，选择“成绩表”为当前工作表。

（2）计算总分：选中存放总分的区域 G3:G31，单击自动求和函数按钮，完成操作。

（3）计算平均分：因为存放平均分结果的列与操作数各科成绩不相邻，因此操作方法可以先计算一名同学的平均分。如选中陈立权的各科成绩区域 D3:F3，单击自动求和列表中的“平均值”函数，计算结果出现在 H3 单元格中。选中 H3 单元格，双击填充柄向下复制公式。

（4）计算单科最高分：选中数据区域 D3:D31，单击执行“自动求和”下拉列表中的“最大值”函数，计算结果出现在 D32 单元格中，选中 D32 单元格，向右拖拽填充柄，复制公式到 F32 单元格。

（5）计算单科最低分：操作方法与计算单科最高分类似，选中数据区域 D3:D31，单击执行“自动求和”下拉列表中的“最大值”函数，计算结果出现在 D33 单元格中，选中 D33 单元格，向右拖拽填充柄，复制公式到 F33 单元格。

（6）计算考试人数：选中 H32 单元格，单击执行“自动求和”下拉列表中的“计数”函数，出现公式“=COUNT(H3:H31)”，确认操作数区域，如果修改操作数区域，只需在数据区域用鼠标重新选择即可，如重新选择操作数区域为 E3:E31，按回车键确认输入并显示结果。

【案例 4】逻辑判断函数 IF 的应用。

操作要求：

在如图 4-25 所示的“教材销售情况表”中，根据销售额判断销售情况，如果销售额大于或等于 20000 元，销售情况为“良好”，销售额低于 20000 的销售情况为“一般”。

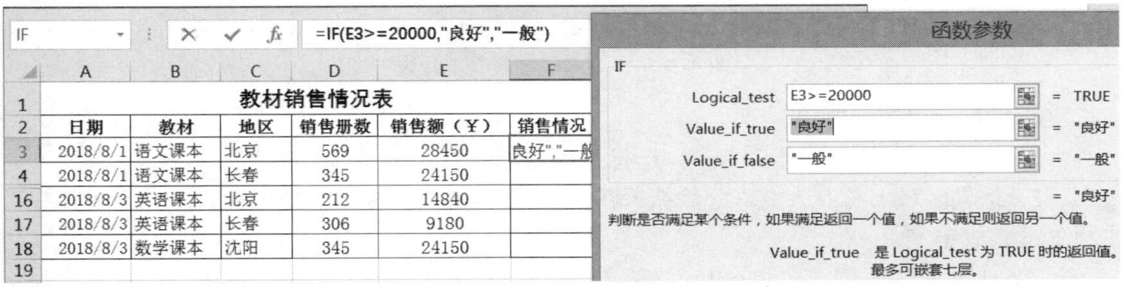

图 4-25　“教材销售情况表”工作表和“函数参数”对话框

要点提示：该案例中将用到插入函数命令，以下几种方法可以执行该命令。

方法 1：在“编辑栏”单击“插入函数”按钮 fx，打开“插入函数”对话框。

方法 2：在“公式”选项卡“函数库”组，单击“插入函数”按钮 fx 插入函数，打开“插入函数”对话框。

实验过程与内容：

（1）打开“示例 4.xlsx”工作簿，选择“教材销售情况表”为当前工作表。

（2）插入函数：选择存放结果的单元格 F3，在编辑栏单击“插入函数”按钮，打开“插入函数”对话框，选择 IF 函数，打开“函数参数”对话框。

（3）设置参数：设置 Logical_test 参数值为 E3>=20000，其中使用鼠标选择完成单元格的引用，其他内容通过键盘输入；设置 Value_if_true 的参数值为“良好”；设置 Value_if_false 的参数值为“一般”。

（4）完成参数设置后，单击“函数参数”对话框中的“确定”按钮，完成函数输入并显示函数结果。

（5）向下复制公式：选中 F3 单元格，双击右下角的填充柄向下复制公式。

【案例 5】函数的综合应用（一）。

操作要求：

在如图 4-26 所示的英语成绩表中完成如下操作：

（1）为 G4:G23 区域命名为 ZF。

（2）分别使用 COUNT 和 COUNTIF 函数计算考试人数和及格人数，使用公式计算及格率。

（3）使用 RANK 函数计算名次。

（4）使用 IF 函数将总分小于 60 的在“备注”列标注为“不及格”，总分在 60 分以上的“备注”列空白。

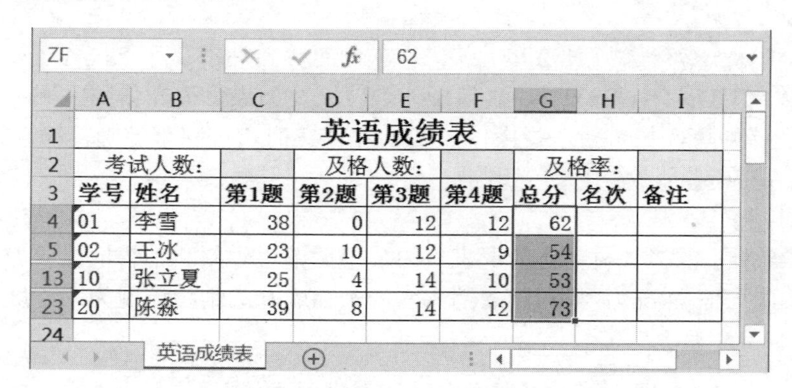

	A	B	C	D	E	F	G	H	I
1	英语成绩表								
2	考试人数:			及格人数:			及格率:		
3	学号	姓名	第1题	第2题	第3题	第4题	总分	名次	备注
4	01	李雪	38	0	12	12	62		
5	02	王冰	23	10	12	9	54		
13	10	张立夏	25	4	14	10	53		
23	20	陈淼	39	8	14	12	73		
24									

图 4-26　“英语成绩表”工作表

实验过程与内容：

（1）打开工作簿“示例 5.xlsx”，选择“英语成绩表”为当前工作表。

（2）定义区域名称：选中总分数据所在的区域 G4:G23，在名称框中输入区域名称“ZF”，按回车键完成定义。

（3）计算考试人数：在 C2 单元格输入公式“=COUNT(ZF)”，按回车键完成确认并显示结果。

（4）计算及格人数：在 F2 单元格输入公式“=COUNTIF(ZF,">=60")”，按回车键完成确认并显示结果。在“函数参数”对话框中输入 COUNTIF 函数的第二个参数时无需加双引号，直接输入>=60；如果手工输入公式则要输入双引号。

（5）计算及格率：在 I2 单元格输入公式“=F2/C2”，并用百分比格式显示。

（6）计算名次：选中 H4 单元格，使用“插入函数”命令找到并打开 RANK 函数的参数对话框，如图 4-27 所示，设置参数 Number 为 G4，参数 Ref 为 ZF，即总分数据区域，参数 Order 可省略表示降序排列。单击“确定”按钮完成输入，并显示结果。双击 H4 单元格的填充柄向下复制公式。

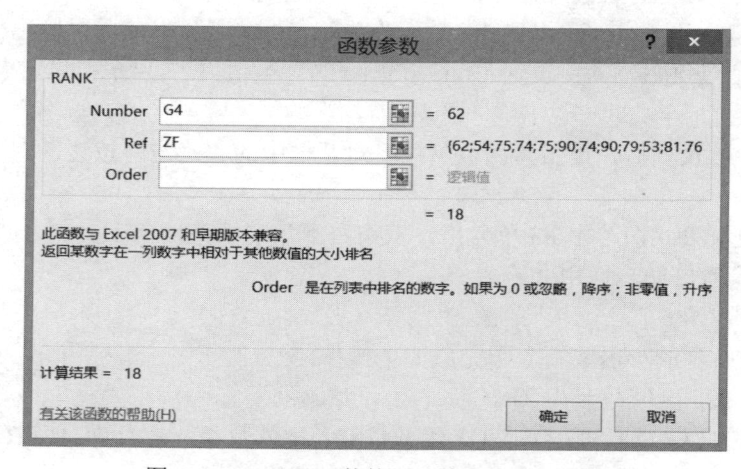

图 4-27　RANK 函数的“函数参数”对话框

（7）使用 IF 函数填写备注：在 I4 单元格中输入公式“=IF(G4<60,"不及格","")”，注意 IF 函数的第三个参数为空字符，即双引号中间什么都没有。向下复制公式完成操作。

【案例 6】函数综合应用（二）。

操作要求：

在如图 4-28 所示的“员工档案表”中完成如下操作：

（1）在 L1 单元格中输入当前日期和时间为填表日期。

（2）根据身份证号，请在“出生日期”列中，使用 MID 函数提取员工出生日期，格式为“X 年 X 月 X 日”。

（3）根据入职时间，在“工龄”列中，使用 TODAY 函数和 YEAR 函数计算员工的工龄，工作满一年才计入工龄。

（4）引用“工龄工资”工作表中的数据来计算“员工档案表”工作表员工的工龄工资，工龄工资=工龄*工龄工资表中的每年增加的工龄工资

（5）在“基础工资”列中，计算每个人的基础工资，基础工资=基本工资+工龄工资。

G3　=MID(F3,7,4)&"年"&MID(F3,11,2)&"月"&MID(F3,13,2)&"日"

	B	F	G	I	J	K	L	M
1	南方公司员工档案表					填表日期：		
2	姓名	身份证号	出生日期	入职时间	工龄	基本工资	工龄工资	基础工资
3	王晓华	410205196412278211	1964年12月27日	2001年3月	17	10000.00	1700.00	
4	李天天	420316197409283216		2006年12月		9500.00		
36	张爱国	102204198307190312		2011年1月		5000.00		
37	莫小贝	110108196301020119		2001年2月		40000.00		
38								

员工档案表　工龄工资

图 4-28　“员工档案表”工作表

要点提示：

- NOW()函数的功能为：返回系统的当前日期和时间。
- TODAY()函数的功能为：返回系统的当前日期。
- YEAR()函数的功能为：返回对应于某个日期的年份。
- MID(text,start_num,num_chars)函数的功能为：返回文本字符串中从指定位置开始的特定数目的字符。
- 连字符&的功能为：将两个文本连接起来产生连续的文本。
- “出生日期”及“工龄”列的数据类型设置为“常规”。

实验过程与内容：

（1）打开“示例 6.xlsx”工作簿，选择“员工档案表”为当前工作表。

（2）输入当前日期和时间：选中 L1 单元格，输入公式“=NOW()”，之后按回车键确认并显示结果。

（3）计算出生日期：选择存放结果的单元格 G3，在编辑栏输入公式“=MID(F3,7,4)&"年"&MID(F3,11,2)&"月"&MID(F3,13,2)&"日"”。输入公式时注意公式中的文本常量要加双引号，如"年""月""日"，但公式中所有的符号都要使用英文符号。输入完成后单击编辑栏上的确认按钮✓。双击 G 3 单元格的填充柄向下填充。

（4）计算工龄：选中 J3 单元格，输入公式“=YEAR(TODAY())-YEAR(I3)”，单击编辑栏上的确认按钮✓显示结果，并使用填充柄或 Ctrl+D 组合键向下填充。公式的含义为使用 YEAR()函数取出当前日期的年份数值和出生日期中的年份数值，两者相减即为工龄。

（5）计算工龄工资：选中 L3 单元格，输入公式“=J3*工龄工资!$B$3”，其中引用单元格 B3 时，使用鼠标选择，在编辑栏选中 B3，使用 F4 键将其转换为绝对引用。输入完成单击编辑栏上的确认按钮 ✓。拖拽或双击填充柄向下填充。注意“工龄”列如果以日期格式显示工龄数值，则需将其数据类型设置为“常规”。

（6）计算基础工资：选中 M3 单元格，输入公式“=K3+L3”，输入完成后单击编辑栏上的确认按钮 ✓，双击 M3 单元格的填充柄向下填充。

四、实验练习

以下练习中使用到的工作表在“练习.xlsx”工作簿中。

1．在如图 4-29 所示的“销售情况”工作表使用公式计算销售利润和销售额。

（1）在“销售情况”工作表中“产品编号”列左侧插入一列“序号”，输入各记录序号值：001、002、003、004、005、006。

（2）在“销售情况”工作表中用公式计算销售利润和销售额（公式在工作表的首行）。

	A	B	C	D	E	F	G
1	计算公式：销售额=零售价×销售数量						
2	销售利润=（零售价—出厂价）×销售数量						
3							
4	产品编号	产品名称	出厂价	零售价	销售数量	销售额	销售利润
5	S22305	内存条	210	240	60		
9	S20635	硬盘	550	590	45		
10	S20665	内存条	230	270	55		

销售情况 | 1人口统计 | 2销售 ...

图 4-29 “销售情况”工作表

2．在如图 4-30 所示的“人口统计”工作表使用公式和自动求和进行计算。

	A	B	C	D	E
1	亚洲各国人口情况				
2	国家或地区	首都	面积（平方千米）	人口（万人）	占总人口比例
3	中华人民共和国	北京	9600000	127610	
4	印度	新德里	2974700	96020	
24	文莱	斯里巴加湾	5765	30.7	
25	马尔代夫	马累	298	27.3	
26	合计				

人口统计 | 招聘考试成绩 | 备：...

图 4-30 “人口统计”工作表

要求：

（1）在“人口统计”工作表的 C26:D26 单元格中，利用函数分别计算表中各国面积总和及人口总和。

（2）在“人口统计”工作表的 E2 单元格中输入“占总人口比例”，在 E3:E25 各单元格中利用公式分别计算各国人口占总人口的比例。要求使用绝对地址引用总人口，结果以百分比格式表示，保留 2 位小数。

3．在如图 4-31 所示的“销售业绩”工作表中，完成以下操作。

（1）在 Sheet1 工作表中，采用自动填充方式输入销售员编号：001,002,…,010。

（2）设置表格的标题，A1:D1 区域合并后居中，将该行的行高设为 30。

（3）在 Sheet1 工作表中，利用公式或函数计算销量合计及销售额（销售额=销量×20）。

（4）计算销量合计，结果填入 C13 单元格中。

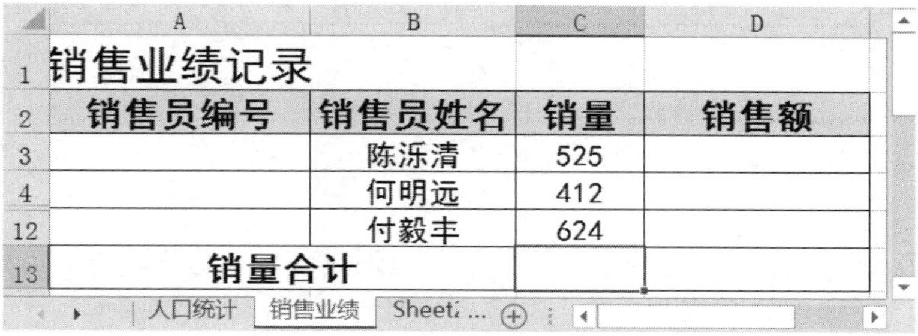

	A	B	C	D
1	销售业绩记录			
2	销售员编号	销售员姓名	销量	销售额
3		陈泺清	525	
4		何明远	412	
12		付毅丰	624	
13	销量合计			

人口统计 | 销售业绩 | Sheet: ...

图 4-31 “销售业绩”工作表

4．使用“体育成绩”和“成绩统计”工作表完成如图 4-32 和 4-33 所示效果，具体要求如下。

（1）在“体育成绩”工作表中删除第一列，在 A1 单元格中输入标题“体育考试成绩统计”，并将标题设置为等线、16 号、红色、加粗，并在 A1:G1 范围内合并后居中。

（2）在“体育成绩”工作表中的第一列从 A3 单元格开始输入学号 02010001 直到 02010017。

（3）将“体育成绩”工作表复制到当前工作簿“体育成绩”工作表后面，并重命名为“成绩统计”。

（4）在“成绩统计”工作表的 F 列用公式计算各位学生的总成绩（总成绩=田径+武术+足球），结果为数值型整数。

（5）在“成绩统计”工作表中合并 A20 和 B20 单元格，输入“大于 85 分的人数”，在 C20:E20 单元格区域用 COUNTIF 函数求出田径、武术和足球成绩大于 85 分的人数。

（6）在“成绩统计”工作表的 G 列用 IF 函数标注评估等级，标准为“田径”“武术”和“足球”三项的平均值大于等于 80 分时标注“优秀”，否则为“一般”。

	A	B	C	D	E	F	G
1	体育考试成绩统计						
2	学号	姓名	田径	武术	足球	总成绩	评估
3	02010001	李白	85	88	71		
4	02010002	刘静	82	71	83		
18	02010016	张子善	81	85	91		
19	02010017	李小杉	59	73	90		
20							
21							

体育成绩 | 成绩统计 | Sheet ...

图 4-32 “体育成绩”工作表的完成效果

	A	B	C	D	E	F	G
1	体育考试成绩统计						
2	学号	姓名	田径	武术	足球	总成绩	评估
3	02010009	邱谦	94	97	98	289	优秀
4	02010011	朱仁珊	94	96	88	278	优秀
18	02010010	赵雅丽	62	68	76	206	一般
19	02010005	黄丽虹	68	64	71	203	一般
20	大于85分的人数		5	4	7		

体育成绩 | 成绩统计 | Sheet ...

图 4-33 “成绩统计”工作表的完成效果

5．在如图 4-34 所示的“订单明细表”工作表中引用如图 4-35 所示“编号对照”工作表中的数据填充并计算。

（1）对“订单明细表”工作表进行格式调整，通过套用表格格式方法将所有的销售记录调整为“表样式浅色 10”，并将“单价”列和“小计”列所包含的单元格调整为“会计专用”格式，无货币符号。

（2）根据图书编号，在“订单明细表”工作表的“图书名称”列中，使用 VLOOKUP 函数完成图书名称的自动填充。“图书名称”和“图书编号”的对应关系在“编号对照”工作表中。

（3）根据图书编号，在“订单明细表”工作表的“单价”列中，使用 VLOOKUP 函数完成图书单价的自动填充。“单价”和“图书编号”的对应关系在“编号对照”工作表中。

（4）在“订单明细表”工作表的“小计”列中，计算每笔订单的销售额。

	B	C	D	E	F	G	H
1	销售订单明细表						
2	日期	书店名称	图书编号	图书名称	单价	销量（本）	小计
3	2011年1月2日	鼎盛书店	BK-83021			12	
4	2011年1月4日	博达书店	BK-83033			5	
29	2011年1月26日	鼎盛书店	BK-83022			29	
30	2011年1月29日	鼎盛书店	BK-83023			45	

订单明细表 | 编号对照 | Sheet ...

图 4-34 “订单明细表”工作表

	A	B	C
1	图书编号对照表		
2	图书编号	图书名称	定价
3	BK-83021	《计算机基础及MS Office应用》	36
4	BK-83022	《计算机基础及Photoshop应用》	34
5	BK-83023	《C语言程序设计》	42
15	BK-83033	《嵌入式系统开发技术》	44
19	BK-83037	《软件工程》	43

编号对照 | Sheet6 ...

图 4-35 “编号对照”工作表

【提示】VLOOKUP 函数的格式及功能如下。

格式：VLOOKUP (lookup_value,table_array,col_index_num,[range_lookup])

功能：用于在数据表的第 1 列中查找指定的值，然后返回当前行中的其他列的值。

例如本题第（2）题使用的公式为：=VLOOKUP([@图书编号],编号对照!$A$3:$B$19,2,FALSE)

第（3）题使用的公式为：=VLOOKUP([@图书名称]，编号对照!$B$3:$C$19,2,FALSE)

实验 3　数据管理与分析

一、实验目的

1．熟练掌握根据数据表制作各种图表的方法。

2．掌握排序、筛选、分类汇总、数据透视表的操作步骤及应用。

二、实验准备

本项实验演示及练习中使用的所有工作簿在本章“第三项”文件夹下。

三、实验内容及步骤

【案例 1】 制作图表。

操作要求：

创建一张三维饼图，比较图 4-36 数据表中，四个店铺的四季度销售额合计占该手机总销售额的百分比，图表标题为“各店铺销售额比较”，显示店铺名和百分比，设置图表样式为“样式 10”。

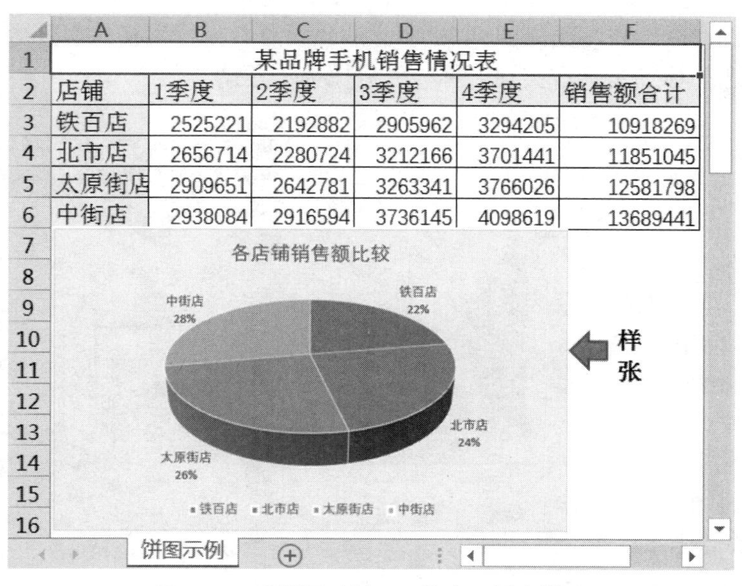

	A	B	C	D	E	F
1	某品牌手机销售情况表					
2	店铺	1季度	2季度	3季度	4季度	销售额合计
3	铁百店	2525221	2192882	2905962	3294205	10918269
4	北市店	2656714	2280724	3212166	3701441	11851045
5	太原街店	2909651	2642781	3263341	3766026	12581798
6	中街店	2938084	2916594	3736145	4098619	13689441

图 4-36　“饼图示例”工作表及图表样张

实验过程与内容：

（1）打开“示例 1.xlsx”工作簿，选择“饼图示例”工作表为当前工作表。

（2）选择图表所用数据区域：按住鼠标左键选择 A3:A6 区域，之后按住 Ctrl 键的同时用鼠标选择 F3:F6 区域。

（3）插入图表：选择“插入”选项卡“图表”组“饼图”下拉列表中的“三维饼图”选项。

（4）修改图表标题：单击选中图表标题，将原标题中文字“图表标题”改写为“各店铺销售额比较”。

（5）添加数据标签：选中图表，在“图表工具-设计”选项卡的“图表布局”组，单击“添加图表元素”，在弹出的如图 4-37 所示的下拉列表中选择“数据标签”→“数据标签外”选项。

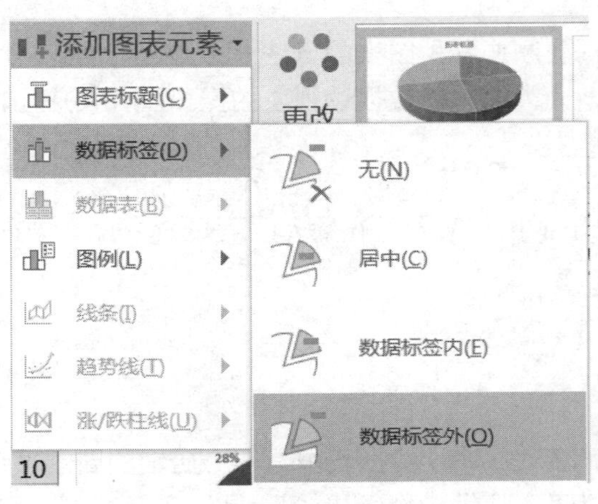

图 4-37　“添加图表元素”列表

（6）设置数据标签格式：在饼图系列上右击，出现如图 4-38 所示的快捷菜单，选择“设置数据标签格式”命令，将弹出如图 4-39 所示的“设置数据标签格式”任务窗格。在“标签选项”列表中，选择标签包括：类别名称、百分比，不包括“值”。

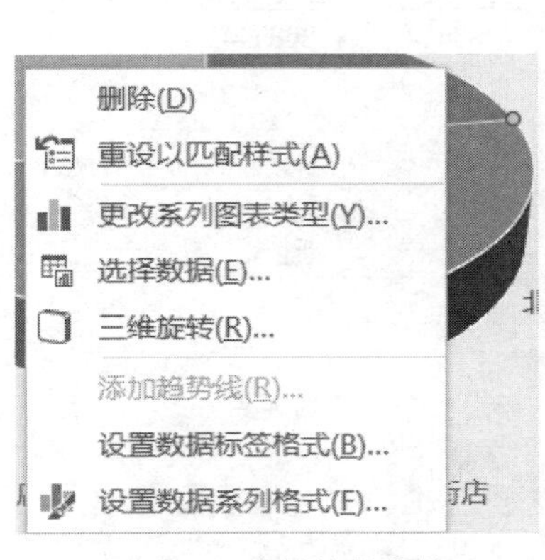

图 4-38　右键快捷菜单

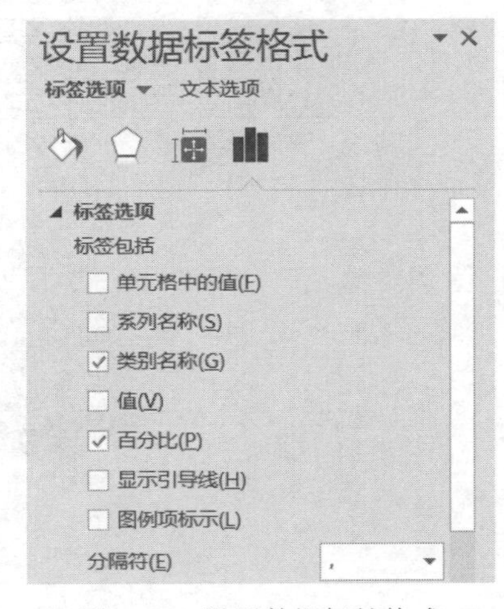

图 4-39　设置数据标签格式

（7）设置图表样式：单击选中图表，在“图表工具-设计”选项卡的“图表样式”组，单击样式列表右下角的“其他”按钮，在打开如图 4-40 所示的样式列表中选择“样式 10”。

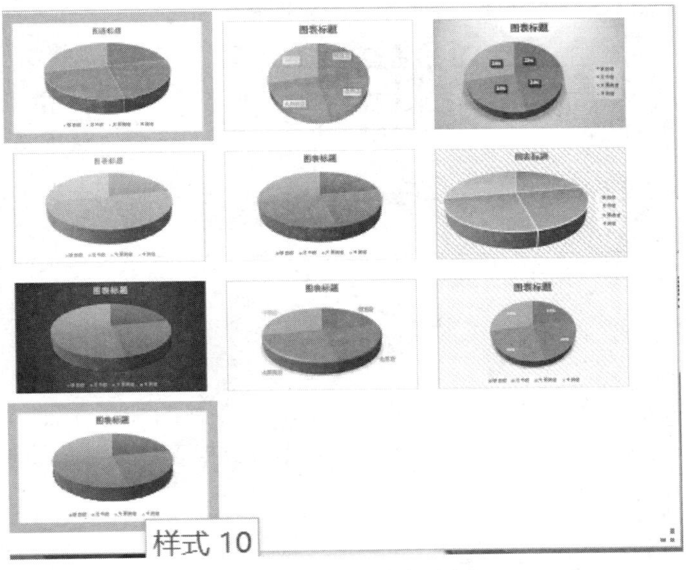

图 4-40　图表样式列表

（8）设置图表区背景：在图表区右击，单击如图 4-41 所示的“填充”按钮，在填充列表中选择“白色，背景 1，深色 5%”的纯色填充。

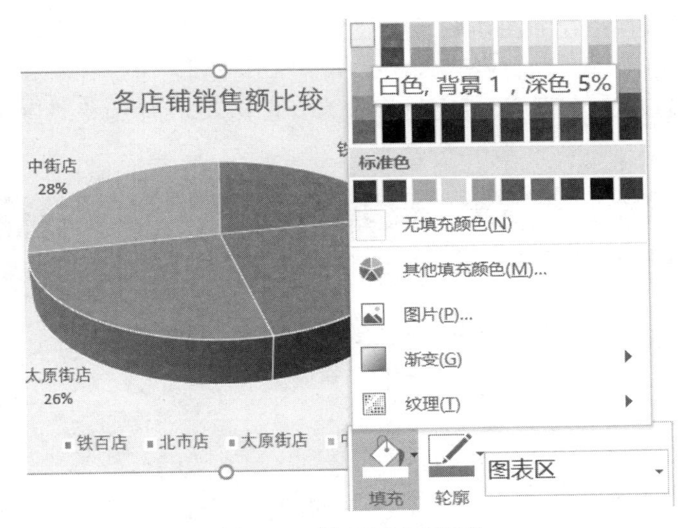

图 4-41　图表区纯色填充

【案例 2】数据排序。

操作要求：

在如图 4-42 所示的“成绩统计”工作表中按下列要求进行排序操作。

（1）在“成绩统计”工作表中按主要关键字“总成绩”降序，次要关键字“古文”降序排序（不包括第 20 行）。

（2）在当前工作簿中建立“成绩统计”工作表的备份，且复制的新工作表就命名为“备份表”。在名为“备份表”的工作表中按“姓名”列的笔划降序排列。

	A	B	C	D	E	F	G
1	传统文化考试成绩统计						
2	学号	姓名	唐诗	宋词	古文	总成绩	评估
3	02010001	李白	85	88	71	244	优秀
4	02010002	刘开	82	71	83	236	一般
5	02010003	白易	82	67	84	233	一般
18	02010016	苏东	81	85	91	257	优秀
19	02010017	陈寿	59	80	90	229	一般
20	大于85分的人数		6	4	7		

成绩统计

图 4-42　“成绩统计”工作表

要点提示：

- 本例中主要演示在“排序”对话框中设置排序条件的排序方法。
- 图中“总分”行被隐藏，实际执行排序操作时数据表中被隐藏的部分不参加排序，因此实际操作时不应隐藏数据。

实验过程与内容：

（1）打开“示例 2.xlsx”工作簿。

（2）选择排序区域：在“成绩统计”工作表中，选择排序的数据区域 A2:G19。

（3）执行排序命令：在“数据”选项卡的“排序和筛选”组单击“排序”按钮，打开“排序”对话框。

（4）设置排序条件：在如图 4-43 所示的“排序”对话框中，单击“主要关键字”后面的下拉按钮，在列表中选择“总成绩”，在“次序”下拉列表中选择“降序”；单击“添加条件”按钮，用同样的方法设置“次要关键字”为“古文”，次序为“降序”。单击“确定”按钮完成排序操作。

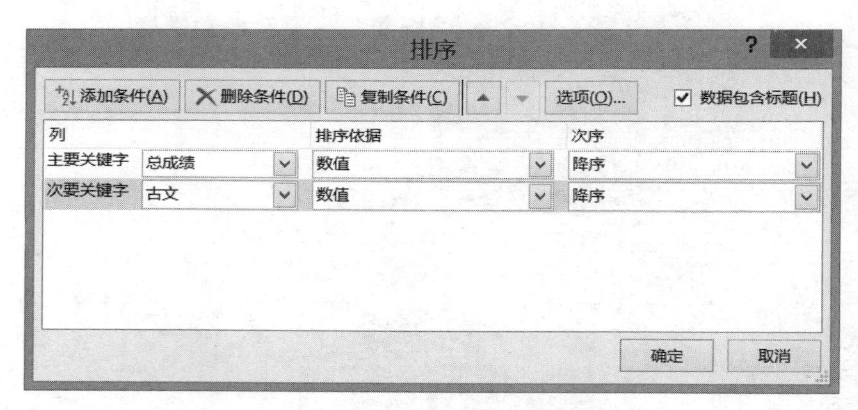

图 4-43　“排序”对话框

（5）复制工作表：在“成绩统计”工作表的标签处右击，在快捷菜单中选择“移动或复制”命令，将“成绩统计”工作表的备份建立在其后，并重新命名为“备份表”。

（6）在“备份表”中排序：用与上面相同的方法执行排序命令，打开“排序”对话框，设置主要关键字为“姓名”，次序为“降序”，如图 4-44 所示。

（7）设置按笔划顺序排序：在图 4-44 所示的“排序”对话框中，单击“选项”按钮，在“排序选项”对话框中“方法”分组中单击选中“笔划排序”单选按钮。

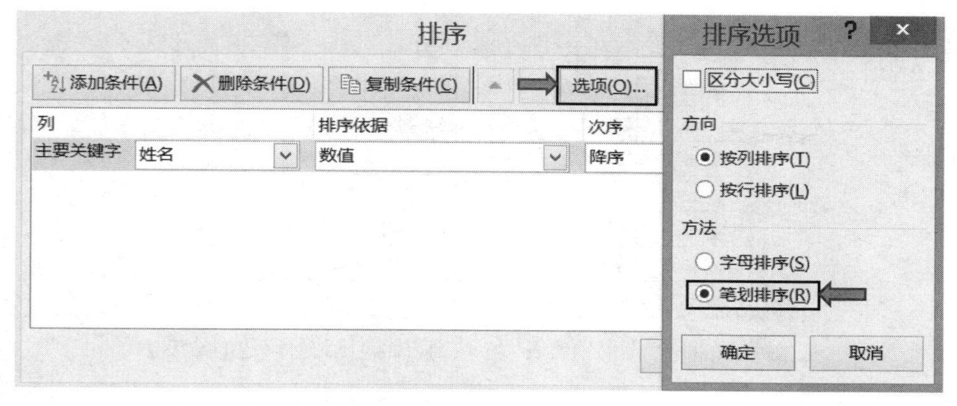

图 4-44　“排序”对话框和“排序选项”对话框

（8）单击“排序选项”对话框中的“确定”按钮，之后 再单击“排序”对话框中的“确定”按钮，完成排序操作，排序之后的效果如图 4-45 所示。

	A	B	C	D	E	F	G
1	传统文化考试成绩统计						
2	学号	姓名	唐诗	宋词	古文	总成绩	评估
3	02010006	洪亮吉	92	88	78	258	优秀
4	02010017	陈寿	59	80	90	229	一般
5	02010012	杨荣	89	77	74	240	优秀
6	02010009	李清照	94	97	98	289	优秀
7	02010001	李白	85	88	71	244	优秀
8	02010005	李四	68	64	71	203	一般
9	02010007	李五	90	67	88	245	优秀
10	02010010	李三	62	68	76	206	一般
11	02010015	李二	67	79	90	236	一般
12	02010004	李一	90	76	67	233	一般
13	02010016	苏东	81	85	91	257	优秀
14	02010013	孙岩	78	80	61	219	一般
15	02010008	刘波	71	76	86	233	一般
16	02010002	刘开	82	71	83	236	一般
17	02010011	全祖望	94	96	88	278	优秀
18	02010003	白易	82	67	84	233	一般
19	02010014	王娜	78	82	59	219	一般
20	大于85分的人数		6	4	7		

成绩统计　备份表

图 4-45　按“姓名”列的笔划降序排列结果

【案例 3】自动筛选。

操作要求：

在图书销售表中按如下要求进行筛选操作，筛选后“图书销售表”工作表的效果如图 4-46 所示。

（1）自动筛选出“图书销售表”工作表中“销售额”大于等于 10000 元且小于等于 20000 元的数据，并将筛选结果复制到 Sheet2 工作表中。

（2）在“图书销售表”工作表所有数据范围内自动筛选出图书类别为“教辅书”以外的数据，并将筛选结果复制到 Sheet3 工作表中。

（3）在“图书销售表”工作表所有数据范围内，自动筛选出“第 1 分部”中“销售额大于等于 20000 元的数据，并将筛选结果复制到 Sheet4 工作表中。

	A	B	C	D	E	F
1	图书销售情况表					
2	经销部门	图书类别	季度	册数	销售额	备注
3	第1分部	科技类	一	345	¥ 24,150	良好
4	第1分部	文学类	一	569	¥ 28,450	良好
6	第1分部	教辅类	一	765	¥ 22,950	良好
17	第3分部	科技类	二	345	¥ 24,150	良好
18	第3分部	科技类	三	378	¥ 26,460	良好

图书销售表 Sheet2

图 4-46　在“图书销售表”中按销售额范围进行筛选的结果

实验过程与内容：

（1）打开“示例 3.xlsx”工作簿，选择“图书销售表”为当前工作表。

（2）进入自动筛选状态：选中“图书销售表”工作表中 A2:F18 范围数据区域内的任意单元格，按 Ctrl+Shift+L 组合键或者单击“数据”选项卡中“排序和筛选”组的“筛选”按钮。进入自动筛选状态后每个列标题右侧会出现下拉按钮。

（3）按销售额范围筛选：单击“销售额”右侧的下拉按钮，在如图 4-47 所示的列表中单击“数字筛选”，在弹出的子菜单中单击选择“自定义筛选”命令。

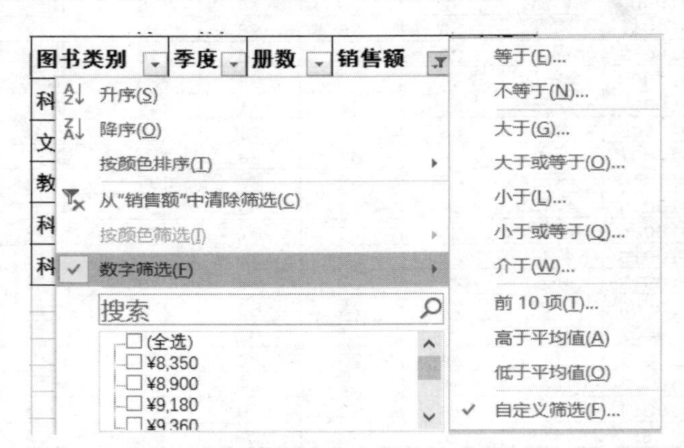

图 4-47　“数字筛选”→“自定义筛选”选项

（4）设置筛选条件：在弹出的如图 4-48 所示的“自定义自动筛选方式”对话框中，设置筛选条件大于或等于 10000 且小于或等于 20000。单击“确定”按钮完成设置，显示筛选结果。

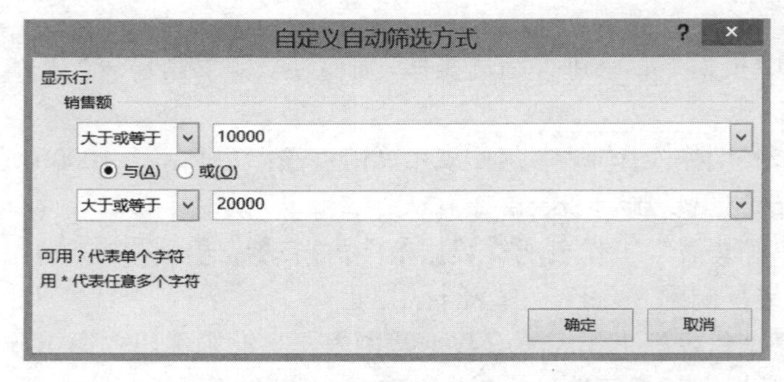

图 4-48　在对话框中设置销售额在 10000 到 20000 区间

（5）复制筛选结果：在图 4-46 所示的筛选结果中使用鼠标选择 A2:F18 区域，按 Ctrl+C 组合键复制，单击选择 Sheet2 工作表中的 A1 单元格，按 Ctrl+V 组合键粘贴，完成筛选结果的复制。

（6）从“销售额”中清除筛选：在“图书销售表”工作表，单击“销售额”右侧的下拉按钮，选择列表中的“从‘销售额’中清除筛选”命令。

（7）筛选“教辅类”书籍之外的数据：在自动筛选状态，单击“图书类别”右侧的下拉按钮，在如图 4-49 所示的下拉列表中选择“文本筛选”→“不包含”选项，在如图 4-50 所示的对话框中设置筛选条件为“不包含教辅类”。单击“确定”按钮完成筛选后，复制筛选结果到 Sheet3 工作表中，并在“图书销售表”中从“图书类别”中清除筛选。

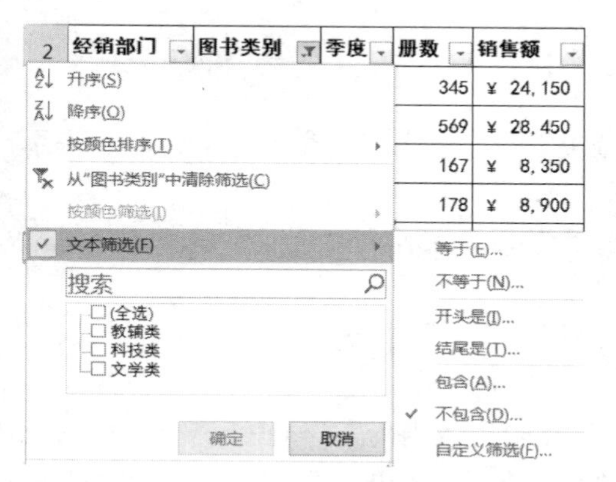

图 4-49　“文本筛选”→“不包含”选项

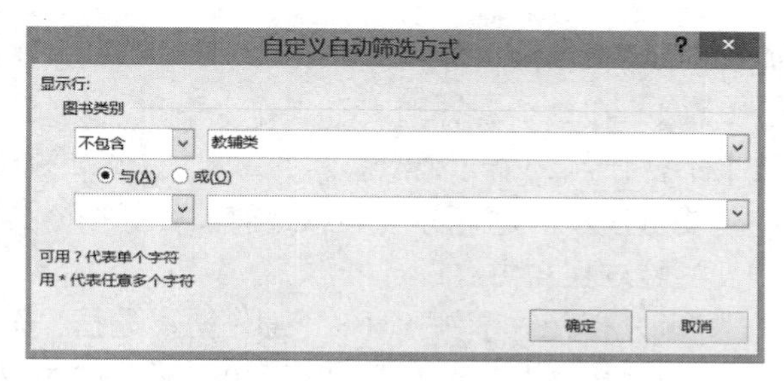

图 4-50　在对话框中设置“不包含教辅类”

（8）筛选第 1 分部中销售额大于等于 20000 元的数据：在“图书销售表”的自动筛选状态中，首先单击“经销部门”右侧的下拉按钮，取消全选后，选择“第 1 分部”；之后在“销售额”右侧的下拉列表中选择并设置条件“大于等于 20000”。筛选结果如图 4-51 所示，复制此结果到 Sheet4 工作表中。

	A	B	C	D	E	F
1	图书销售情况表					
2	经销部门	图书类别	季度	册数	销售额	备注
3	第1分部	科技类	一	345	¥ 24, 150	良好
4	第1分部	文学类	一	569	¥ 28, 450	良好
6	第1分部	教辅类	一	765	¥ 22, 950	良好

图书销售表　Sheet2　…

图 4-51　筛选第 1 分部中销售额大于等于 20000 元的数据

（9）取消自动筛选状态：选择自动筛选状态的数据表中任意单元格，按 Ctrl+Shift+L 组合键。

【案例 4】分类汇总。

操作要求：

在如图 4-52 所示的“杂志订阅表”工作表中执行下列分类汇总操作。

（1）在“杂志订阅表”中，按照“杂志名称”对“订阅册数”及“金额”进行分类汇总求和，汇总结果显示在数据下方（提示：先按“杂志名称”升序排序）。

	A	B	C	D
1	某初中杂志订阅情况汇总表			
2	班级	杂志名称	订阅册数	金额
3	初1.1班	爱语文	25	¥ 150
4	初1.1班	天天数学	25	¥ 150
5	初1.1班	英语阅读	30	¥ 180
23	初1.7班	英语阅读	28	¥ 168
24	初1.8班	爱语文	27	¥ 162
25	初1.8班	天天数学	32	¥ 192
26	初1.8班	英语阅读	30	¥ 180

杂志订阅表

图 4-52 “杂志订阅表”工作表

（2）复制分类汇总结果到“汇总结果”工作表中，之后删除“杂志订阅表”的全部分类汇总。

（3）在“杂志订阅表”工作表中按“班级”分类汇总，求各班“金额”的总和（提示：先按“班级”升序排序）。

（4）在“杂志订阅表”工作表中按“班级”分类汇总，求各班“金额”的平均值，汇总结果不替换前一个分类汇总。

要点提示：进行分类汇总之前，要选按分类字段排序。

实验过程与内容：

（1）打开“示例 4.xlsx”工作簿，选择“杂志订阅表”为当前工作表。

（2）按“杂志名称”排序：单击选中数据表“杂志名称”列的任意单元格，如 B2 单元格，单击“数据”选项卡“排序与筛选”组“升序”按钮。

（3）执行“分类汇总”命令：单击数据表 A2:D26 区域中任意单元格，单击“数据”选项卡“分级显示”下拉列表中“分类汇总”命令，打开“分类汇总”对话框。

（4）设置分类汇总方式：在如图 4-53 所示的“分类汇总”对话框中，设置分类字段为“杂志名称”，汇总方式为“求和”，选定汇总项“订阅册数”和“金额”，单击“确定”按钮，完成设置并显示效果。

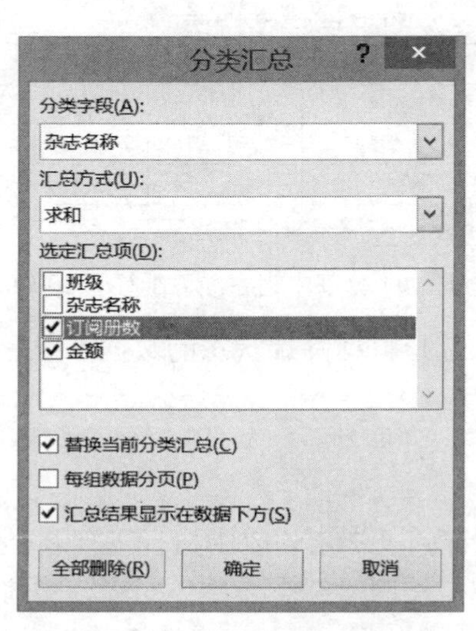

图 4-53 “分类汇总”对话框

（5）分级显示汇总结果：分类汇总后的“杂志订阅表”工作表中，单击窗口左侧区域中的分级按钮[2]，显示一级和二级数据，效果如图 4-54 所示的。

	A	B	C	D
1	某初中杂志订阅情况汇总表			
2	班级	杂志名称	订阅册数	金额
11		爱语文 汇总	232	¥ 1,392
20		天天数学 汇总	221	¥ 1,326
29		英语阅读 汇总	224	¥ 1,344
30		总计	677	¥ 4,062

杂志订阅表　汇总 …

图 4-54　显示一级和二级分类汇总数据

（6）复制二级分类汇总数据：选择图 4-54 所示的 A2:D29 区域，按 F5 键，打开如图 4-55 所示的“定位”对话框，单击其中的“定位条件”按钮，打开如图 4-56 所示的“定位条件”对话框，选择其中的“可见单元格”单选按钮。单击“确定”按钮后，将选择区域定位为可见的单元格。之后按 Ctrl+C 组合键复制，单击选择“汇总结果”工作表中的 A2 单元格，按 Ctrl+V 组合键将选定的可见单元格复制到汇总结果工作表的 A2:D5 区域，效果如图 4-57 所示。

图 4-55　“定位”对话框

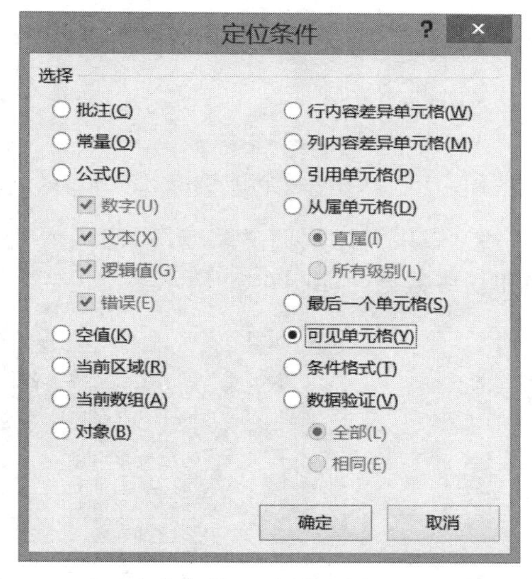

图 4-56　在“定位条件”对话框选择“可见单击格”

	A	B	C	D
1				
2	班级	杂志名称	订阅册数	金额
3		爱语文 汇总	232	¥ 1,392
4		天天数学 汇总	221	¥ 1,326
5		英语阅读 汇总	224	¥ 1,344

汇总结果

图 4-57　将二级汇总数据复制到“汇总结果”工作表

（7）删除“杂志订阅表”工作表中的分类汇总：选中数据表中任意单元格，打开“分类汇总”对话框，单击其中的“全部删除”按钮。

（8）按“班级”分类汇总：先按“班级”排序，之后执行“分类汇总”命令，在如图 4-58 所示的“分类汇总”对话框中设置分类字段为“班级”，汇总方式为“求和”，选定汇总项“金额”，完成后单击“确定”按钮；再次执行“分类汇总”命令，在如图 4-59 所示的对话框中设置按“班级”分类，对“金额”求平均值，之后单击取消选择“替换当前分类汇总”复选框，再单击“确定”按钮，完成本次设置。

图 4-58 求各班级金额之和的分类汇总

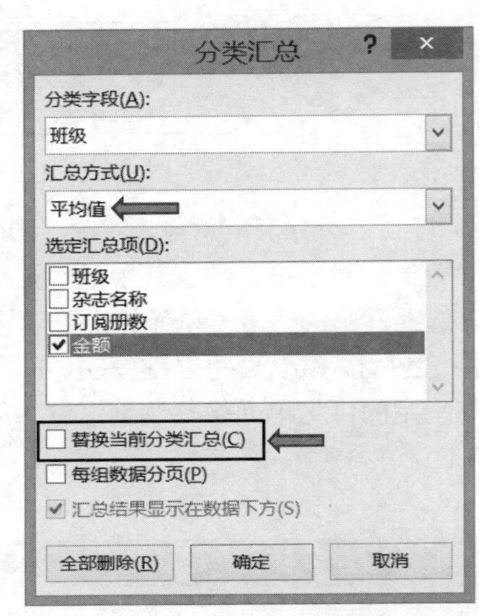

图 4-59 求各班级金额平均值的分类汇总

（9）在汇总之后的“杂志订阅表”工作表中，单击窗口左侧的分级按钮 3，显示一级、二级和三级数据，如图 4-60 所示。

	A	B	C	D	E	F
2	班级	杂志名称	订阅册数	金额		
6	初1.1班 平均值			¥ 160		
7	初1.1班 汇总			¥ 480		
11	初1.2班 平均值			¥ 174		
12	初1.2班 汇总			¥ 522		
16	初1.3班 平均值			¥ 166		
17	初1.3班 汇总			¥ 498		
41	初1.8班 平均值			¥ 178		
42	初1.8班 汇总			¥ 534		
43	总计平均值			¥ 169		
44	总计			¥ 4,062		

杂志订阅表　汇总结果

图 4-60 同时建立两个分类汇总后，显示一级、二级、三级汇总数据

【案例 5】数据透视表。

操作要求：

为如图 4-61 所示的“销售情况”工作表中教材销售数据创建一个数据透视表，放置在一个名为“数据透视分析”的工作表中，要求针对各类教材比较各地区每个季度的销售额。其中：“教材名称”为报表筛选字段，“地区为”行标签，“季度”为列标签，并对“销售额”求和。

	A	B	C	D	E
1	教材销售情况表				
2	日期	教材名称	地区	销售册数	销售额
3	一季度	语文课本	北京	569	¥ 28,450
4	一季度	语文课本	长春	345	¥ 24,150
8	二季度	英语课本	北京	287	¥ 14,350
9	二季度	语文课本	沈阳	206	¥ 14,420
13	三季度	数学课本	长春	312	¥ 9,360
14	三季度	语文课本	北京	234	¥ 16,380
17	四季度	英语课本	长春	306	¥ 9,180
18	四季度	数学课本	沈阳	345	¥ 24,150

销售情况

图 4-61　“销售情况”工作表中的部分数据

实验过程与内容：

（1）打开“示例 5.xlsx”工作簿，选择“销售情况”工作表为当前工作表。

（2）选择数据表 A2:E18 区域内的任意一个单元格，单击选择“插入”选项卡“表格”组“数据透视表”命令，打开“创建数据透视表”对话框，如图 4-62 所示，确认“表/区域”为“教材销售表!$A$2:$E$18”，选择放置透视表的位置为“新工作表”，单击“确定”按钮，打开数据透视表任务窗格。

（3）在如图 4-63 所示的数据透视表任务窗格中将标题列表中的“教材名称”拖拽到“筛选器”区域，将“地区”拖拽到“行”区域，将“季度”拖拽到“列”区域，将“销售额”拖拽到“值”区域。设置完成后的数据透视表如图 4-64 所示。

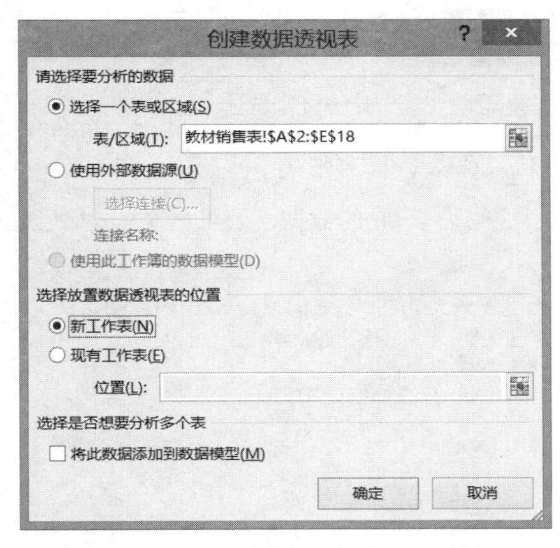

图 4-62　“创建数据透视表”对话框

图 4-63　数据透视表的任务窗格

（4）修改新工作表标签：双击放置数据透视表的工作表标签，将其重命名为“数据透视分析”。

（5）筛选数据：例如筛选“数学课本”的各季度不同区域的销售额汇总项，则在数据透视表的筛选器“教材名称”下拉列表中选择“数学课本”，如图 4-65 所示。同样可在列标签和行标签处筛选。

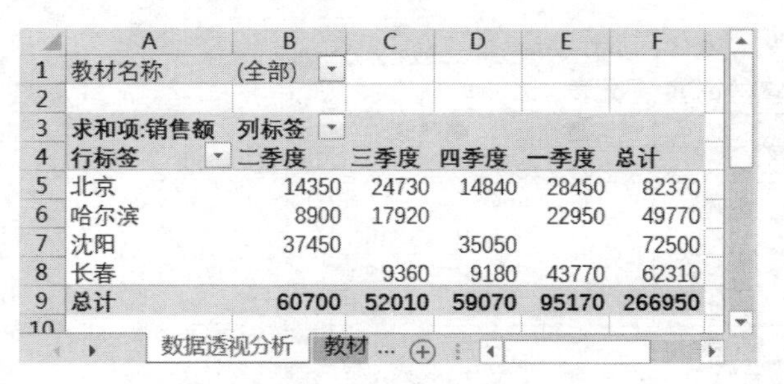

	A	B	C	D	E	F
1	教材名称	(全部)				
2						
3	求和项:销售额	列标签				
4	行标签	二季度	三季度	四季度	一季度	总计
5	北京	14350	24730	14840	28450	82370
6	哈尔滨	8900	17920		22950	49770
7	沈阳	37450		35050		72500
8	长春		9360	9180	43770	62310
9	总计	60700	52010	59070	95170	266950

图 4-64 数据透视表

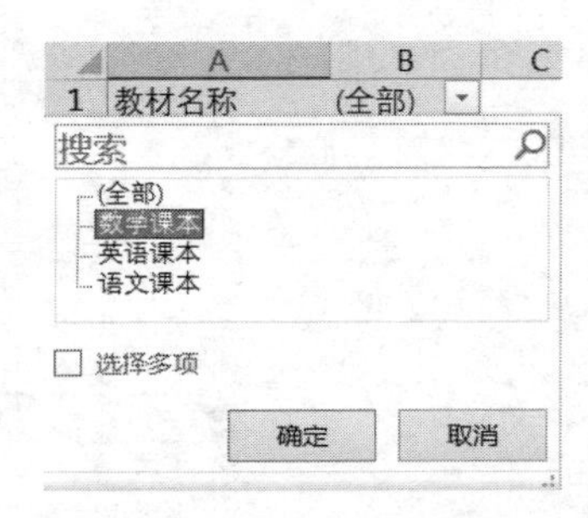

图 4-65 “教材名称”筛选列表

四、实验练习

打开“练习.xlsx”工作簿，按下面的要求完成操作。

1．根据“姓名”和“总分”列数据，生成一个三维簇状柱形图，图表标题为“学生总分”，如图 4-66 中样张所示。

	A	B	C	D	E	F	G	H	I
1	学号	姓名	班级	高等代数	数学分析	大学英语	数据库	Java语言	总分
2	120305	丁勇	3					91	460.5
3	120203	高洋	2					86	458
4	120104	关辉	1					88	451
5	120301	关旭东	3					91	461
6	120306	李萍萍	3					87	472
7	120206	刘广东	2					89	462.5
8	120302	刘江	3					90	442
9	120204	潘加征	2					95	464.5
10	120201	邵国涛	2					93	476.5
11	120304	宋阳	3					95	479
12	120103	宋子洪	1					92	467
13	120105	田凤雨	1					73	448
14	120202	田玲	2					92	455

学生总分　样张

期末成绩　筛选　排序

图 4-66 “期末成绩”工作表及图表样张

2．在“筛选”工作表中，筛选出高等代数成绩大于 90 的数据，效果如图 4-67 所示。

	A	B	C	D	E	F	G	H
1	学号	姓名	班级	高等代	数学分	大学英	数据库	Java语言
2	120305	丁勇	3	91.5	89	94	92	91
3	120203	高洋	2	93	99	92	86	86
4	120104	关辉	1	93	99	92	78	88
5	120301	关旭东	3	99	98	92	78	91
6	120306	李萍萍	3	99	94	99	90	87
7	120206	刘广东	2	90.5	94	99	88	89
9	120204	潘加征	2	95.5	92	96	84	95
10	120201	邵国涛	2	93.5	92	96	100	93
11	120304	宋阳	3	95	97	96	93	95

期末成绩　筛选　排序

图 4-67 “筛选”工作表完成筛选的效果

3．在“排序”工作表中，按“班级”为主要关键字，升序排列。

4．为“排序”工作表建立一个分类汇总，分类字段为“班级”，汇总方式为“平均值”，汇总项为“高等代数”“数学分析”“大学英语”“数据库”“Java 语言”，完成效果如图 4-68 所示。

	A	B	C	D	E	F	G	H	I
1	学号	姓名	班级	高等代数	数学分析	大学英语	数据库	Java语言	总分
2	120104	关辉	1	93	99	92	78	88	
3	120103	宋子洪	1	95	85	96	98	92	
4	120105	田凤雨	1	88	98	99	89	73	
5			1 平均值	92	94	95.66667	88.33333	84.333333	
6	120203	高洋	2	93	99	92	86	86	
7	120206	刘广东	2	90.5	94	99	88	89	
8	120204	潘加征	2	95.5	92	96	84	95	
9	120201	邵国涛	2	93.5	92	96	100	93	
10	120202	田玲	2	86	98	89	88	92	
11			2 平均值	91.7	95	94.4	89.2	91	
12	120305	丁勇	3	91.5	89	94	92	91	
13	120301	关旭东	3	99	98	92	78	91	
14	120306	李萍萍	3	99	94	99	90	87	
15	120302	刘江	3	78	95	94	82	90	
16	120304	宋阳	3	95	97	96	93	95	
17			3 平均值	92.5	94.6	95	87	90.8	
18			总计平均	92.07692	94.61538	94.92308	88.15385	89.384615	

期末成绩 | 筛选 | 排序

图 4-68　“排序”工作表中完成分类汇总的效果

五、Excel 综合练习

1．打开“综合练习 1.xlsx”工作簿，按如下要求完成操作，其中“人口统计”工作表的完成效果如图 4-69 所示。

	A	B	C	D	E
1	亚洲各国人口情况				
2	国家或地区	首都	面积（平方千米）	人口（万人）	占总人口比例
3	中华人民共和国	北京	9600000	127610	41.13%
4	印度	新德里	2974700	96020	30.95%
5	印度尼西亚	雅加达	1904443	20350	6.56%
21	蒙古	乌兰巴托	1566500	260	0.08%
22	哈萨克斯坦	阿斯塔纳	2724900	180	0.06%
26	合计		22541886	310232	

Sheet1 | 人口统计

图 4-69　综合练习 1 中“人中统计”工作表的完成效果

（1）将 Sheet1 工作表中的数据复制到 Sheet2 工作表中，自 A18 单元格开始存放，为 Sheet2 工作表命名为“人口统计”。

（2）在“人口统计”工作表中，将数据按人口数量降序排序。

（3）在“人口统计”工作表的第一行上方插入一空行，在 A1 单元格输入标题“亚洲各国人口情况”，并将标题设置为等线、18 号字，在 A1:E1 范围内合并后居中。

（4）在“人口统计”工作表的 A26 单元格中输入“合计”，在 C26:D26 单元格中利用函数分别计算表中各国面积总和及人口总和。

（5）在“人口统计”工作表的 E2 单元格中输入“占总人口比例”，在 E3:E25 各单元格中利用公式分别计算各国人口占总人口的比例（要求使用绝对地址引用总人口），结果以百分比格式表示，保留 2 位小数。

（6）在“人口统计”工作表中设置标题行行高 30，其余行行高为 16，设置所有列宽为“自动调整列宽”。

（7）在“人口统计”工作表中，设置所有表格内容（A2:E26 区域）水平居中，并给表格添加最细实线内外边框线。

（8）利用自动筛选，筛选出国土面积大于 1000000 平方千米的国家数据。

2．打开“综合练习 2.xlsx”工作簿，按如下要求完成操作，完成效果参考图 4-70 所示。

（1）在 Sheet1 工作表的 A1 单元格中输入标题“图书销售情况表”，并将标题设置为 18 号字，在 A1:F1 范围内合并后居中。

（2）在 A19 单元格内输入“最小值”，在 D19 和 E19 单元格中利用函数计算“数量”和“销售额”的最小值。

（3）将第 2 行至第 19 行的行高设置为 22，并设置 E 列为自动调整列宽。

（4）在工作表的 F 列用 IF 函数填充，要求当销售额大于 18000 元时，备注内容为“良好”，销售额为其他值时显示“一般”。

（5）为 A2:F19 数据区域添加最细实线样式内外边框。

（6）按照“经销部门”对“数量”及“销售额”进行分类汇总求和，汇总结果显示在数据下方（“经销部门”升序排序，不包含“最小值”行）。

（7）根据经销部门的销售额汇总数据生成一张“三维簇状柱形图”，图表标题为“各部门图书销售比较”，如图 4-70 中样张所示。

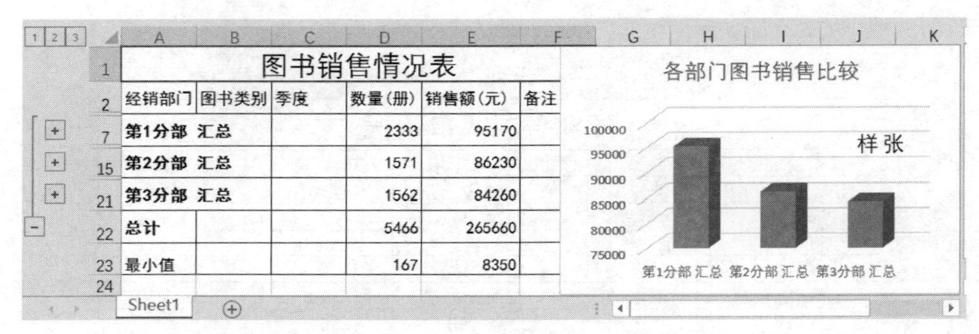

	A	B	C	D	E	F
1	图书销售情况表					
2	经销部门	图书类别	季度	数量(册)	销售额(元)	备注
7	第1分部 汇总			2333	95170	
15	第2分部 汇总			1571	86230	
21	第3分部 汇总			1562	84260	
22	总计			5466	265660	
23	最小值			167	8350	
24						

图 4-70 综合练习 2 的完成效果及图表样张

3．打开“综合练习 3.xlsx”工作簿，按如下要求完成操作，部分完成效果参考图 4-71。

	A	B	C	D	E	F
1	学号	姓名	笔试	机试	平时	综合成绩
2	001	黄兰	93	95	80	91.2
3	002	钟珊	76	73	87	77
4	003	李成万	73	76	80	75.6
5	004	韦兰香	83	78	88	82
6	005	马征	57	64	70	62.4
7	006	李明	96	97	90	95.2
8		平均分	80	81	83	

Sheet1 | 汇总 | 筛选 | 排名

图 4-71 综合练习 3 中 Sheet1 工作表完成效果参考

（1）在 Sheet1 工作表中“姓名”列左侧插入一列“学号”，输入各记录学号值：001、002、003、004、005、006。

（2）在 Sheet1 工作表中用公式或函数计算平均分和综合成绩（综合成绩=笔试*0.4+机试*0.4+平时*0.2）。

（3）在 Sheet1 工作表中，利用条件格式将 C2:F7 区域所有 90 分以上不包含 90 分的成绩设置为“浅红色填充”。

（4）在 Sheet1 工作表中建立机试成绩的簇状柱形图，并嵌入本工作表中，如图 4-72 样张所示。

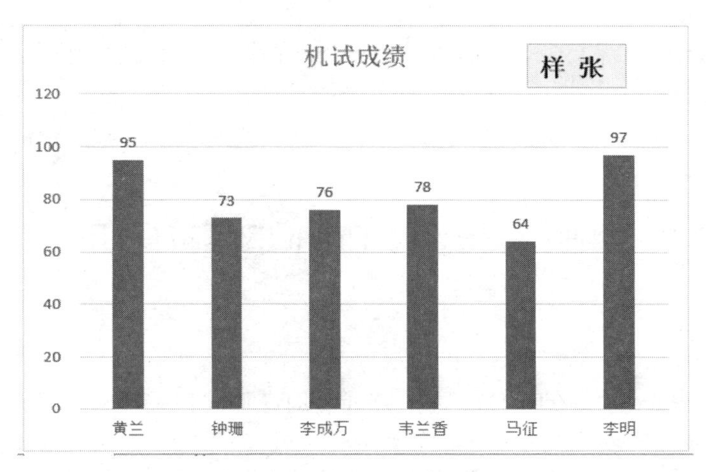

图 4-72　综合练习 3 中机试成绩图表的样张

（5）对“汇总”工作表中的数据进行分类汇总：按“专业”分类汇总各科成绩的平均值。

（6）在“筛选”工作表中筛选出“笔试”成绩大于 90 分的记录。

（7）在“排名”工作表中使用 RANK 函数填写“机试名次”，按降序排列。

（8）以原名保存文档。

第5章　演示文稿 PowerPoint 2016

本章实验的基本要求：

- 掌握制作演示文稿的基本操作方法。
- 掌握 PowerPoint 的文本、图片和声音等幻灯片元素的设置和操作方法。
- 掌握 PowerPoint 切换、动画等动态效果的设置方法。
- 掌握幻灯片的放映与输出的方法。

实验1　PowerPoint 的基本操作

一、实验目的

1．了解 PowerPoint 窗口的组成、视图方式及幻灯片的相关概念。
2．掌握演示文稿的创建及幻灯片的管理。
3．掌握幻灯片版式的选择、主题的应用与母版的设置方法。
4．掌握文本、图片、艺术字、表格、图表、页眉和页脚等元素的插入与编辑方法。
5．掌握声音与视频的插入与设置方法。
6．掌握相册的创建和使用方法。

二、实验准备

1．熟悉 PowerPoint 的启动和退出。
2．了解幻灯片的放映方法。
3．准备制作演示文稿的相关素材（如文字、图片、声音等）。
4．在某一盘符下（如 E:\）以“我的演示文稿”为名字建立一个文件夹，用于存放练习文件。

三、实验内容及步骤

【案例1】“诗词欣赏”演示文稿的制作。

知识点：

（1）演示文稿的创建与文字输入。
（2）幻灯片的版式与主题的使用。
（3）图片的插入与幻灯片背景设置。

操作步骤：

1．演示文稿的创建与文字输入

创建新演示文稿，制作第一张幻灯片，幻灯片版式为“标题幻灯片”，并输入文字。

（1）单击“开始”按钮，从“所有程序”下的 Microsoft Office 组件中，单击 Microsoft Office PowerPoint 2016，启动应用程序，如图 5-1 所示。

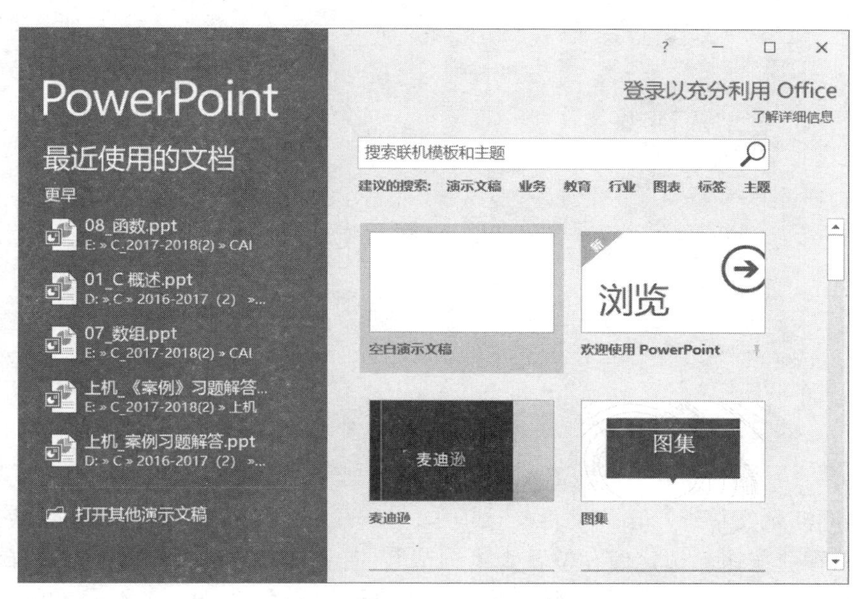

图 5-1　PowerPoint 启动窗口

（2）单击选择“空白演示文稿”，在默认设置状态下，启动 PowerPoint 后，系统会自动建立带有一张版式为“标题幻灯片”的演示文稿，并显示 PowerPoint 的“普通”视图窗口。如图 5-2 所示。

图 5-2　PowerPoint 用户界面

（3）在幻灯片的工作区中，单击“单击此处添加标题”占位符，输入标题文字“诗词欣赏”。在“单击此处添加副标题”处输入“——唐 • 宋诗词”，并设置为右对齐。如图 5-3 所示。

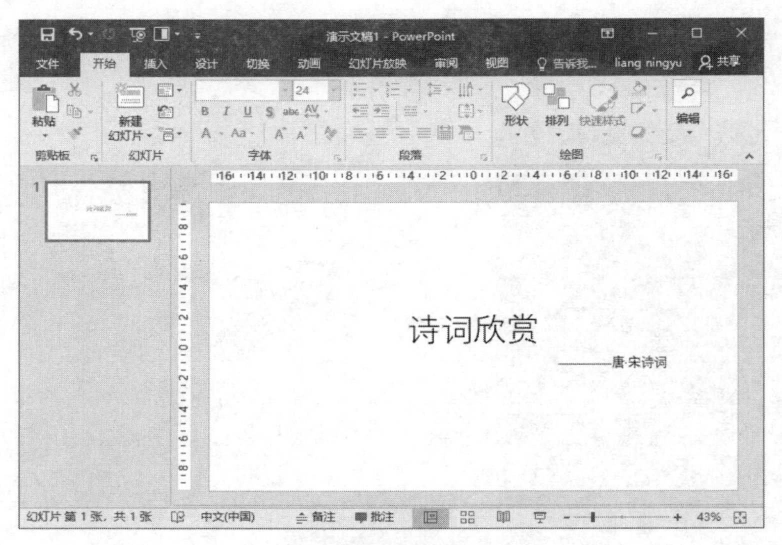

图 5-3 “诗词欣赏”标题幻灯片

（4）保存演示文稿。单击“文件”选项卡，选择“保存”命令，或单击“快速访问工具栏”上的“保存”按钮，选定保存位置为“浏览”，在“另存为”对话框中，选择保存路径，如“E:\我的演示文稿”，输入演示文稿的文件名“诗词欣赏”，如图 5-4 所示。单击“保存”按钮，则保存为默认类型的“演示文稿”文件，即.pptx 文件。

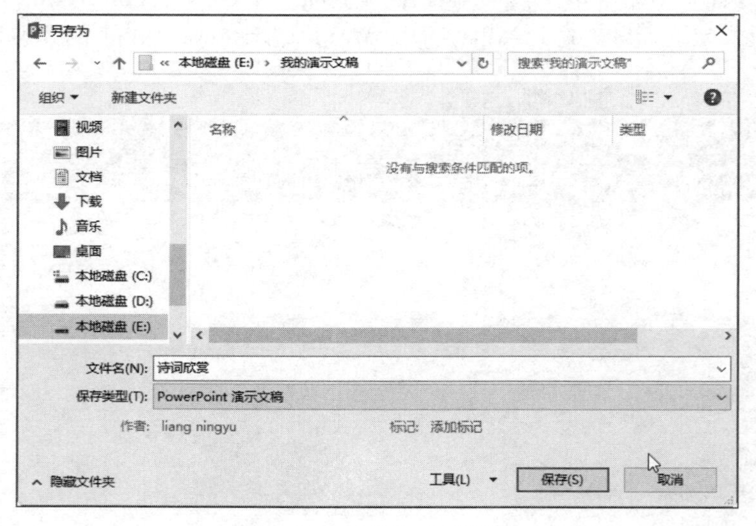

图 5-4 “另存为”对话框

提示：初次保存演示文稿，会弹出“另存为”对话框。在演示文稿的编辑过程中，通过按 Ctrl+S 组合键，或单击“快速访问工具栏”上的“保存”按钮，可随时保存编辑内容。

2. 幻灯片的版式与主题的使用

（1）创建“标题和内容”版式的幻灯片（第 2 张幻灯片）。

在演示文稿“诗词欣赏”中，切换到“开始”选项卡，在“幻灯片”组中单击“新建幻灯片”下拉按钮，展开的版式列表，如图 5-5 所示。

单击“标题和内容”版式，插入一张该版式的新幻灯片。输入标题和内容文字，如图 5-6 所示。

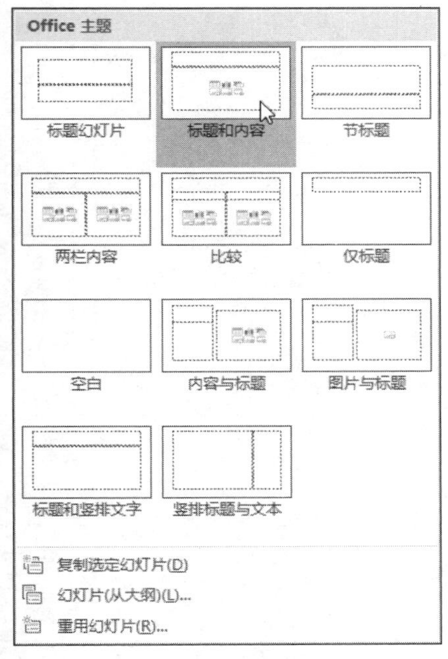

图 5-5　版式选择列表

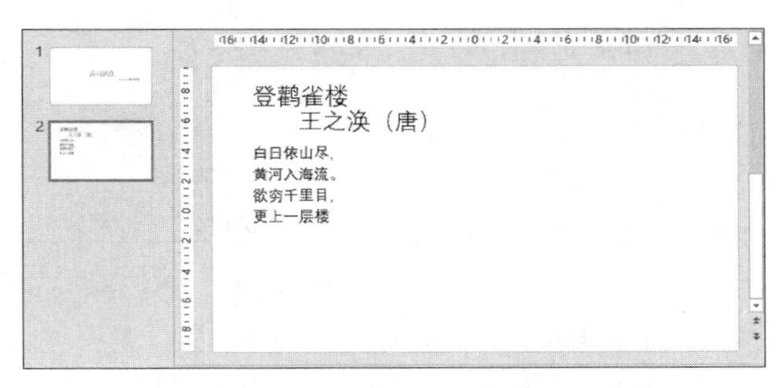

图 5-6　“标题和内容”版式幻灯片

（2）创建“标题和竖排文字”版式的幻灯片（第 3 张幻灯片）。

在“开始”选项卡的“幻灯片”组，单击“新建幻灯片”按钮，从幻灯片版式列表中，单击“标题和竖排文字”版式，插入新幻灯片，输入标题和内容文字，如图 5-7 所示。

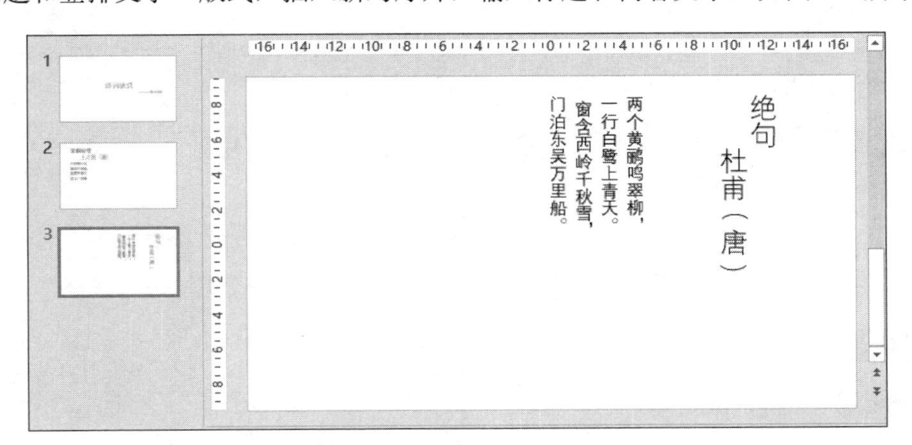

图 5-7　“标题和竖排文字”版式

（3）创建结束页幻灯片（第 4 张幻灯片）。

从“新建幻灯片”下的幻灯片版式列表中，单击“标题幻灯片”版式，插入新幻灯片，在标题占位符输入标题文字“谢谢观看，再见!”。选中副标题占位符，按键盘上的 Delete 键，将其删除。

4 张幻灯片创建后，其浏览视图效果如图 5-8 所示。

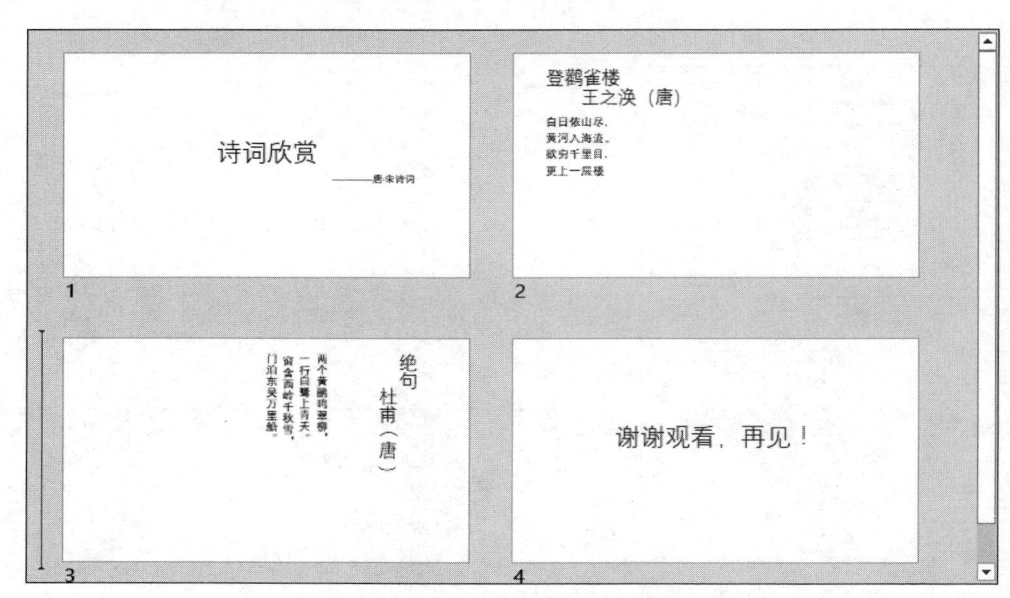

图 5-8　演示文稿“浏览”视图

（4）应用幻灯片主题。

PowerPoint 内置了多种主题，应用主题的配色方案和字体样式可以快速制作出比较美观的幻灯片。可以在创建演示文稿时，先选择一种主题，也可以在演示文稿创建后，再选择主题或更改主题。在已创建的演示文稿中使用内置主题的操作方法如下：

切换到“设计”选项卡，在“主题”组的主题样式列表中，单击右下角的“其他”按钮，打开“主题”样式列表，如图 5-9 所示。单击幻灯片主题为“丝状”，则该主题应用于整个演示文稿中。

适当调整文字的位置，保存演示文稿。完成效果如图 5-10 所示。

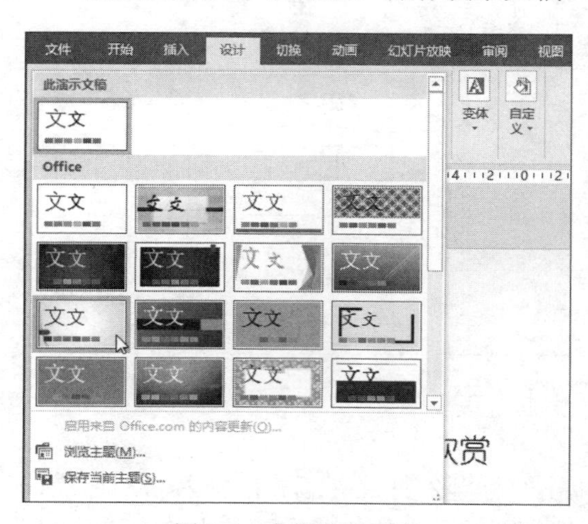

图 5-9　主题选择列表

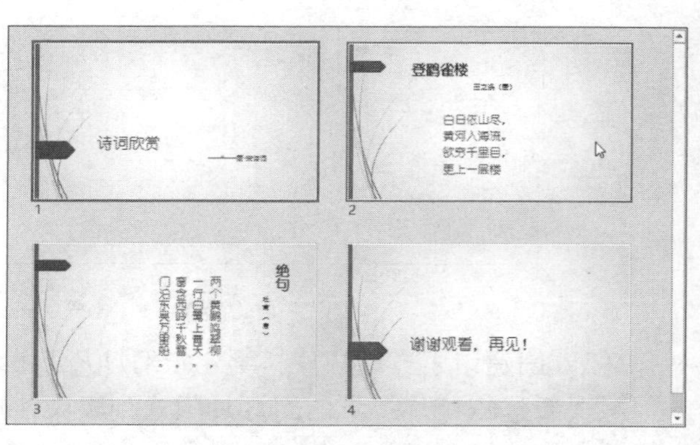

图 5-10　应用主题效果

3. 图片的插入与幻灯片背景设置

在幻灯片中插入图片，可以在创建包含“内容”占位符的幻灯片中，单击内容中的图片快速操作按钮，选择图片插入；也可以不用占位符，使用“插入”选项卡“图像”组中命令按钮直接插入。

（1）在幻灯片中插入图片。

1）打开演示文稿“诗词欣赏”，选择第 2 张幻灯片，单击“插入”选项卡中的“图片”按钮，如图 5-11 所示。

图 5-11　“插入”选项卡“图像”组

2）在打开的“插入图片”对话框中，选择要插入的图片，如图 5-12 所示。单击“插入”按钮，图片则插入到当前幻灯片中。

图 5-12　“插入图片”对话框

3）选中图片，单击“图片工具”的“格式”选项卡，如图 5-13 所示。在“大小”组中，设置图片的高度为 19.05 厘米，与幻灯片的高度相同，移动图片到幻灯片的右侧边缘。完成效果如图 5-14 所示。

图 5-13　“图片工具-格式”选项卡

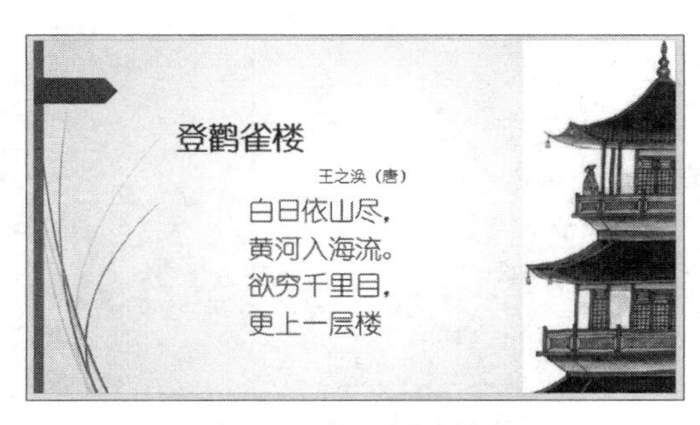

图 5-14　插入图片效果

（2）设置幻灯片的背景。

1）为第 3 张幻灯片设置图片背景。

在演示文稿“诗词欣赏”中，选择第 3 张幻灯片，单击“设计”选项卡中的“设置背景格式”按钮，打开“设置背景格式”窗格，如图 5-15 所示。

在“填充”选项下，选择“图片或纹理填充”，然后单击“插入图片来自”下的“文件”按钮，从打开的“插入图片”对话框中选择作为背景的图片，则该图片作为“背景”插入到当前幻灯片中。为了画面美观，在“设置背景格式”窗格勾选“隐藏背景图形”选项。幻灯片完成效果如图 5-16 所示。

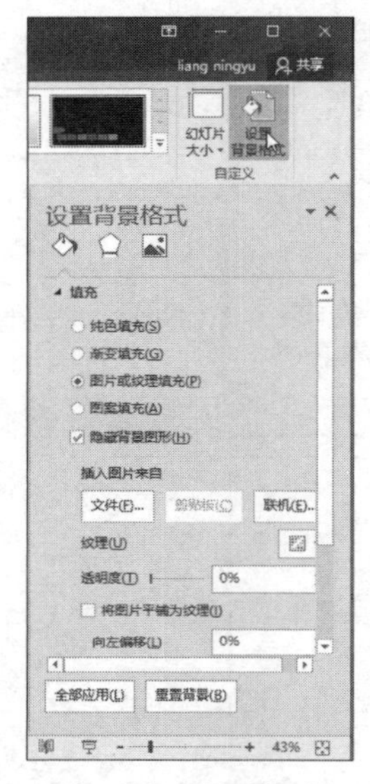

图 5-15 “设置背景格式”窗格

图 5-16 设置幻灯片的背景效果

2）为第 2 张幻灯片设置纯白色背景。

选择第 2 张幻灯片，打开“设置背景格式”窗格。在“填充”选项中选择“纯色填充”，“颜色”选择为“白色 背景 1”，如图 5-17 所示。这样使幻灯片的背景与图片背景颜色接近。

案例 1 完成效果如图 5-18 所示。

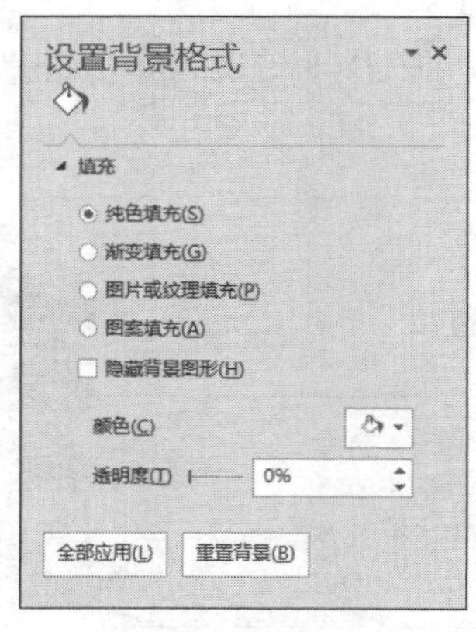

图 5-17 “设置背景格式”窗格-纯色填充

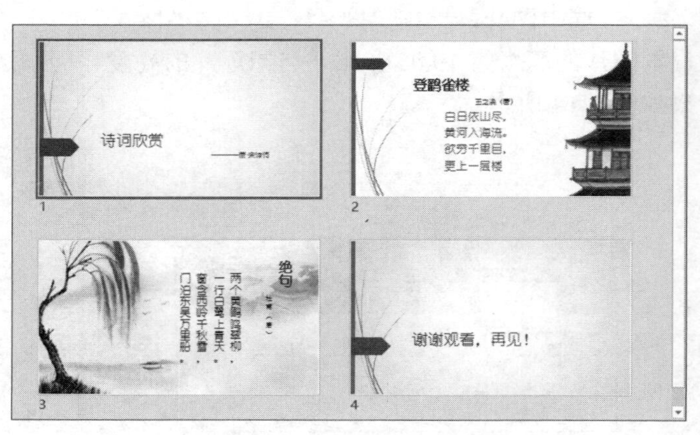

图 5-18 “诗词欣赏”完成效果

【案例 2】“我的大学”演示文稿的制作。

知识点：

（1）幻灯片的版式与主题的使用。

（2）幻灯片母版的设置。

（3）艺术字、图片与图形的插入。

（4）插入与编辑表格。

（5）插入与编辑 SmartArt 图形。

（6）插入声音与视频。

操作步骤：

1．制作第 1 张幻灯片——标题幻灯片

创建新演示文稿，选择幻灯片主题为“平面”，将标题幻灯片的文字设置为艺术字。

（1）启动 PowerPoint 2016，在主题选择列表中，选择“平面”主题，如图 5-19 所示。单击“创建”按钮，则创建主题为“平面”的演示文稿，保存演示文稿文件，命名为“我的大学”，如图 5-20 所示。

图 5-19　选择主题窗口

图 5-20　“平面”主题

（2）在“开始”选项卡的“幻灯片”组中，单击“版式”，打开的“版式”列表，选择“空白”版式，如图 5-21 所示。将当前幻灯片的版式设置为“空白”。

（3）切换到“插入”选项卡，单击“文本”组中的“艺术字”，选择一种艺术字样式，如图 5-22 所示。

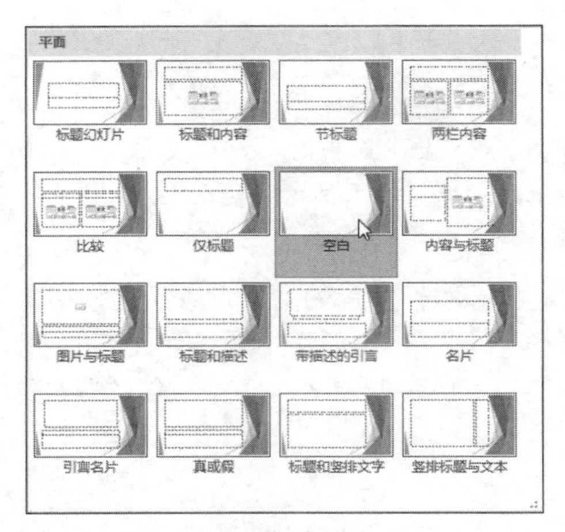

图 5-21 “版式选择”列表

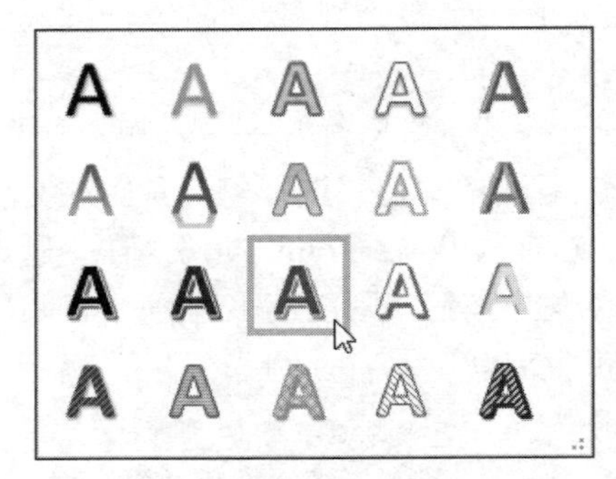

图 5-22 “艺术字”选择列表

（4）在幻灯片的工作区中，将艺术字“请在此放置您的文字”，修改为标题文字“我美丽的学校”，调整字号大小为“80”。

（5）选中艺术字，单击“绘图工具”的“格式”选项卡，从“艺术字样式”组中，选择“文本效果”下的“转换”，在转换列表中选择“上弯弧”效果，如图 5-23 所示。

（6）在“设计”选项卡的“自定义”组中，单击“设置背景格式”，打开“设置背景格式”窗格，在“填充”选项中选择“渐变填充”，如图 5-24 所示。

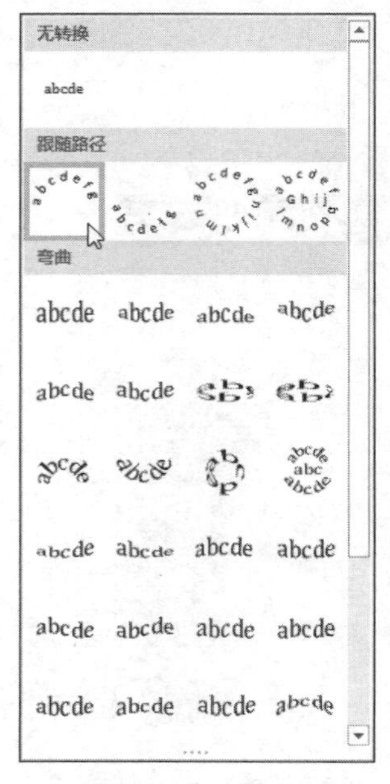

图 5-23 艺术字样式列表

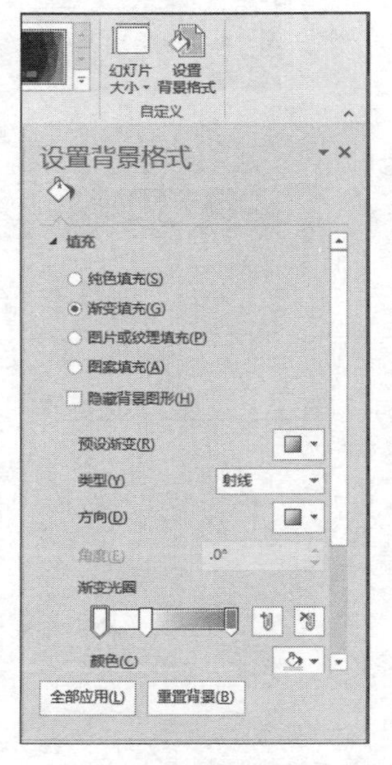

图 5-24 “设置背景格式”窗格

调整艺术字的位置，幻灯片完成效果如图 5-25 所示。

图 5-25　第 1 张幻灯片完成效果

2. 制作第 2 张幻灯片——“目录”幻灯片

（1）单击“开始”选项卡的“新建幻灯片”下拉按钮，从展开的版式列表，选择“空白幻灯片”。

（2）在“开始”选项卡的“绘图”组中，从“形状”样式中选择“圆角矩形”，插入到幻灯片中。设置“形状填充”为“无填充颜色”，“形状效果”为“阴影-右下斜偏移”。右击形状，从快捷菜单中选择“编辑文字”，在形状中输入文字“目录”，设置为“华文新魏”、40 号。添加线条分割线，如图 5-26 所示。

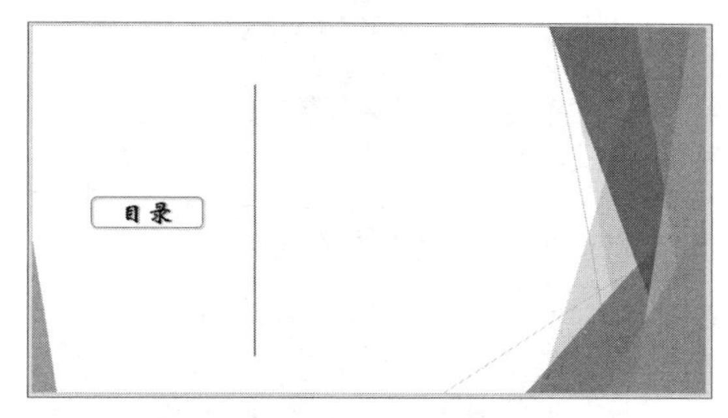

图 5-26　插入形状

（3）在“插入”选项卡的“文本”组中，单击“文本框”，选择“横排文本框”，在幻灯片上插入文本框，输入文字，如图 5-27 所示。

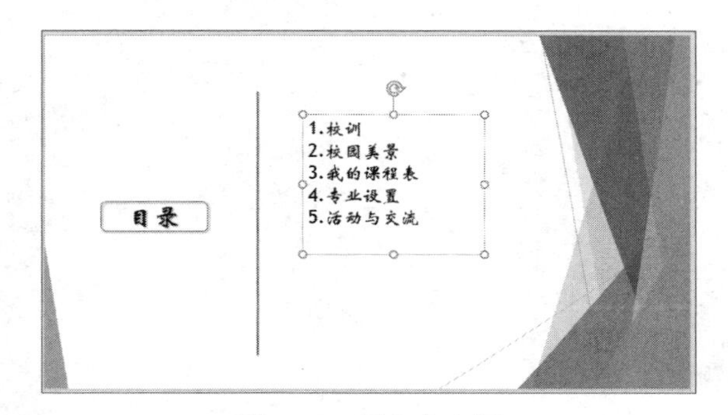

图 5-27　插入文本框

（4）选中文本框，单击“开始”选项卡“段落”组中的“转换为 SmartArt”，打开选择 SmartArt 图形列表，如图 5-28 所示。

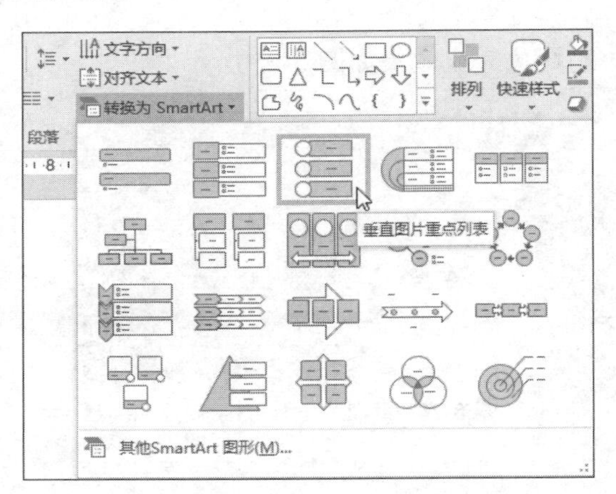

图 5-28 “转换为 SmartArt”图形列表

（5）选择“垂直图片重点列表”，更改颜色，调整大小，幻灯片完成效果如图 5-29 所示。

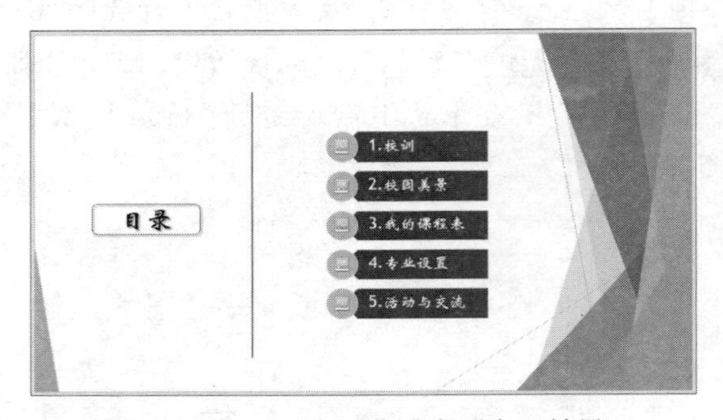

图 5-29 “垂直图片重点列表”效果

3. 设置母版并制作第 3 张幻灯片——“校训”幻灯片

（1）在“视图”选项卡下，单击“幻灯片母版”按钮，转换到“幻灯片母版”视图。在左侧的幻灯片母版缩略图中，选择第 1 张母版，如图 5-30 所示。

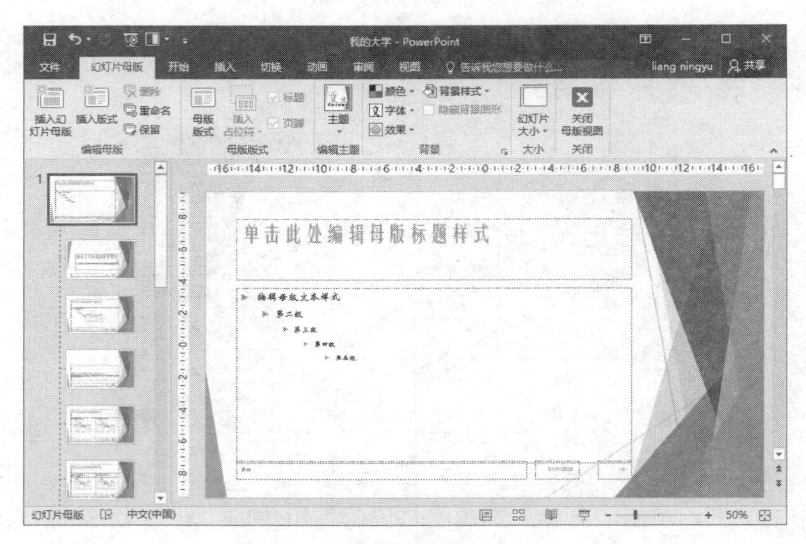

图 5-30 幻灯片母版窗口

（2）单击母版标题样式区，设置标题样式为：黑体、40 号，字体颜色为：深绿，深色 50%；在幻灯片母版文本样式区中，设置第一级文本样式字号为 24 号，第二级文本样式字号为 18 号。

（3）在母版中插入图片。单击“插入”选项卡的“图片”按钮，插入校徽图片，放到幻灯片左上角。如图 5-31 所示。

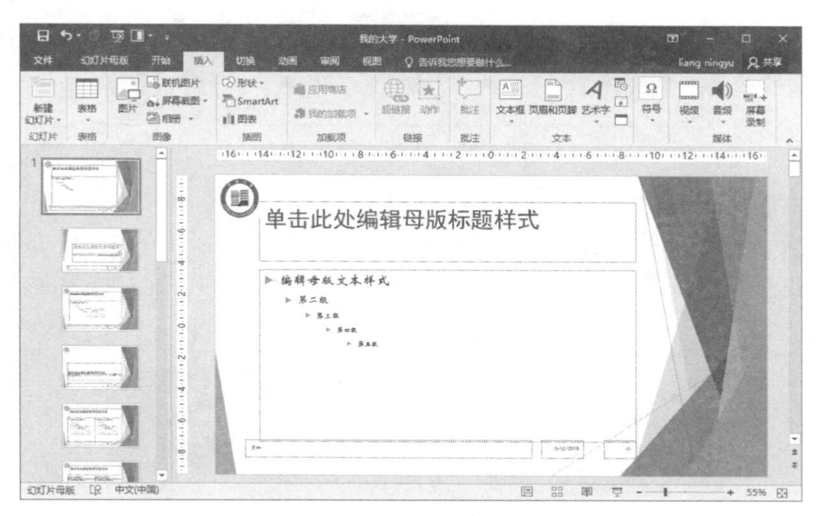

图 5-31　母版插入图片

（4）插入背景图片。再插入一张做为幻灯片背景的图片，选中图片，单击“图片工具”的“格式”选项卡，在“调整”组中设置“颜色”为“灰色 25%”，如图 5-32 所示。然后在“图片样式”组中设置“图片效果”为“柔化边缘 10 磅”。调整图片位置和大小。

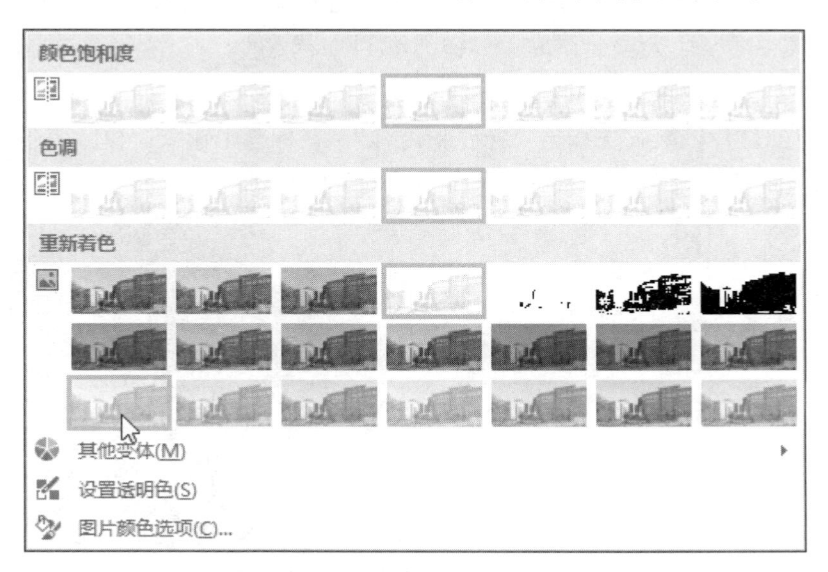

图 5-32　图片调整效果列表

关闭幻灯片母版，完成幻灯片母版设置。修改母版后第 2 张幻灯片的显示效果如图 5-33 所示。

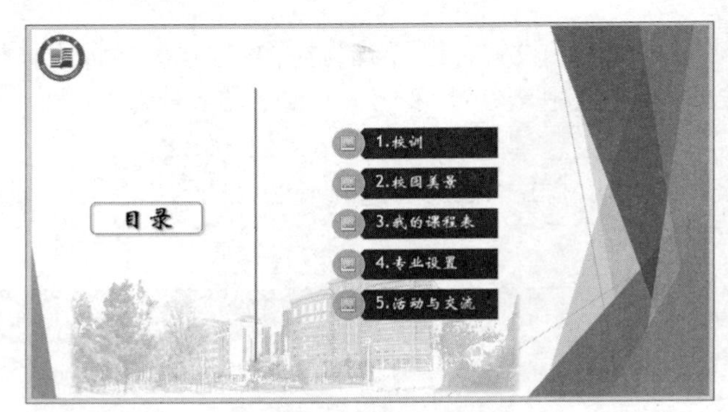

图 5-33 母版修改效果

（5）制作第 3 张幻灯片——“校训”幻灯片。

新建幻灯片，幻灯片的版式选择为“比较”。在标题占位符中输入“校训”；在文本小标题和文本内容占位符中依次输入相关内容，则幻灯片按照母版的设置安排版面。幻灯片完成效果如图 5-34 所示。

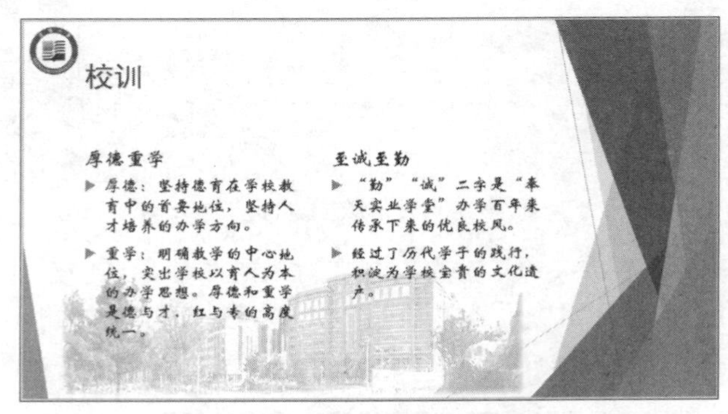

图 5-34 第 3 张幻灯片完成效果

4. 制作第 4 张幻灯片——“校园美景”幻灯片

（1）新建幻灯片，版式选择为“标题和内容”，在标题中输入：校园美景；在文本内容中输入相关内容，调整文本框的大小和位置，如图 5-35 所示。

图 5-35 调整文本框

（2）单击“插入”选项卡的“图片”按钮，选择准备好的 2 张图片，插入到幻灯片中，调整图片的大小和位置。如图 5-36 所示。

图 5-36　插入多张图片

（3）选择左侧图片，打开“图片工具”的“格式”选项卡，在“图片样式”组中，单击打开“图片效果”列表，选择“柔化边缘”为“10 磅”；再选择右侧图片，从“图片样式”列表中选择“剪去对角，白色”。完成效果如图 5-37 所示。

图 5-37　设置图片样式

（4）打开“插入”选项卡的“形状”列表，选择“圆角矩形标注”，如图 5-38 所示。在幻灯片上拖动插入该形状，从形状的“格式”选项卡中，设置“形状填充”为“渐变”，在“渐变”列表中选择“线性向下”，如图 5-39 所示。

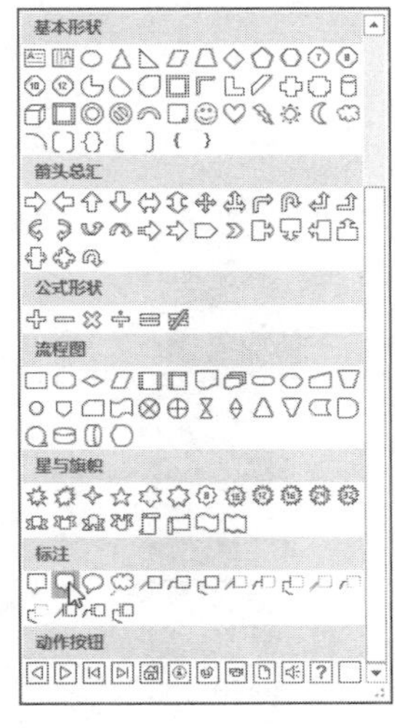

图 5-38　“基本形状”列表

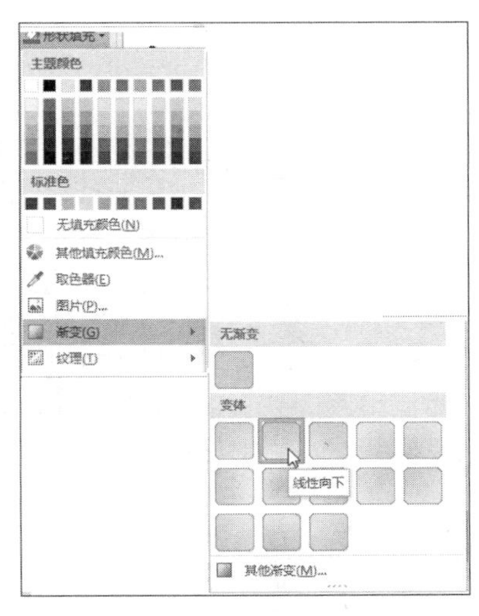

图 5-39　设置形状填充颜色

右击形状，选择“编辑文字”，在形状中输入相应文字。调整文字的字号和对齐方式，调整形状的大小和位置。复制生成第2个形状，修改文字内容。幻灯片完成效果如图5-40所示。

图5-40　第4张幻灯片完成效果

5. 制作第5张幻灯片——“我的课程表”幻灯片

（1）新建幻灯片，版式选择为“标题和内容”，在标题中输入：我的课程表；在内容区单击“插入表格”命令按钮，如图5-41所示。在弹出的“插入表格”对话框中输入4行4列，单击“确定”按钮，则在幻灯片中插入表格。

图5-41　“插入表格”命令按钮

在表格中输入文字内容，设置表格文字格式为：黑体、24号、居中对齐，如图5-42所示。

	星期一	星期二	星期三
1-2节	高数	大学英语	计算机
3-4节	信息检索	物理	高数
5-6节	大学英语	计算机基础	体育

图5-42　输入表格内容

（2）绘制表格框线。选中表格，单击“表格工具”的“设计”选项卡，在“绘制边框”组中，设置框线宽度为 1.0 磅；在“表格样式”组中，打开“边框”选择列表，设置该宽度为表格的“内部框线”；再将框线宽度设置为 2.25 磅，将该线宽分别用于表格的上框线、下框线，如图 5-43 所示。

	星期一	星期二	星期三
1-2节	高数	大学英语	计算机
3-4节	信息检索	物理	高数
5-6节	大学英语	计算机基础	体育

图 5-43　设置表格框线

（3）绘制斜线表头。将光标置于第一行第一列的单元格中，从“边框”下拉列表中选择“斜下框线”，输入文字内容，设置文字对齐。完成效果如图 5-44 所示。

星期 课节	星期一	星期二	星期三
1-2节	高数	大学英语	计算机
3-4节	信息检索	物理	高数
5-6节	大学英语	计算机基础	体育

图 5-44　绘制斜线表头

6. 制作第 6 张幻灯片——“专业设置”幻灯片

（1）新建幻灯片，版式选择为“标题和内容”，在标题中输入：专业设置；在内容区单击“插入 SmartArt 图形”命令按钮，在弹出的“选择 SmartArt 图形”对话框中，选择“层次结构”中的“组织结构图”，如图 5-45 所示。单击“确定”按钮，在幻灯片上插入了 SmartArt 图形，如图 5-46 所示。

（2）选择插入的 SmartArt 图形，单击“SmartArt 工具”下的“设计”选项卡，在“创建图形”组中，打开“添加形状”列表，如图 5-47 所示，按需要添加相应形状；选中形状，按键盘上的 Delete 键，可以删除。添加形状后，在形状中输入文字，效果如图 5-48 所示。

（3）选中形状“信息学院”，在“SmartArt 工具”的“设计”选项卡，单击打开“布局”列表，选择“左悬挂”；选中形状“经济学院”，布局选择为“两者”。

（4）选中 SmartArt 图形，在“SmartArt 工具”的“格式”选项卡中，选择艺术字样式“填充-黑色，文本 1，阴影”。幻灯片完成效果如图 5-49 所示。

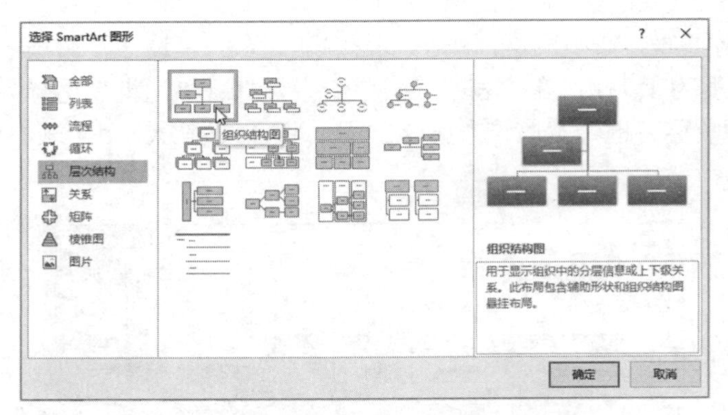

图 5-45 “选择 SmartArt 图形”对话框

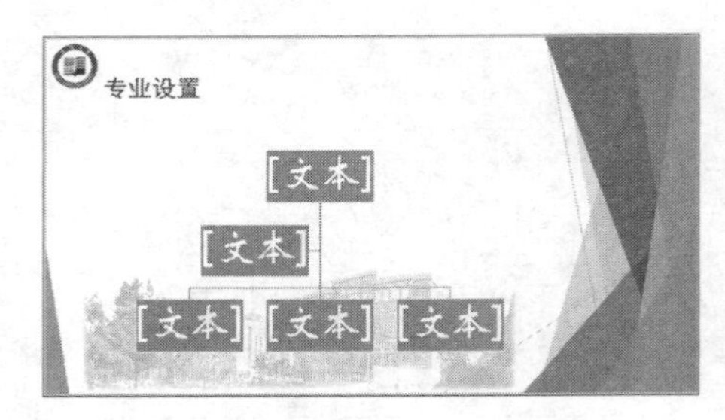

图 5-46 插入 SmartArt 图形

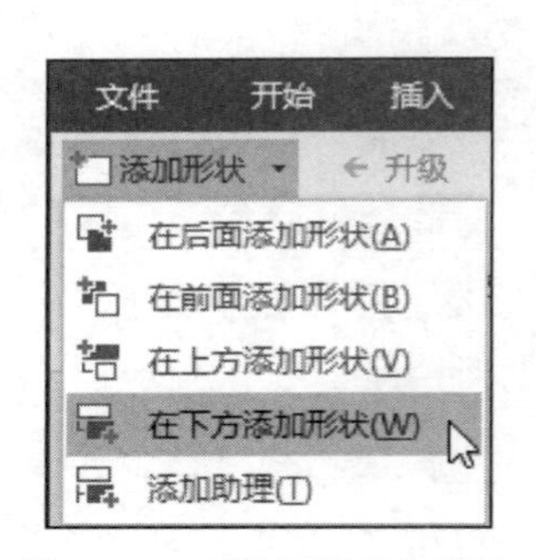

图 5-47 “添加形状”列表

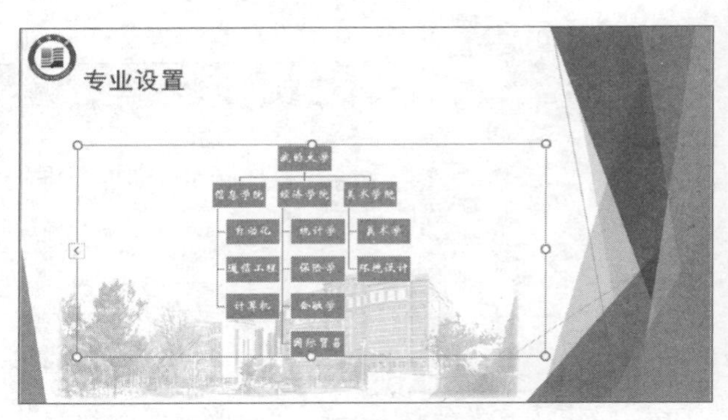

图 5-48 添加形状效果

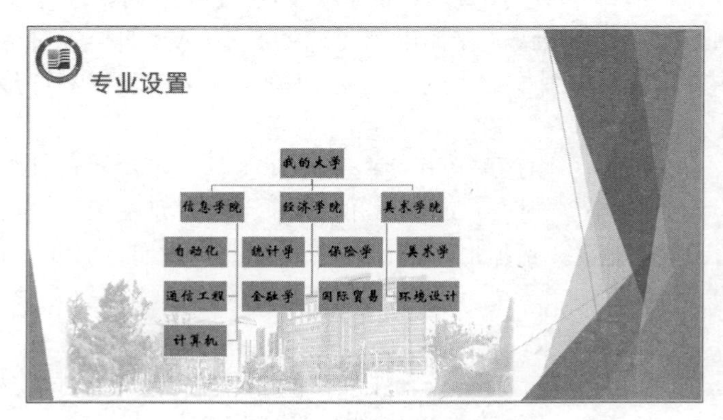

图 5-49 第 6 张幻灯片完成效果

7. 制作第 7 张幻灯片——“校园活动与国际交流”幻灯片

（1）新建幻灯片，版式选择为“两栏内容”，在标题中输入：校园活动与国际交流。

单击右侧占位符中的“插入视频文件”按钮，在弹出的“插入视频”对话框中，选择“来自文件”，从本机中选择一个视频文件，单击“插入”按钮，则视频文件插入到幻灯片中，如图 5-50 所示。选中视频，单击视频下方的播放控制按钮，即可预览播放视频。

图 5-50　插入视频

（2）在左侧占位符中输入相关文字，再插入图片与线条，调整各对象的大小和位置，旋转图片，幻灯片完成效果如图 5-51 所示。

图 5-51　第 7 张幻灯片完成效果

8. 插入音频

（1）选择第 1 张幻灯片，切换到“插入”选项卡下，单击“媒体”组中的“音频”选项，打开下拉列表，如图 5-52 所示。

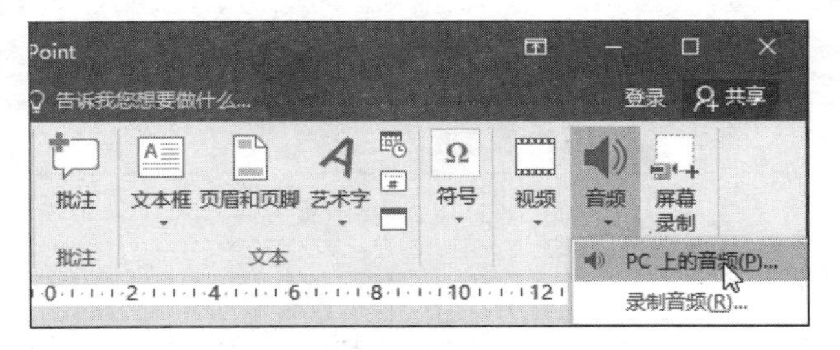

图 5-52　“音频”下拉列表

（2）选择“PC 上的音频”，打开“插入音频”对话框，选中要插入的音频文件，单击“插入”按钮，则该音频文件插入到幻灯片中，如图 5-53 所示。插入音频后，在幻灯片上将显示一个表示音频文件的“小喇叭”图标，指向或单击该图标，将出现音频控制栏。单击“播放”按钮，可播放声音，并在控制栏中看到声音播放进度。

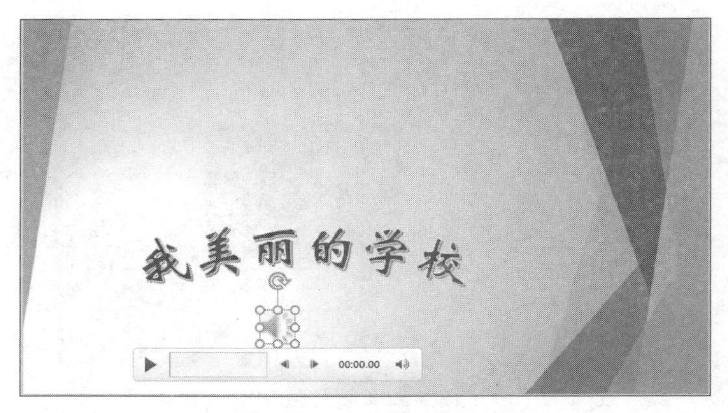

图 5-53　插入音频

（3）音频的设置。选中音频图标，单击打开“音频工具”下的“播放”选项卡，如图 5-54 所示。

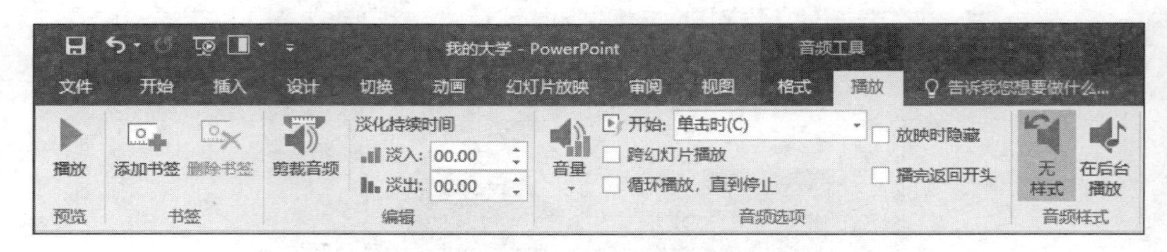

图 5-54　“音频工具-播放”选项卡

设置“淡入”和“淡出”的持续时间为 01.50 秒；开始方式为“自动”；选中“跨幻灯片播放”和“放映时隐藏”复选项，如图 5-55 所示。

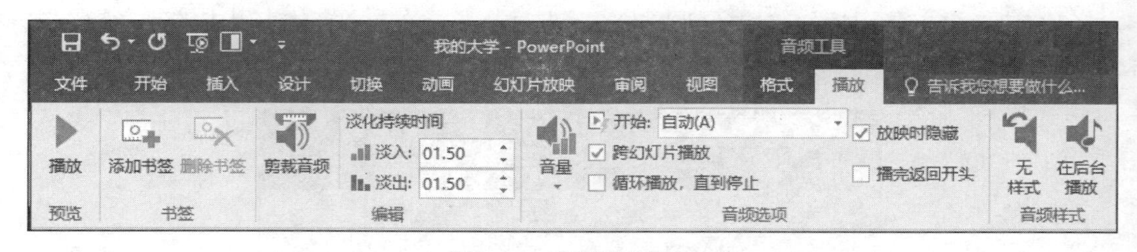

图 5-55　音频播放设置

播放幻灯片，观察效果。

演示文稿“我的大学”完成效果如图 5-56 所示。

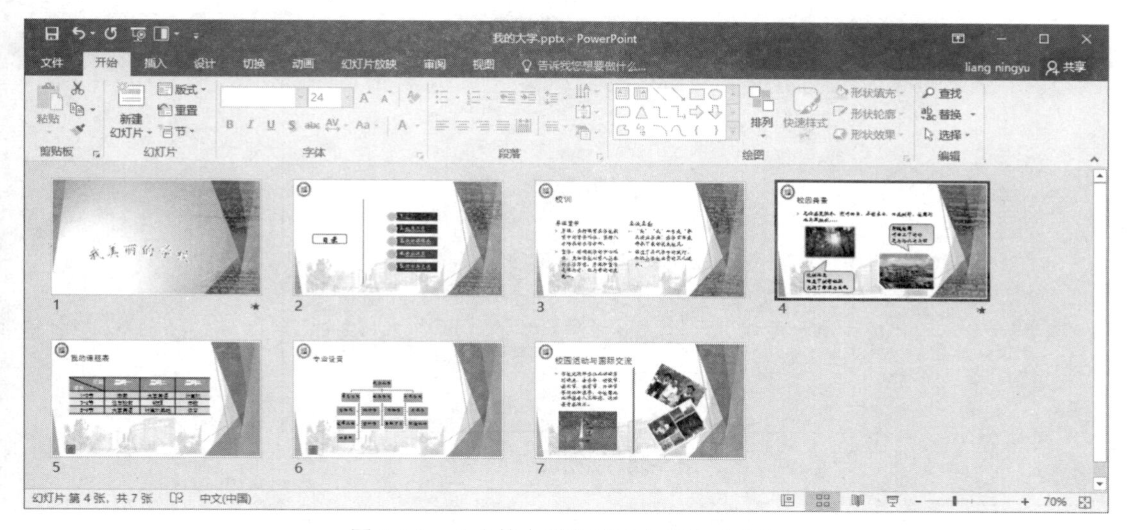

图 5-56 “我的大学”演示文稿完成效果

【案例 3】“我的相册”演示文稿的制作。

知识点：

（1）相册的创建和使用。

（2）设置演示文稿的页眉与页脚。

操作步骤：

1. 创建相册

（1）启动 PowerPoint，创建空白演示文稿，切换到“插入”选项卡下，单击“图像”组的“相册”按钮，在打开的下拉列表中，选择“新建相册”选项，如图 5-57 所示。

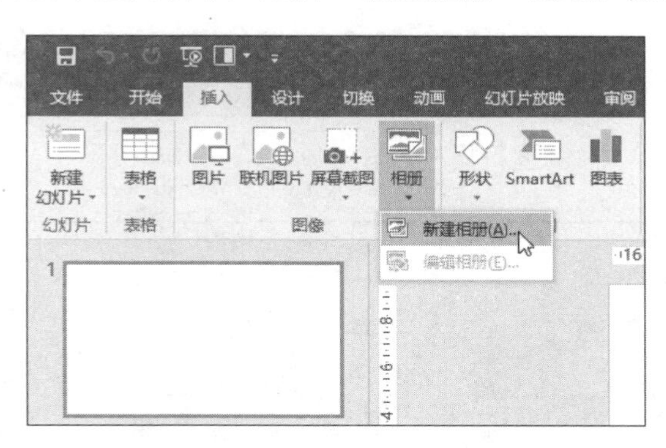

图 5-57 “新建相册”选项

（2）弹出“相册”对话框，在“相册内容”选项中，单击“文件/磁盘”按钮，选择从本地磁盘中插入图片，如图 5-58 所示。

（3）在弹出的“插入新图片”对话框中，选择要插入到相册的图片，可以选择一张或多张图片，如图 5-59 所示。

（4）单击“插入”按钮，返回“相册”对话框，在“相册版式”栏中，设置“图片版式”为“2 张图片”，“相册形状”为“圆角矩形”。在单击“主题”文本框右侧的“浏览”按钮，打开“选择主题”对话框，选择主题为 Integral，如图 5-60 所示。

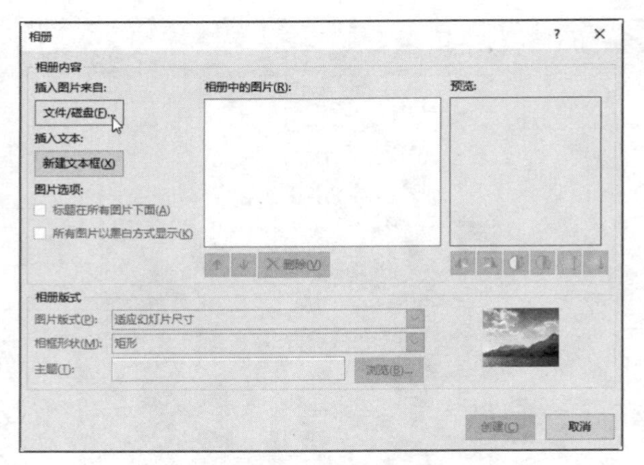

图 5-58 “相册”对话框

图 5-59 “插入新图片”对话框

图 5-60 “选择主题”对话框

（5）返回“相册”对话框，相册设置如图 5-61 所示。单击“创建”按钮，则生成相册演示文稿，保存演示文稿为“我的相册”。相册演示文稿的浏览视图如图 5-62 所示。

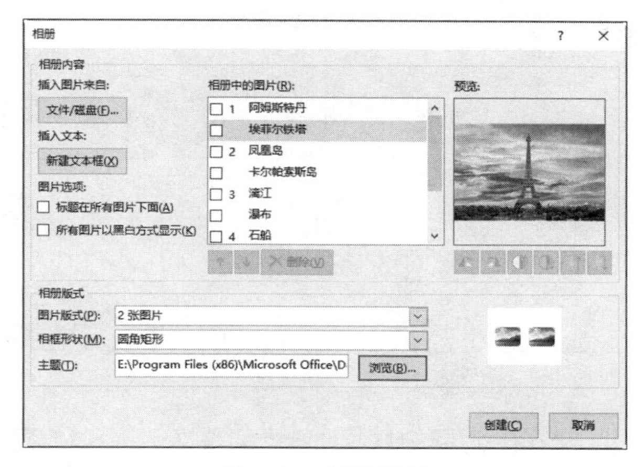

图 5-61　相册设置

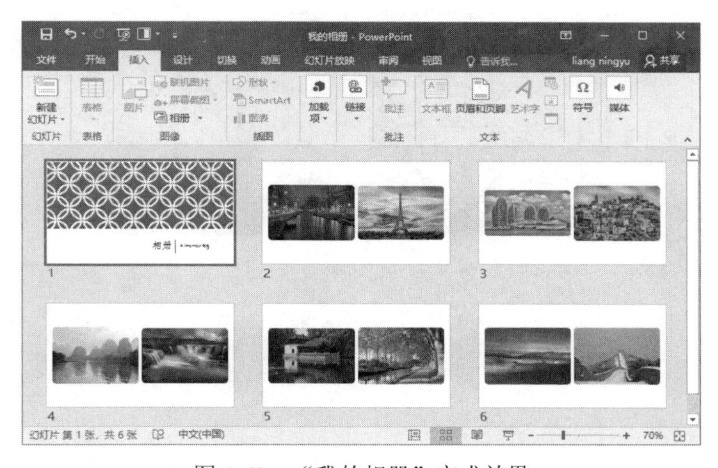

图 5-62　“我的相册”完成效果

2. 设置页眉与页脚

（1）打开演示文稿“我的相册”，在“插入”选项卡中，单击“文本”组的“页眉和页脚”按钮，如图 5-63 所示。

图 5-63　“插入”选项卡

（2）在弹出的“页眉和页脚”对话框中，选择“幻灯片”选项卡，在“幻灯片包含内容”下，选择“日期和时间”，并设置为“自动更新”；选中“幻灯片编号”；选中“页脚”，输入页脚文字“世界风光”，并勾选“标题幻灯片中不显示”，如图 5-64 所示。

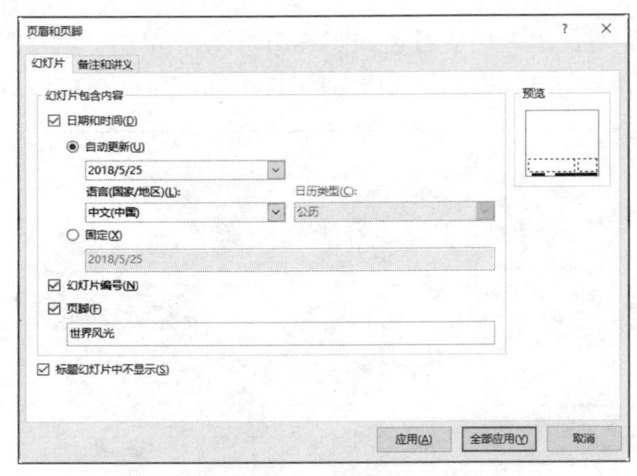

图 5-64 “页眉和页脚”对话框

（3）单击“全部应用”按钮，返回幻灯片。适当调整文字格式和位置，完成效果如图 5-65 所示。

图 5-65 “页眉和页脚”设置效果

四、实验练习

1．参照实验内容，独立完成一个主题鲜明、内容健康、艺术性强的演示文稿（如我的大学生活、个人求职简历、某个培训讲解或公司产品介绍等。）

要求：

（1）第一张为标题页，含有主标题和副标题。

（2）第二张为目录页。

（3）幻灯片内容要丰富充实、层次清楚、背景美观、图文并茂。

（4）幻灯片要采用不同的版式和设计主题，编辑修改母版，插入文本、图片、艺术字、表格、图表及多媒体信息。

2. 使用相册功能，按某一主题搜索图片，创建一个相册。

五、实验思考

1．在 PowerPoint 中有几种视图方式？它们适用于何种情况？

2．怎样为幻灯片设置背景格式？

3．已经创建好的幻灯片，能否修改幻灯片的版式？
4．幻灯片母版的作用是什么？如何隐藏幻灯片母版的背景图形？
5．如何为一个演示文稿中的不同幻灯片应用不同的主题？

实验 2　PowerPoint 的高级操作

一、实验目的

1．掌握幻灯片的切换设置方法。
2．掌握幻灯片的动画设置方法。
3．掌握动作按钮和超链接的设置与使用方法。
4．掌握演示文稿放映方式的设置方法。
5．掌握演示文稿的保存与输出方法。

二、实验准备

1．熟悉幻灯片的放映方法。
2．准备好实验 1 中已经制作完成的 3 个演示文稿“诗词欣赏”“我的大学”和“我的相册”。
3．在某一盘符下（如 E:\）以“我的演示文稿”为名字建立一个文件夹，将用于操作的演示文稿保存在该文件夹中。

三、实验内容及步骤

【案例 1】设置幻灯片的切换效果。
操作步骤：
1．添加切换效果
（1）打开演示文稿“诗词欣赏”，选中第 1 张幻灯片，单击“切换”选项卡，在“切换到此幻灯片”组中，选择切换效果为“推进”，如图 5-66 所示。

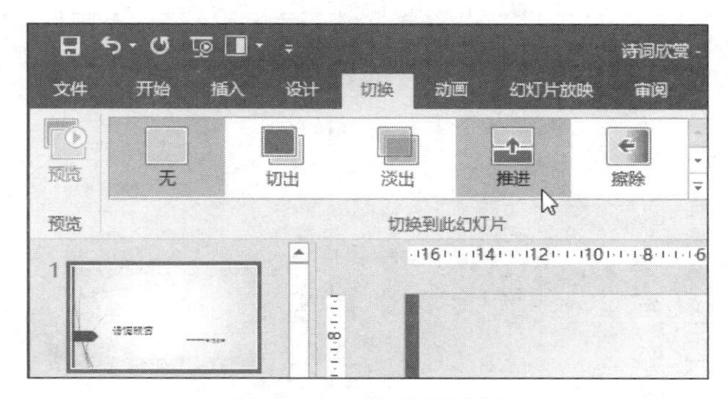

图 5-66　切换效果选择

设置后，在幻灯片的浏览窗格中，可以看到切换效果标志，单击“切换”选项卡下的“预览”按钮，查看切换效果。如图 5-67 所示。

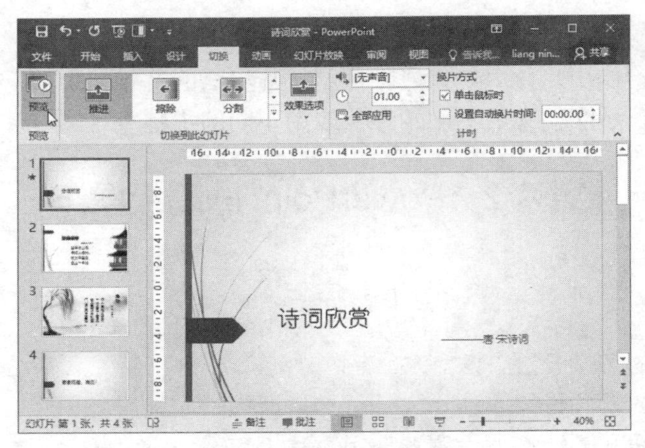

图 5-67 “预览”切换效果

（2）选择第 2 张幻灯片，单击“切换”样式列表的“其他”按钮，打开“切换”样式列表，选择“时钟”效果，如图 5-68 所示。采用同样的方法，设置第 3 张幻灯片切换效果为“摩天轮”，设置第 4 张幻灯片切换效果为“帘式”。

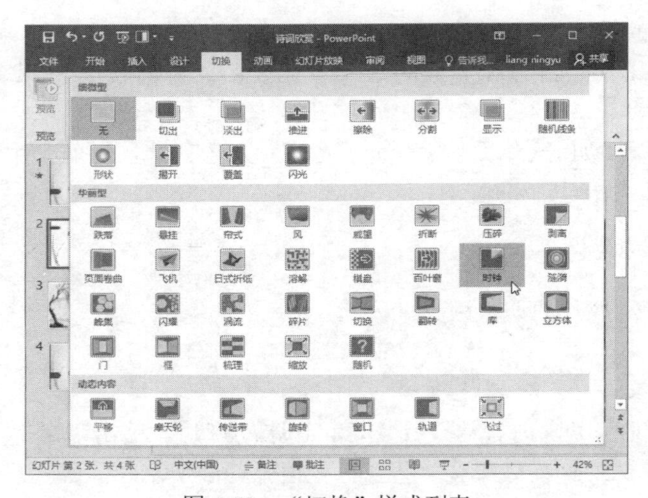

图 5-68 “切换”样式列表

（3）放映幻灯片，观看切换效果。第 3 张幻灯片切换效果“摩天轮”的动态变化，如图 5-69 所示。

图 5-69 “摩天轮”切换效果

2. 设置切换效果

（1）打开演示文稿“诗词欣赏”，转换到“切换”选项卡。选中第 1 张幻灯片，在“切换到此幻灯片”组中的“效果选项”中，选择“自左侧”，即让幻灯片切换的“推进”效果自左侧开始。如图 5-70 所示。

（2）选中第 2 张幻灯片，在“切换”选项卡的“计时”组中，设置切换时的声音效果为“风铃”，如图 5-71 所示。

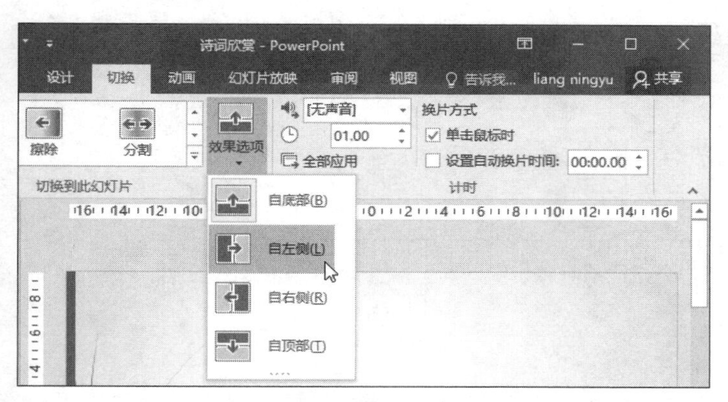

图 5-70　设置切换效果

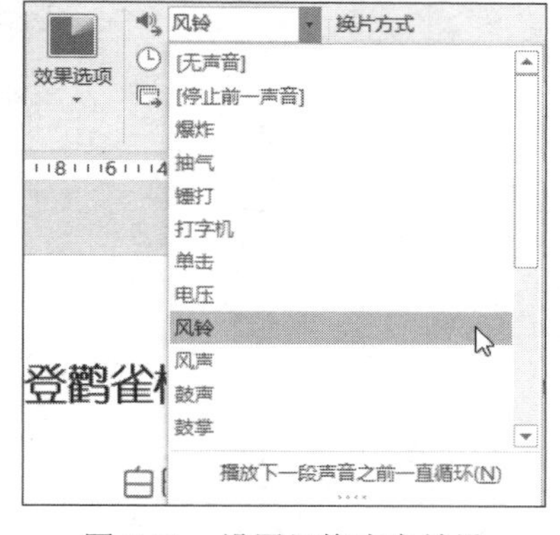

图 5-71　设置切换声音效果

（3）选中第 4 张幻灯片，将“计时”组中的持续时间改为 04.00，即改为 4 秒。放映幻灯片，观看修改后的切换效果。

3. 切换效果用于多张幻灯片

（1）打开演示文稿“我的相册”，选中第 1 张幻灯片，在“切换”选项卡下，从“切换”样式列表中，选择幻灯片切换效果为“涟漪”。

（2）在“切换”选项卡的“计时”组中，单击“全部应用”按钮，如图 5-72 所示。则该切换效果应用于演示文稿的所有幻灯片。

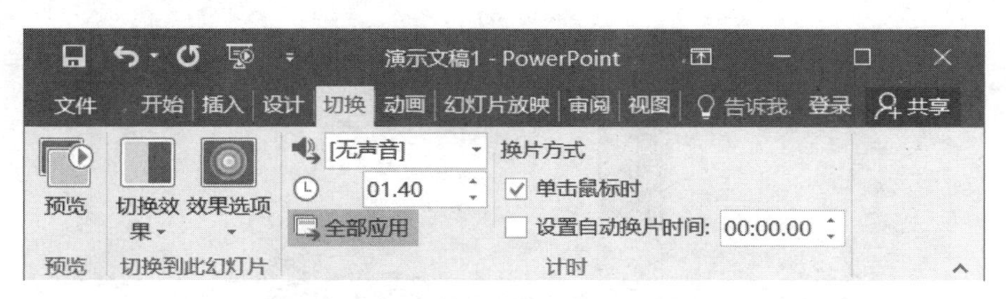

图 5-72　切换效果用于全部幻灯片

（3）放映演示文稿，观察切换效果。

【案例 2】设置幻灯片的动画效果。

操作步骤：

1. 添加动画效果

打开演示文稿“我的大学”，在第 1 张幻灯片中，选择艺术字“我美丽的学校”，切换到“动画”选项卡，在“动画”组中单击“其他”按钮，打开动画效果列表，设置艺术字的动画为“旋转”，如图 5-73 所示。

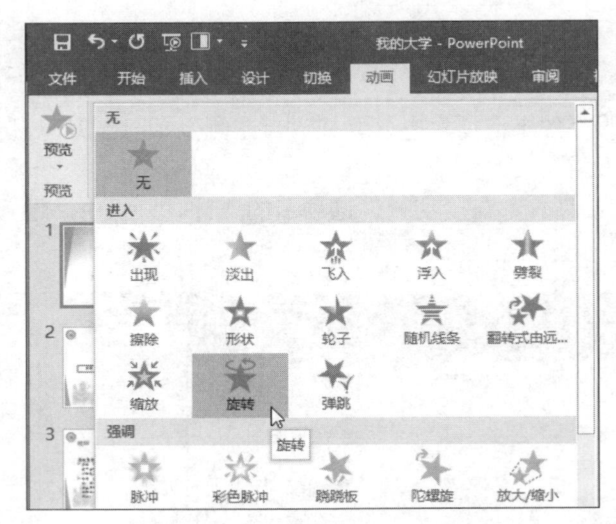

图 5-73 “动画效果”列表

单击“预览”按钮，查看效果。

2. 设置动画效果

（1）在演示文稿“我的大学”中，选择第 4 张幻灯片“校园美景”，单击选中左侧图片，从动画效果列表中选择“飞入”。单击“动画”组的“效果选项”按钮，从打开的列表中选择飞入方向为“自左侧”，如图 5-74 所示。

图 5-74 设置动画效果

（2）选中左下方的形状，设置动画效果为“擦除”，方向为“自底部”。

（3）选中右侧图片，单击动画效果列表下方的“更多进入效果”，打开“更改进入效果”对话框，如图 5-75 所示，选择“十字形扩展”效果，“效果选项”的“方向”为“切入”，“形状”为“加号”，如图 5-76 所示。

图 5-75　“更改进入效果”对话框

图 5-76　设置动画效果——十字形扩展

（4）选中右侧形状，设置动画效果为“劈裂”，方向为“中央向左右扩展”。

单击“动画”选项卡下的“预览”按钮，查看动画设置效果。

【案例 3】动作按钮、超链接的使用。

操作步骤：

1. 动作按钮的使用

（1）打开演示文稿“我的大学”，选择第 5 张幻灯片（我的课程表），在“插入”选项卡的“插图”组中，单击“形状”按钮，在弹出的下拉列表中找到“动作按钮”，如图 5-77 所示。

（2）单击动作按钮“第一张”，在幻灯片中按住鼠标左键拖动，绘制出该按钮，松开鼠标后，自动弹出“操作设置”对话框，设置超链接到“第一张幻灯片”如图 5-78 所示。

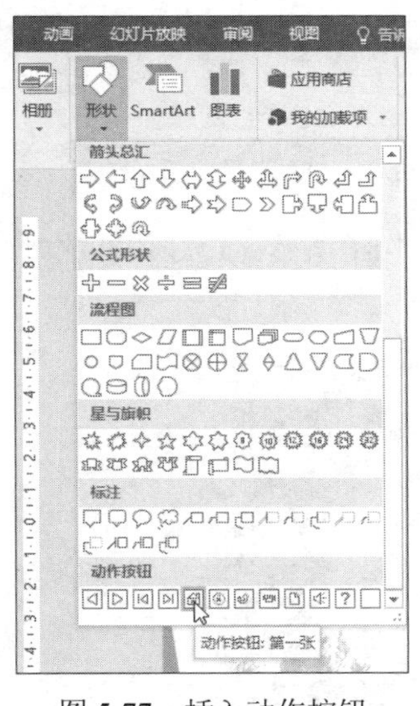

图 5-77　插入动作按钮

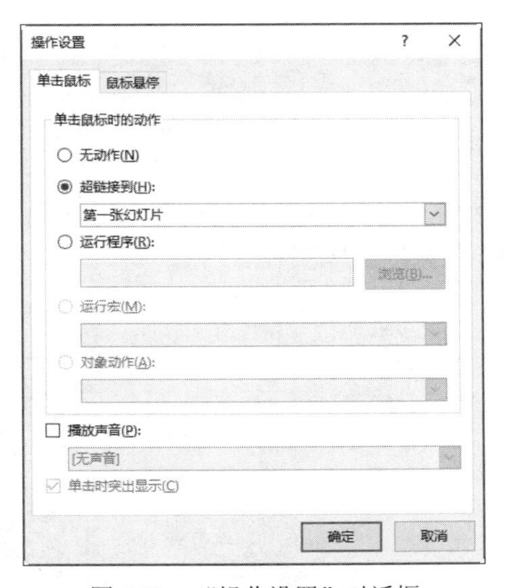

图 5-78　“操作设置”对话框

（3）单击“确定”按钮，则在幻灯片上添加了动作按钮。将该动作按钮复制到第 6 张幻灯片上，则在第 5、第 6 张幻灯片的左下角都添加了动作按钮，如图 5-79 所示。

图 5-79　添加动作按钮

播放幻灯片，单击动作按钮，就可以跳转到第一张幻灯片上。

2. 插入超链接

（1）在演示文稿“我的大学”中，单击第 2 张幻灯片，选中右侧形状中的文字“校训”，单击“插入”选项卡的“超链接”按钮，在弹出的“插入超链接”对话框中，从左侧“链接到”列表选择“本文档中的位置”，再从文档中选择幻灯片“3.校训”，如图 5-80 所示。单击“确定”按钮，则建立的指向本文档内幻灯片的超链接。

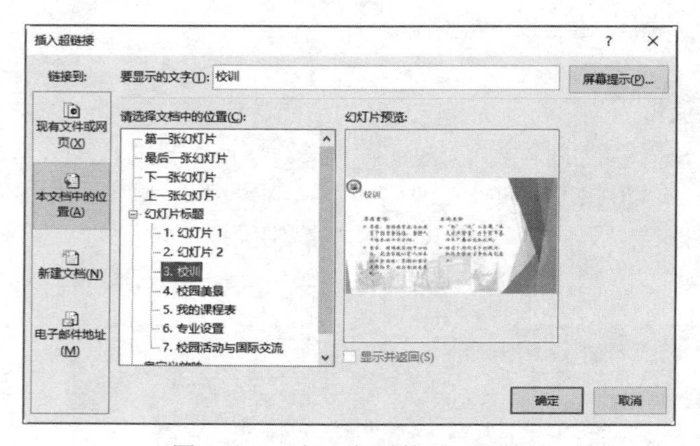

图 5-80　“插入超链接”对话框

（2）用同样方法依次建立指向其他页的超链接，如图 5-81 所示。幻灯片播放时，单击超链接可转到相应幻灯片上。

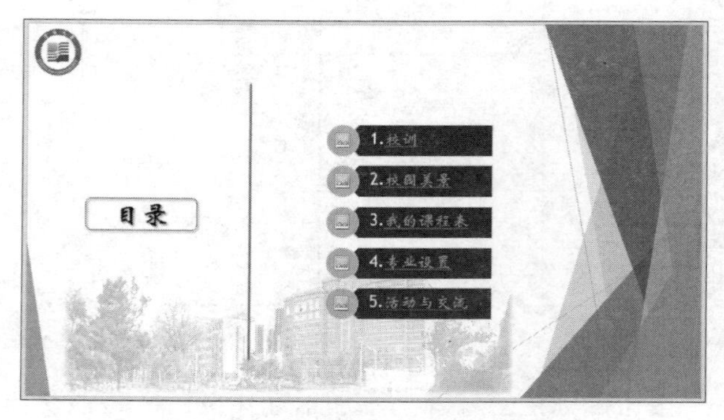

图 5-81　“插入超链接”完成效果

【案例 4】幻灯片的放映设置。

知识点：

（1）设置放映方式。

（2）设置排列计时。

（3）标注放映。

操作步骤：

1. 设置幻灯片的放映方式

（1）打开演示文稿“我的相册”，切换到“幻灯片放映”选项卡下，在“设置”组中，单击“设置幻灯片放映”按钮，如图 5-82 所示。

（2）在弹出的“设置放映方式”对话框中，“放映类型”选择“观众自行浏览（窗口）”，“放映选项”选为“循环放映 按 ESC 键终止”，如图 5-83 所示。

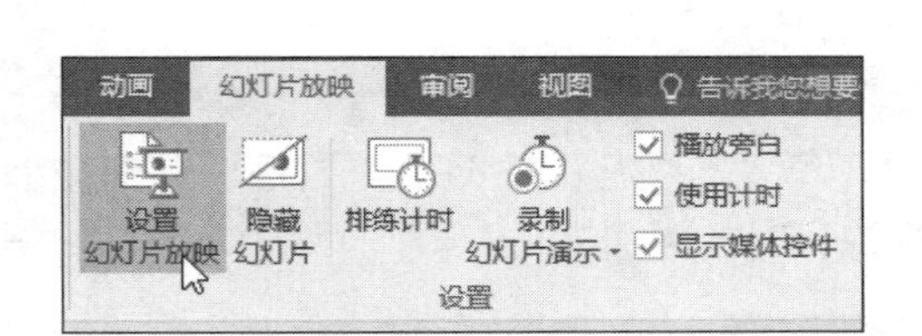

图 5-82　“幻灯片放映”工具栏

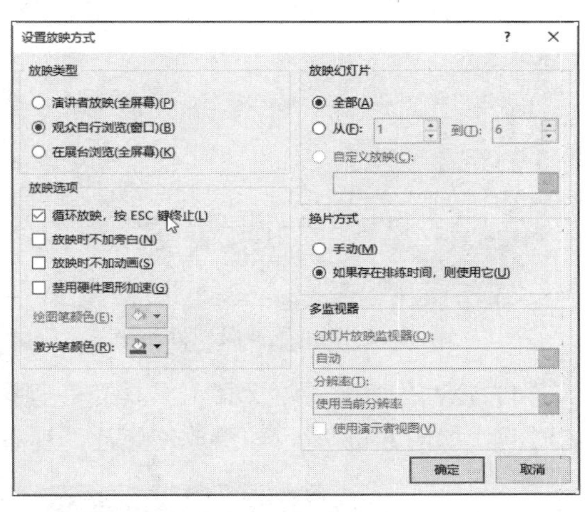

图 5-83　“设置放映方式”对话框

（3）单击“确定”按钮，返回幻灯片。放映幻灯片，幻灯片以窗口显示，如图 5-84 所示。

图 5-84　“观众自行浏览（窗口）”效果

2. 设置排练计时

（1）打开演示文稿“诗词欣赏”，在“幻灯片放映”选项卡的“设置”组中，单击“排练计时”按钮。如图 5-85 所示。

图 5-85　“排练计时”按钮

（2）进入“排练计时”放映状态，幻灯片全屏显示，同时窗口上出现“录制”工具栏，并在“幻灯片放映时间”框中开始计时。如图 5-86 所示。一张幻灯片放映完成后，单击切换到下一张幻灯片。

（3）到达幻灯片末尾，出现如图 5-87 所示的提示信息对话框。单击“是”按钮，保留排练时间。

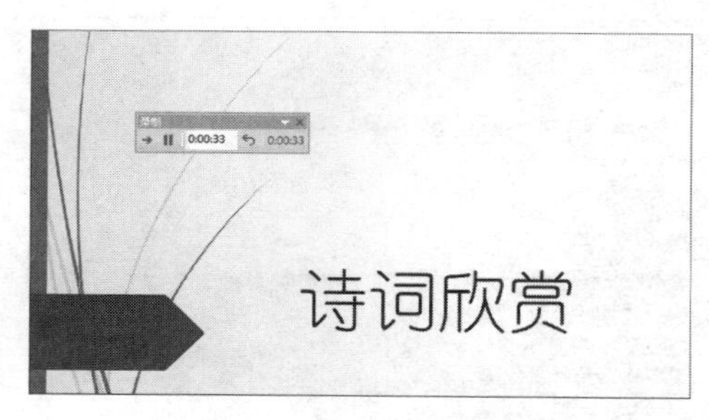

图 5-86　“排练计时”操作

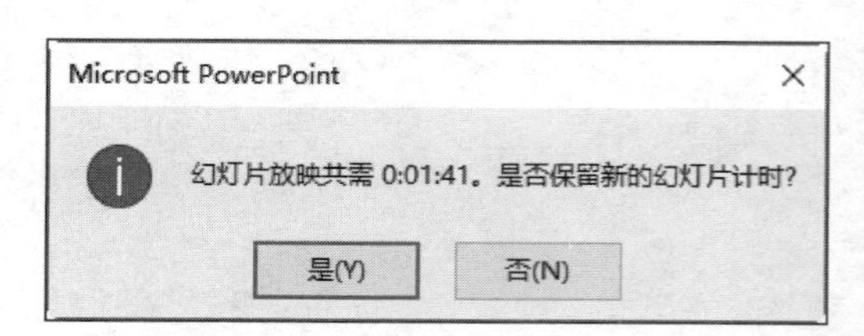

图 5-87　“排练计时”提示信息对话框

（4）返回幻灯片，在“幻灯片浏览”视图中，每张幻灯片的缩略图下，可以看到排练计时的时间，如图 5-88 所示。播放幻灯片，观察排练计时的效果。

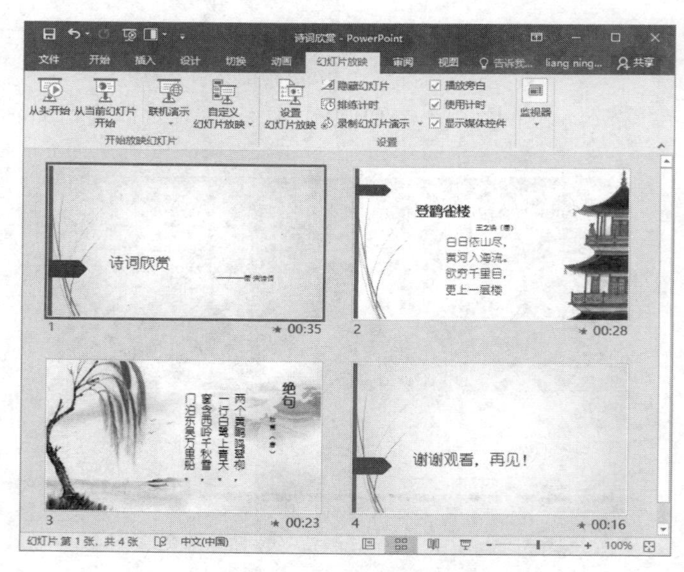

图 5-88　显示排练计时时间

提示： 如果在“设置放映方式”对话框中，“换片方式”选择了“手动”，则不应用排练计时来自动换片。

3. 标注放映

（1）打开演示文稿“诗词欣赏”，进入“幻灯片放映”视图，在屏幕上右击，从弹出快捷菜单中，鼠标指向“指针选项”下的“荧光笔”，如图 5-89 所示。

（2）单击“荧光笔”，鼠标变成笔形，可以在幻灯片上直接勾画或书写。如图 5-90 所示。

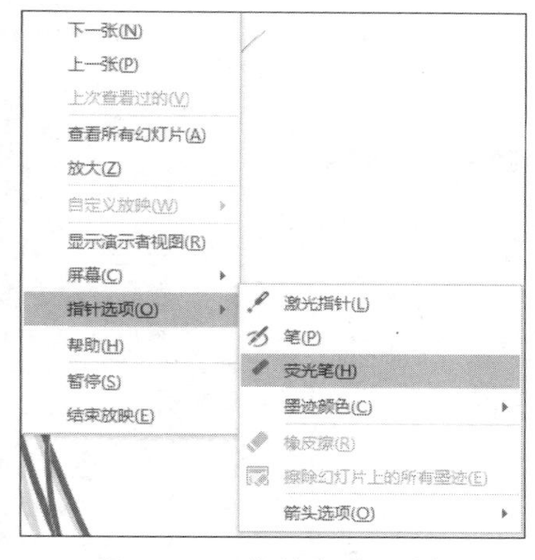

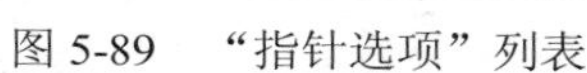
图 5-89　“指针选项”列表

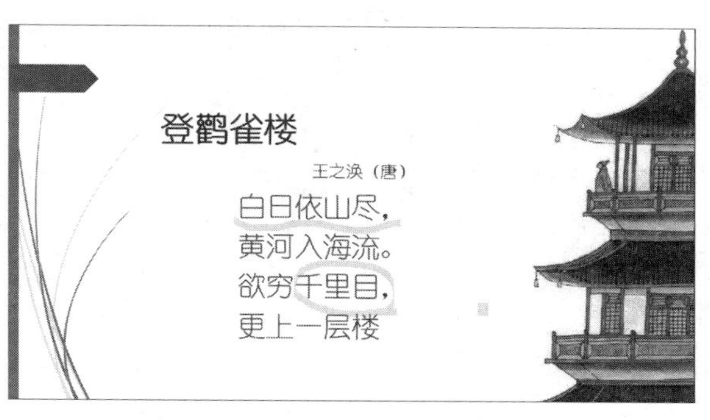

图 5-90　标注放映效果

（3）幻灯片放映结束时，系统会弹出“是否保留墨迹”对话框中，选择“放弃”，不保留墨迹注释。如图 5-91 所示。

图 5-91　标注放映提示信息框

【案例 5】演示文稿的保存与输出。

操作步骤：

1. 将演示文稿保存为“PowerPoint 放映”

（1）打开演示文稿“我的相册”，切换到“文件”选项卡，单击“另存为”命令，选择保存文件位置为“E:\我的演示文稿”，如图 5-92 所示。

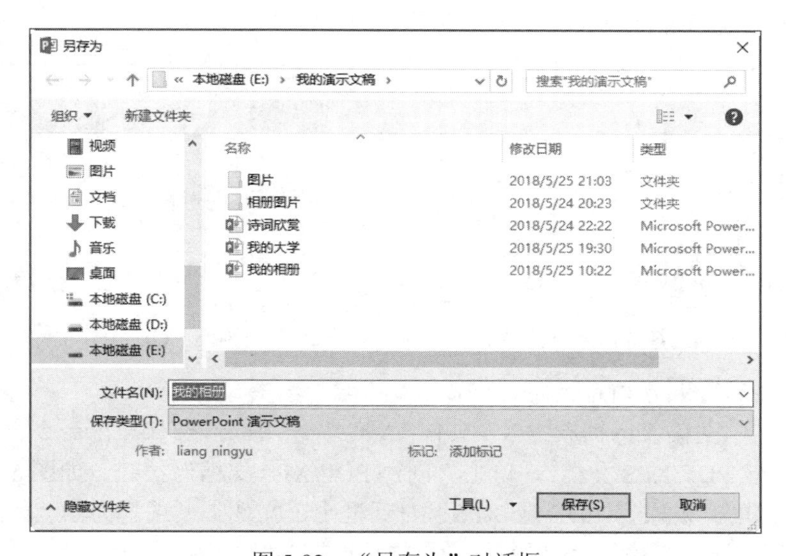

图 5-92　“另存为”对话框

（2）单击打开“保存类型”下拉列表，选择保存类型为“PowerPoint 放映”，文件名为“我的相册”，如图 5-93 所示。单击“保存”按钮，即将演示文稿保存为“PowerPoint 放映（.ppsx）”文件。

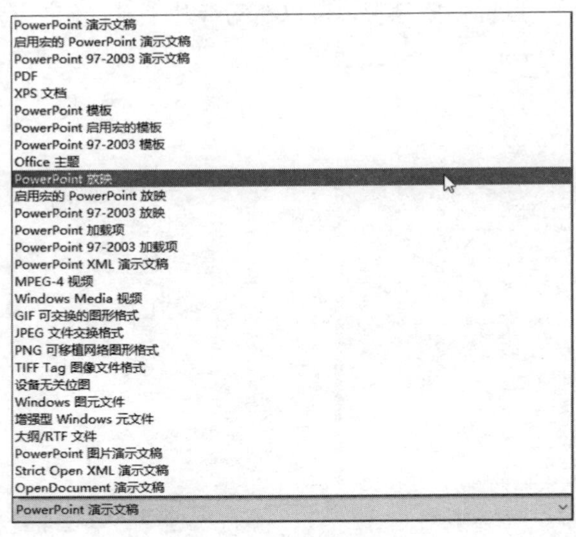

图 5-93 “保存类型”列表

（3）打开“我的演示文稿”文件夹中，双击新生成的文件“我的相册.ppsx”，观看播放效果。

2. 将演示文稿保存为“GIF 可交换的图形格式”

（1）打开演示文稿“我的相册”，单击“文件”选项卡的“另存为”命令，在弹出“另存为”对话框中，选择保存类型为“GIF 可交换的图形格式”，文件名为“我的相册”。

（2）在弹出的 PowerPoint 提示信息对话框中，选择“所有幻灯片”，如图 5-94 所示。

（3）打开“我的演示文稿”文件夹，可以看到新建了“我的相册”文件夹，在文件夹中每张幻灯片以 GIF 图片格式保存，如图 5-95 所示。

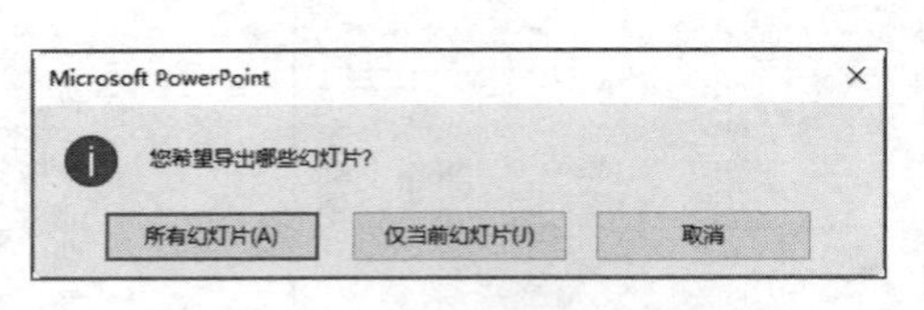

图 5-94 导出幻灯片信息对话框

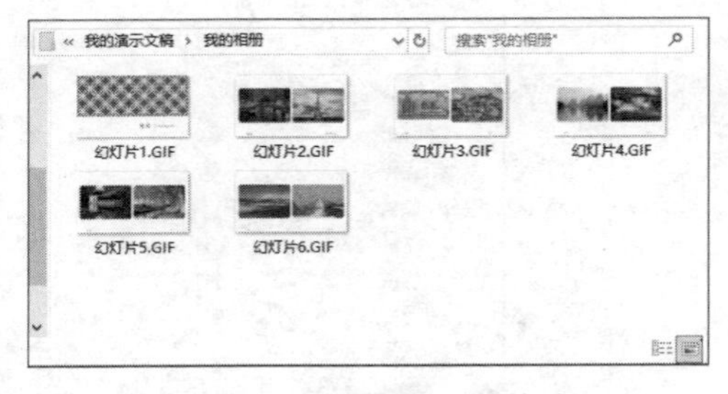

图 5-95 GIF 图片文件格式

3. 将演示文稿输出为 PDF 文档

（1）打开演示文稿“诗词欣赏”，单击“文件”选项卡，选择导出命令，在“导出”列表中，选择“创建 PDF/XPS 文档”，单击“创建 PDF/XPS 文档”按钮，如图 5-96 所示。

（2）在弹出的“发布为 PDF 或 XPS”对话框中，文件类型选择为默认的 PDF，选择保存路径为“E:\我的演示文稿”，文件名为“我的相册”，如图 5-97 所示。

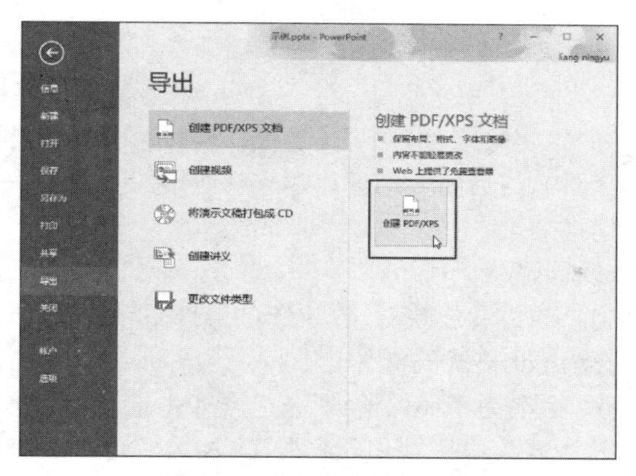

图 5-96　文件导出选择列表

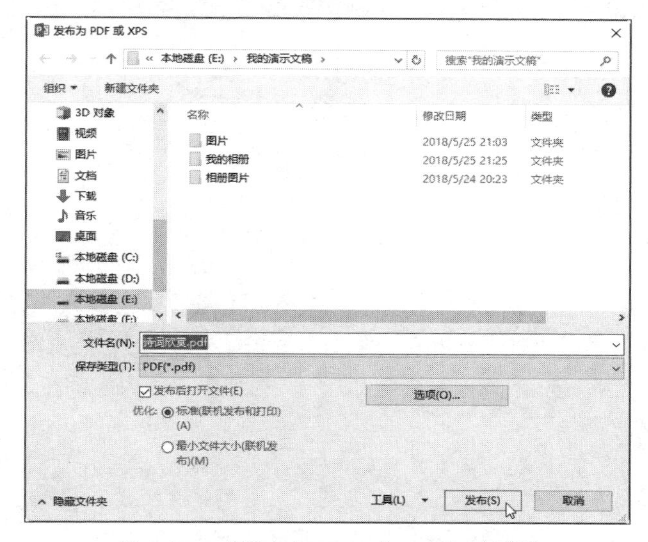

图 5-97　“发布为 PDF 或 XPS”对话框

（3）单击“发布”按钮，即可将演示文稿转换为 PDF 文档。转换完成后，该文档将用 PDF 阅读器自动打开。如图 5-98 所示。

图 5-98　导出为 PDF 文档的打开效果

四、实验练习

1. 打开在“实验 1”的“实验练习”中自己完成的演示文稿，进行如下设置：

（1）为目录页（第 2 页）与后面的幻灯片建立超链接。

（2）设置幻灯片的切换效果。

（3）设置幻灯片的动画效果。

（4）设置放映方式为“演讲者放映”，放映选项为“循环放映”。

（5）将演示文稿保存为.pdf 格式的文件。

2. 新建空白演示文稿，命名为“环保培训”，包含 4 张幻灯片，第 1 张幻灯片版式为“标题幻灯片”，2～4 张幻灯片版式为“标题和内容”，输入文字如图 5-99 所示。

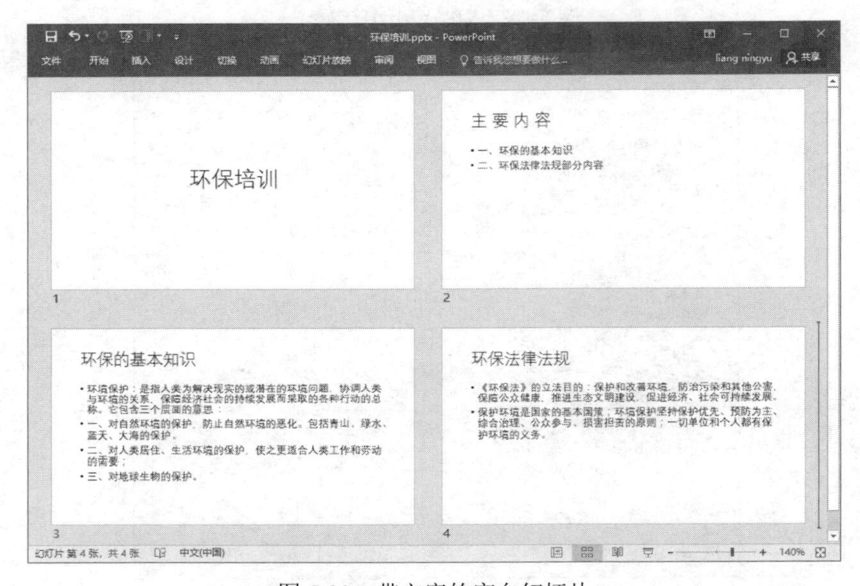

图 5-99 带文字的空白幻灯片

在“环保培训”演示文稿中完成下列操作：

（1）设置幻灯片主题为“环保”。

（2）设置第 1 张幻灯片中的标题文字的字体为“华文行楷”，字号“66”，颜色为“红色”。

（3）将第 2 张幻灯片中的文本区域，转换为“垂直项目符号列表”版式的 SmartArt 图形对象。

（4）在第 2 张幻灯片后面插入一张版式为“仅标题”的幻灯片，输入标题：环保图片。并插入“环保 1.jpg”“环保 2.jpg”“环保 3.jpg” 3 张图片。

设置左侧图片的样式为“柔化边缘椭圆”，右侧图片样式为“映像圆角矩形”，中间图片设置柔化边缘“25 磅”。

（5）将第 4 张幻灯片“环保的基本知识”的版式改为“两栏内容”，在右侧插入图片“环保 4.jpg”，图片大小缩放为 50%。

（6）为第 2 张幻灯片中的文字设置超链接，其中“一、环保的基本知识”指向第 4 张幻灯片，“二、环保法律法规部分内容”指向第 5 张幻灯片。

（7）在幻灯片母版的左上角插入图片 tree.gif，水平和垂直自左上角均为 0。

（8）为所有幻灯片添加页脚“环境保护很重要”，设置自动更新的日期和时间，格式为****年*月*日，标题页除外。

（9）设置所有幻灯片的切换效果为“风”。

（10）设置第 4 张幻灯片中图片的进入动画效果为“飞入”，方向“自右侧”。

（11）在第 1 张幻灯片中插入一个音频文件 huanbao.mp3 作为幻灯片的背景音乐，跨幻灯片播放，放映时隐藏图标。

（12）为第 1 张幻灯片添加备注“主讲人：沈大人”。

（13）在第 5 张幻灯片中插入动作按钮，超链接到“第一张幻灯片”。

（14）设置幻灯片的放映类型为“在展台浏览”。

（15）将编辑好的幻灯片以原文件名“环保培训”保存，并在当前文件夹下再另存一份为“环保培训.pdf”的文件。

幻灯片完成效果参考，如图 5-100 所示。

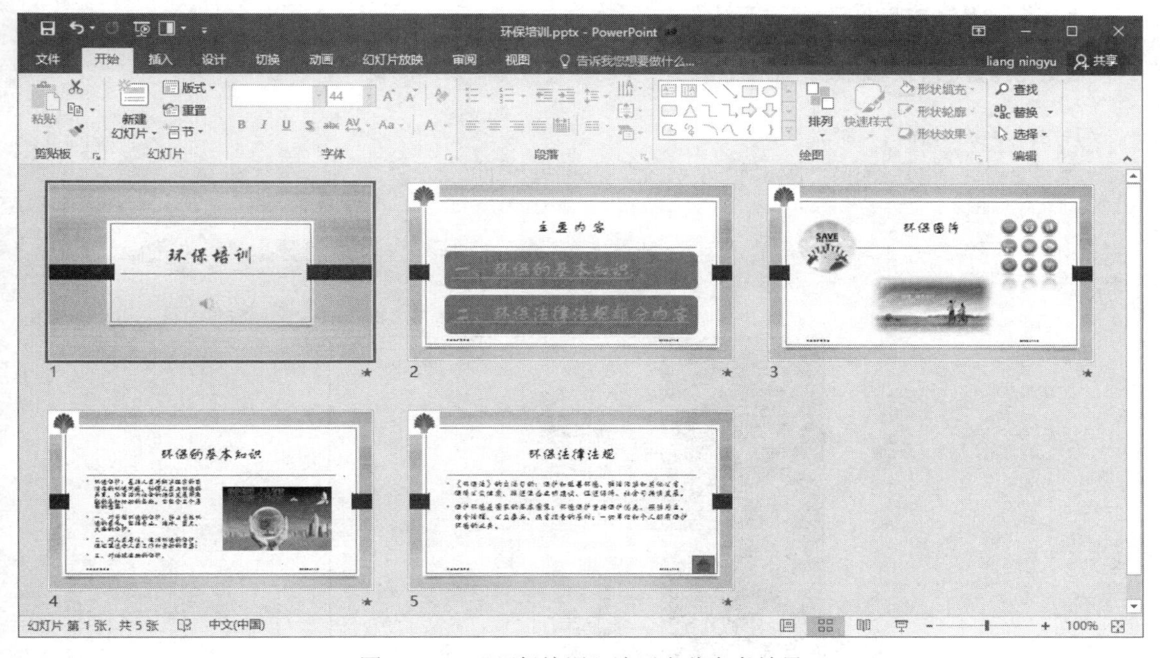

图 5-100　“环保培训”演示文稿参考效果

五、实验思考

1．如何修改幻灯片中各对象动画效果的播放顺序？

2．如何删除幻灯片的切换效果？如何删除幻灯片的动画效果？

3．如何录制并保存排练计时？

4．如何在另一台未安装 PowerPoint 软件的计算机上播放演示文稿？

第6章　关系数据库管理软件 Access 2016

实验1　数据库和表

一、实验目的

1．掌握数据库及表的创建方法。
2．掌握表结构的编辑方法。
3．掌握表记录的录入及编辑方法。
4．掌握表字段属性的设置方法。

二、实验内容及步骤

1．创建数据库

题目要求：建立空的“图书管理系统”数据库文件。

操作步骤：

（1）选择“文件”选项卡，单击“新建”菜单，单击“空白桌面数据库”按钮，如图6-1所示。

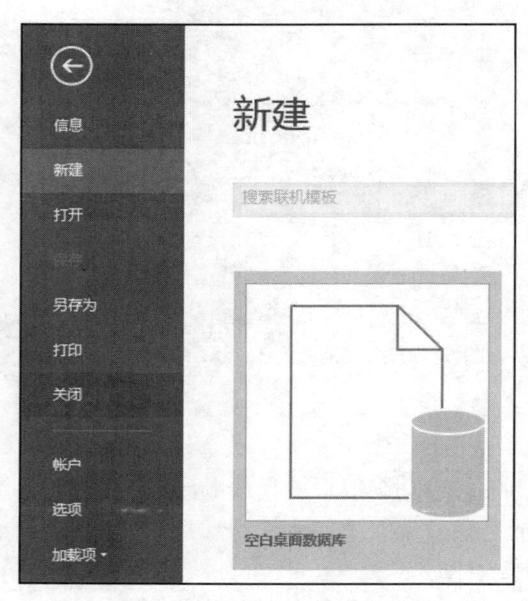

图6-1　创建“空白桌面数据库”

（2）在弹出的“空白桌面数据库”对话框中，输入数据库的名称“图书管理系统”，选择保存路径如图6-2所示，单击“创建”按钮，打开数据库窗口，如图6-3所示。

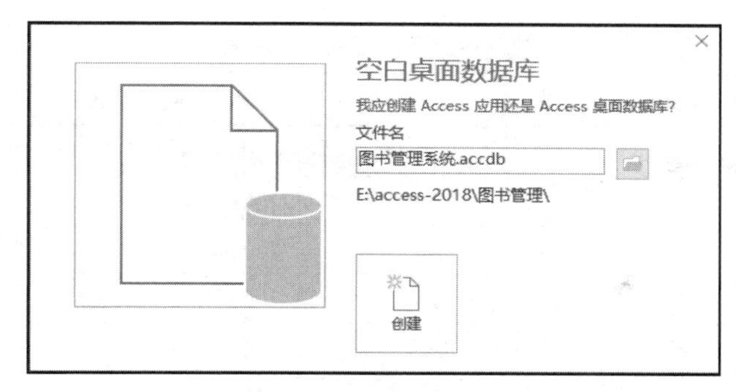

图 6-2　“空白桌面数据库”对话框

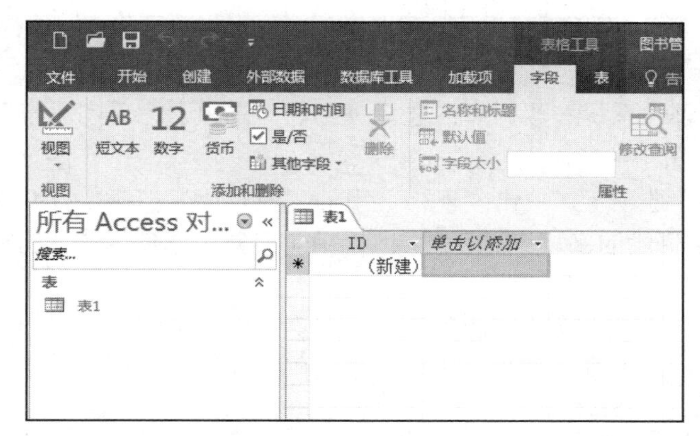

图 6-3　数据库窗口

此时的“图书管理系统”数据库中，不包含任何数据库对象，是空数据库。

（3）选择“文件”选项卡，单击“关闭”菜单，关闭“图书管理系统”数据库。

2. 创建表

（1）创建“图书表”。

题目要求：在“图书管理系统”数据库中创建“图书表”，表的结构如表 6-1 所示，表记录如表 6-2 所示。

表 6-1　“图书表”的结构

字段	字段名	类型	宽度	小数位	索引
1	书号	短文本	5		主索引
2	书名	短文本	20		
3	出版社	短文本	16		
4	书类	短文本	6		
5	作者	短文本	14		
6	出版日期	日期/时间型	8		
7	库存	数字	整型		
8	单价	数字	单精度型	2	
9	备注	长文本	最多 65536		

表 6-2 “图书表”的记录

书号	书名	出版社	书类	作者	出版日期	库存	单价	备注
s0001	傲慢与偏见	海南	小说	简·奥斯汀	2009-02-04	2300	23.5	已预定 300 册
s0002	安妮的日记	译林	传记	安妮	2008-05-08	1500	18.5	
s0003	悲惨世界	人民文学	小说	雨果	2007-08-09	1200	30.00	
s0004	都市消息	三联书店	百科	红丽	2007-10-12	1000	20.00	
s0005	黄金时代	花城	百科	崔晶	2009-05-25	800	15.00	
s0006	我的前半生	人民文学	传记	溥仪	1995-08-09	850	9.00	
s0007	茶花女	译林	小说	小仲马	1998-10-21	1300	35.00	

操作步骤：

1）打开“图书管理系统”数据库：选择“文件”选项卡，单击“打开”菜单，选择需打开的数据库，单击打开。

2）选择“创建”选项卡，单击“表格”组的“表设计”按钮，打开表设计视图，在表设计视图中依次输入各字段的字段名和字段类型，在“常规”选项卡中，选择相应字段的长度及索引，如图 6-4 所示。

3）创建主索引：选择“设计”选项卡，单击“索引”按钮，弹出“索引”对话框，如图 6-5 所示，在对话框中，设置“书号”字段为主索引，关闭“索引”对话框。

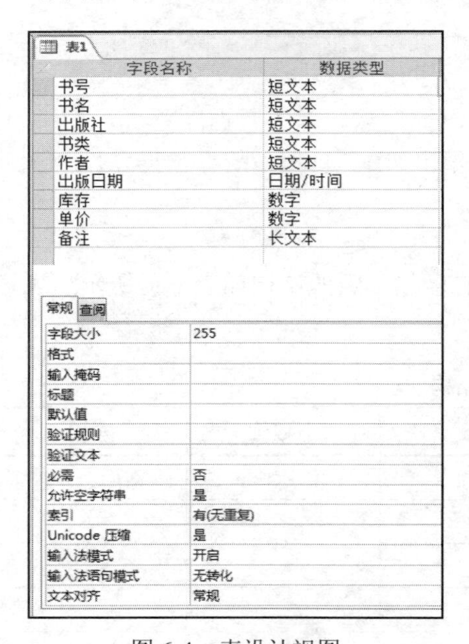

图 6-4 表设计视图

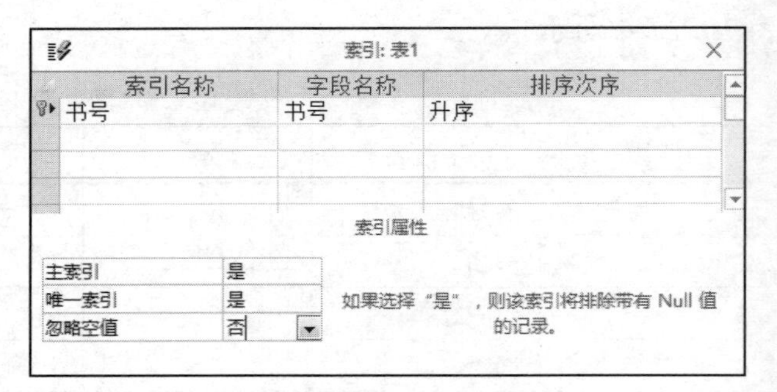

图 6-5 “索引”对话框

4）输入记录：选择“开始”选项卡，单击“视图”组中的“数据表视图”，从“设计视图”切换到“数据表”视图，在数据表视图中输入如表 6-2 所示的“图书表”的记录。

5）保存表：关闭表设计视图，在弹出的“另存为”对话框中，输入表文件名，如图 6-6 所示，单击“确定”按钮，保存表，“图书表”创建完成。

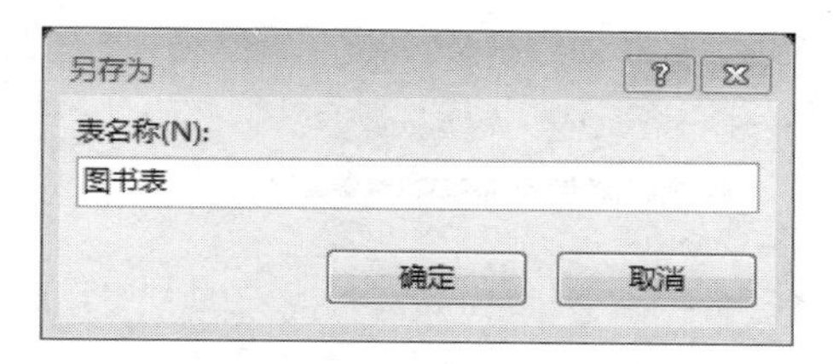

图 6-6　“另存为“对话框

（2）导入 Excel 表到数据库中。

题目要求：将图 6-7 所示的“顾客表”导入到“图书管理系统”数据库中。

	A	B	C	D
1	书号	顾客号	订购日期	册数
2	s0001	g0005	2008/12/5	800
3	s0002	g0002	2009/8/9	300
4	s0002	g0001	2008/12/10	800
5	s0003	g0003	2007/12/10	400
6	s0003	g0004	2007/9/10	400
7	s0004	g0001	2008/12/1	500
8	s0004	g0005	2009/8/9	300
9	s0006	g0006	2010/1/20	500
10	s0006	g0006	2010/2/20	200
11	s0007	g0004	1999/1/5	550
12	s0007	g0003	1999/5/20	300

图 6-7　顾客表

操作步骤：

1）创建如图 6-7 所示的 Excel 表文件“顾客表.xlsl”。

2）打开“图书管理系统”数据库。

3）选择“外部数据”选项卡，单击“导入并链接”组中的 Excel 按钮，打开“获取外部数据-Excel 电子表格”对话框，如图 6-8 所示，单击“浏览”按钮，选择要导入的 Excel 文件，选择“将数据导入当前数据库的新表中”选项，单击“确定”按钮，弹出“导入数据表向导”对话框，如图 6-9 所示。

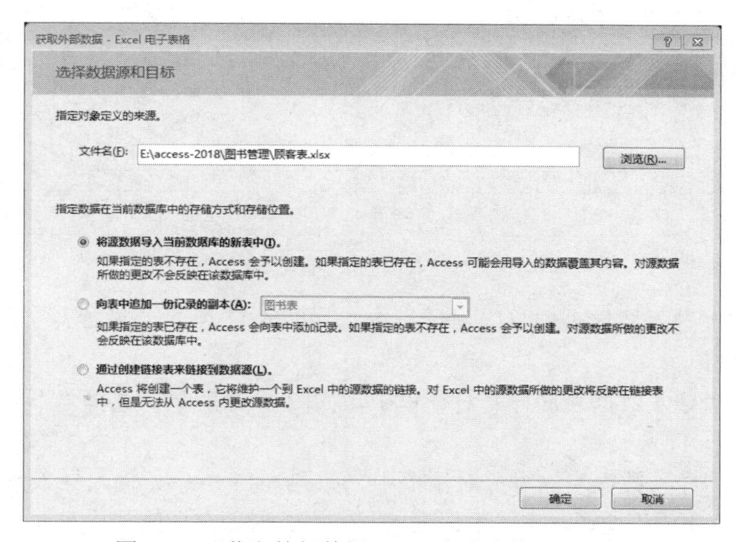

图 6-8　“获取外部数据-Excel 电子表格”对话框

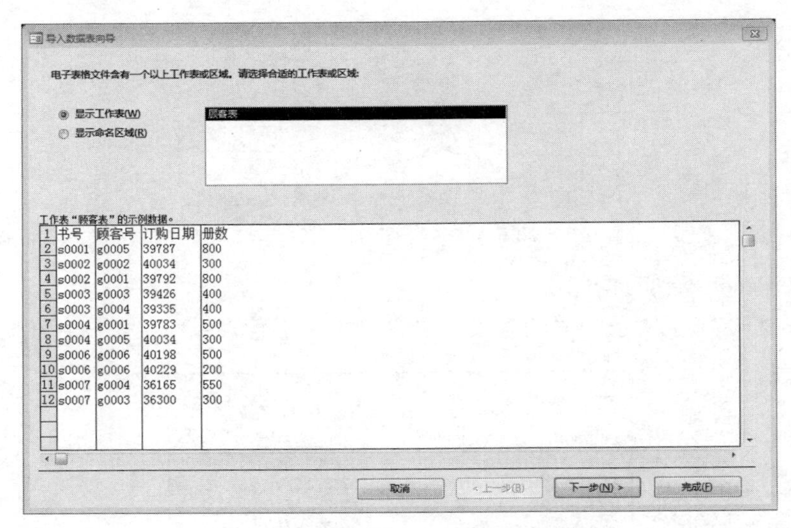

图 6-9 “导入数据表向导”对话框-1

4）在如图 6-9 所示的“导入数据表向导”对话框中，选择“显示”工作表选项，单击“下一步”按钮。

5）在弹出的“导入数据表向导”对话框中，如图 6-10 所示，勾选“第一行包含列标题”选项，单击“下一步”按钮。

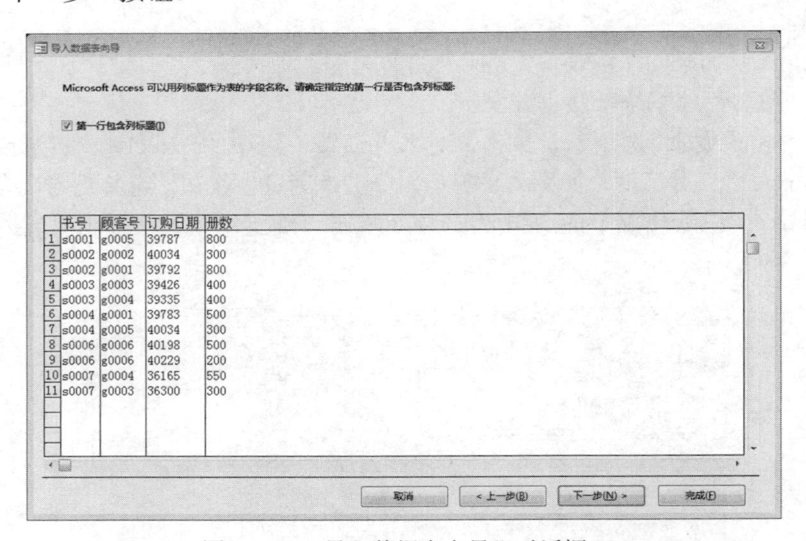

图 6-10 “导入数据表向导”对话框-2

6）在弹出的“导入数据表向导”对话框中，如图 6-11 所示，设置各字段的类型、索引，单击“下一步”按钮。

7）在弹出的“导入数据表向导”对话框中，如图 6-12 所示，选择“不要主键”选项，单击“下一步”按钮。

8）在弹出的“导入数据表向导”对话框中，如图 6-13 所示，输入导入到数据库中的表名“顾客表”，单击“完成”按钮，完成数据表的导入。此时，在导航栏中可见导入的数据表“顾客表”。

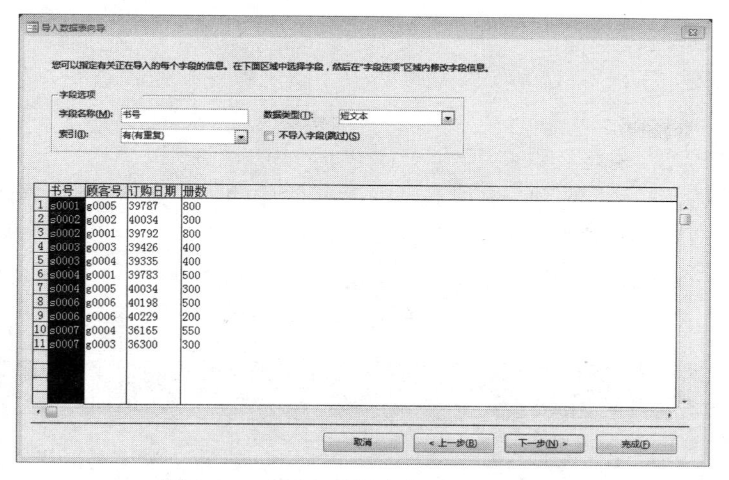

图 6-11　“导入数据表向导”对话框-3

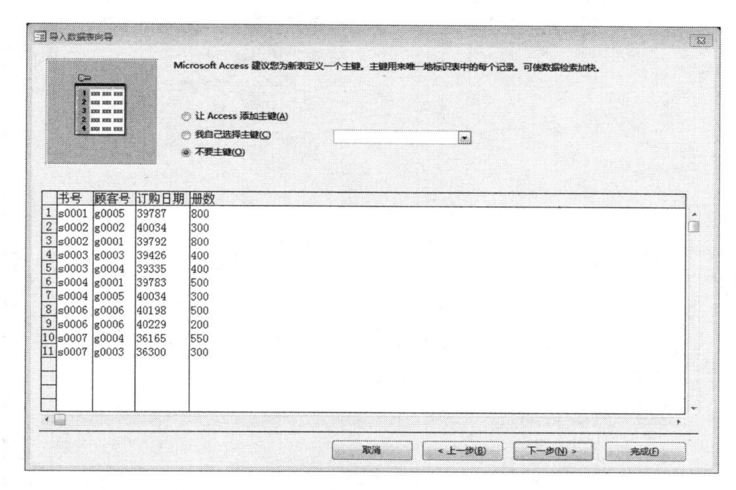

图 6-12　“导入数据表向导”对话框-4

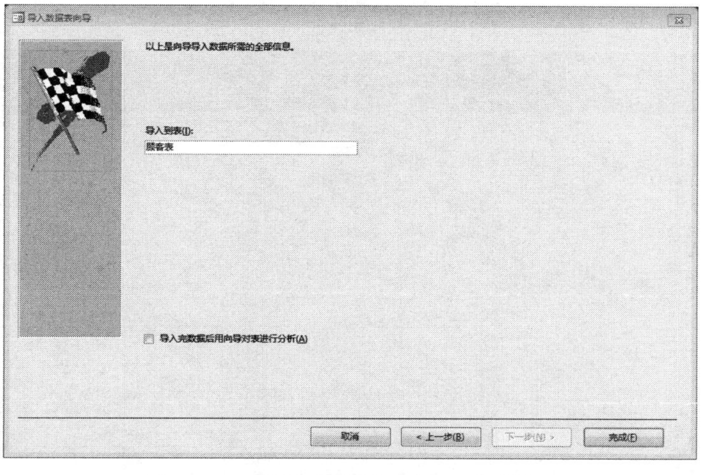

图 6-13　“导入数据表向导”对话框-5

（3）建立表的关联关系。

题目要求：创建“图书管理系统”数据库中“图书表”和顾客表的一对多关系。

操作步骤：

1）打开“图书管理系统”数据库。

2）选择“数据库工具”选项卡，单击“关系组”中的“关系”按钮，打开“关系”窗格，同时打开“显示表”对话框，如图6-14所示，在“显示表”对话框中选择“图书表”，单击“添加”按钮，将“图书表”添加到“关系”对话框中，同样的方法将“顾客表”添加到“关系”对话框，关闭“显示表”对话框，此时“关系”窗格如图6-15所示。

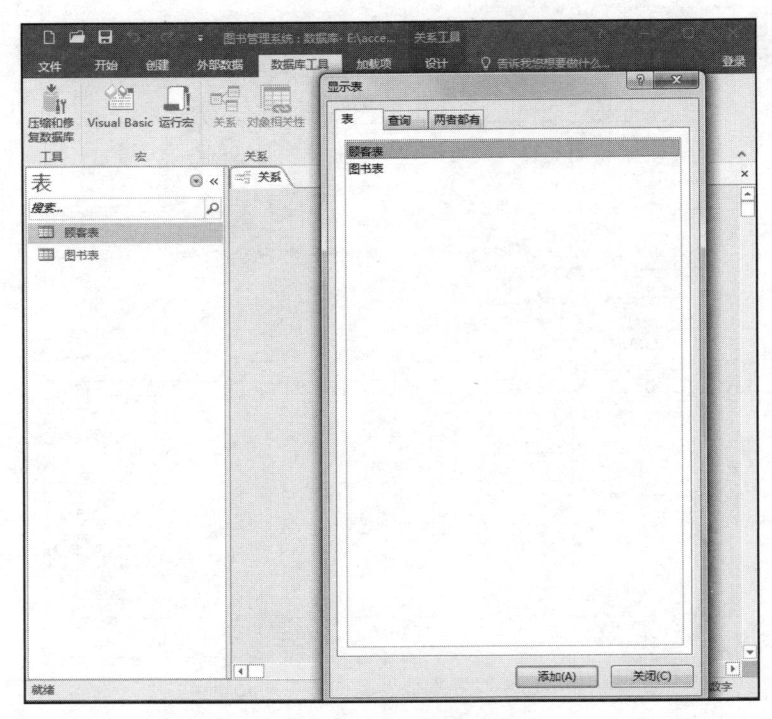

图6-14 “显示表”对话框

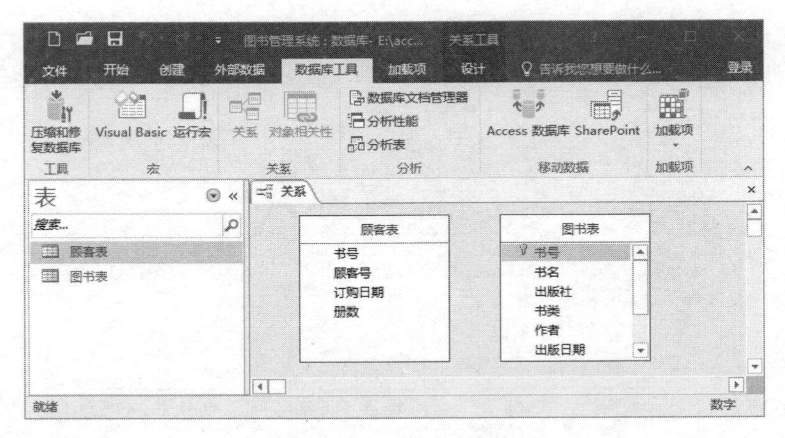

图6-15 “关系”窗格

3）鼠标拖动“图书表”的“书号”字段到“顾客表”的“书号”字段，弹出如图 6-16 所示的“编辑关系”对话框，单击“创建”按钮，完成“图书表”和“顾客表”一对多关系的创建，如图 6-17 所示。

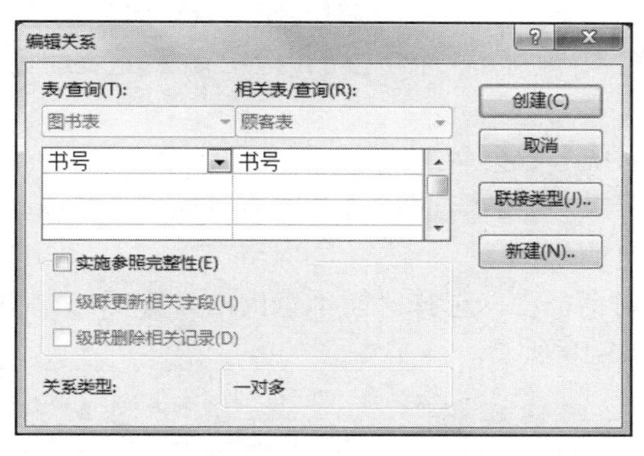

图 6-16　“编辑关系”对话框

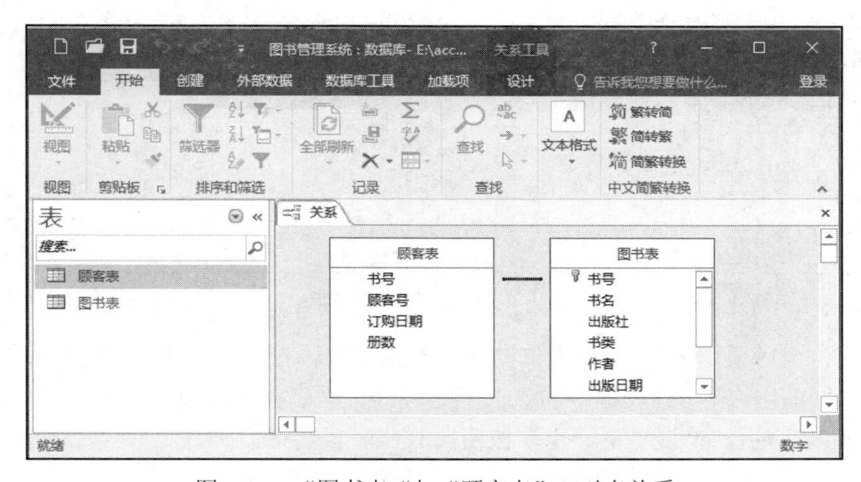

图 6-17　“图书表“与“顾客表”一对多关系

4）关闭“关系”对话框，保存关系到数据库。

注意：在创建表间关系时，应先建立索引，“图书表”的“书号”字段设置为主索引，“顾客表”的书号字段设置为普通索引。

实验 2　查询

一、实验目的

1．掌握查询向导的使用方法。
2．掌握查询设计视图的使用方法。
3．掌握参数查询的创建方法。
4．掌握多表查询的使用方法。

二、实验内容及步骤

（1）利用查询向导创建查询。

题目要求：在“图书管理系统”数据库中，使用查询向导创建一个选择查询，查找“图书表”中的“书号”“书名”“库存”3个字段的内容，并将查询命名为“库存情况”。

操作步骤：

1）打开“图书管理系统”数据库。

2）选择“创建”选项卡，单击“查询”组中“查询向导”按钮，启动查询向导，弹出“新建查询”对话框，如图6-18所示。

3）在“新建查询”对话框中，选择“简单查询向导”，单击“确定”按钮，弹出“简单查询向导”对话框，如图6-19所示。

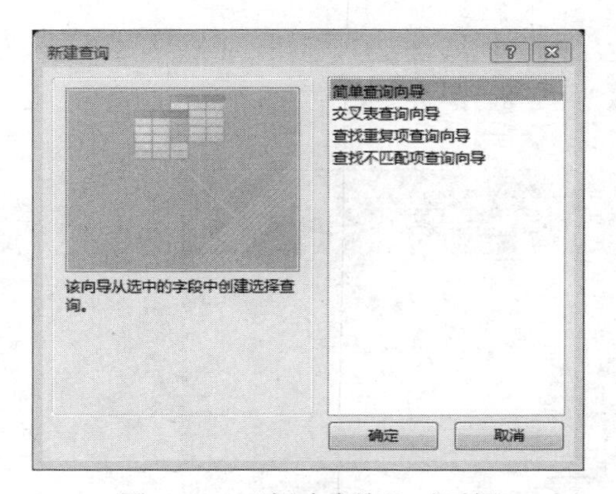

图6-18 “新建查询”对话框

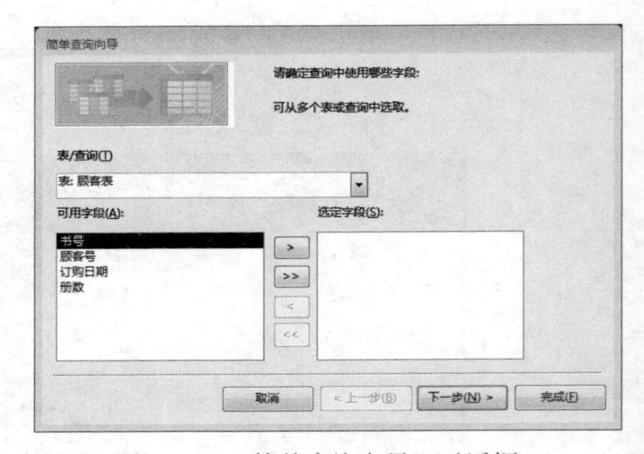

图6-19 “简单查询向导”对话框-1

4）在如图6-19所示的“简单查询向导”对话框中，在“表/查询”下拉列表中选择“图书表”，选择“可用字段”列表框中的“书号”“书名”“库存”字段，移到“选定字段”列表框中，如图6-20所示，单击“下一步”按钮。

5）在如图6-21所示的“简单查询向导”对话框中，选择“明细”选项，单击“下一步”按钮。

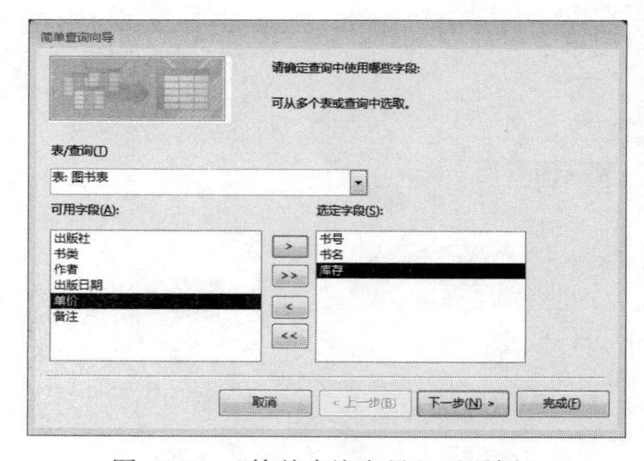

图6-20 “简单查询向导”对话框-2

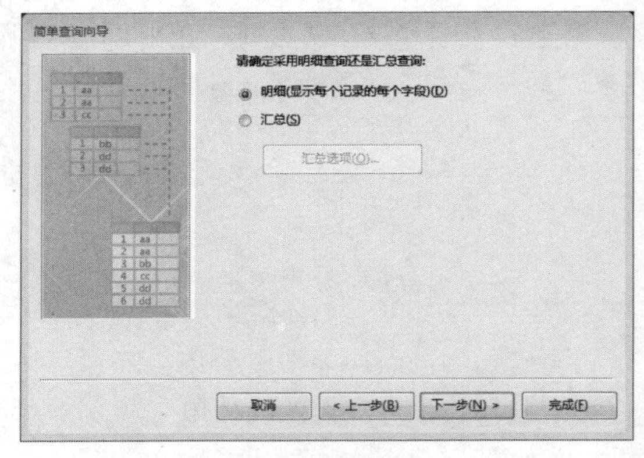

图6-21 “简单查询向导”对话框-3

6）在如图 6-22 所示的“简单查询向导”对话框中，在“请为查询指定标题”文本框中，输入“库存情况”，单击“下一步”按钮，保存并打开查询，查询的结果如图 6-23 所示。

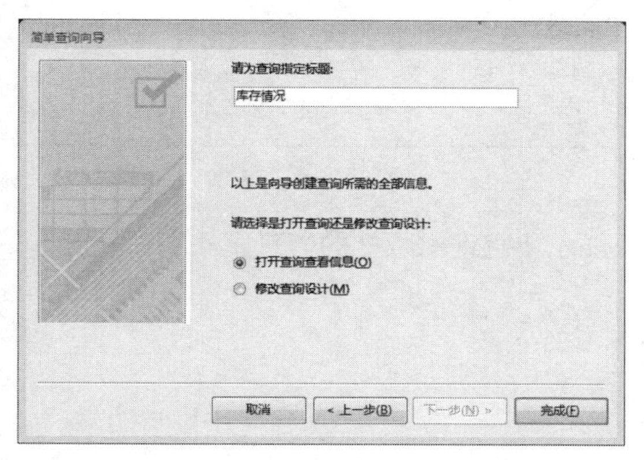

图 6-22　“简单查询向导”对话框-4

库存情况

书号	书名	库存
s001	傲慢与偏见	2300
s002	安妮的日记	1500
s003	悲惨世界	1200
s004	都市消息	1000
s005	黄金时代	800
s006	我的前半生	850
s007	茶花女	1300
*		0

图 6-23　查询结果

（2）利用“查询设计”创建“参数查询”。

题目要求：以“图书管理系统”数据库中的“图书表”为数据源，创建参数查询，根据输入的出版社名称，查询出版社图书信息，查询结果显示“书名”“作者”“出版日期”“出版社”。

操作步骤：

1）打开“图书管理系统”数据库。

2）选择“创建”选项卡，单击“查询”组中的“查询设计”按钮，在弹出的“显示表”对话框中，选择“图书表”添加到“查询”设计视图中。

3）在字段列表区，选择“书名”“作者”“出版日期”“出版社”字段，在“出版社”对应的条件中，输入“[请输入出版社名称：]”，如图 6-24 所示。

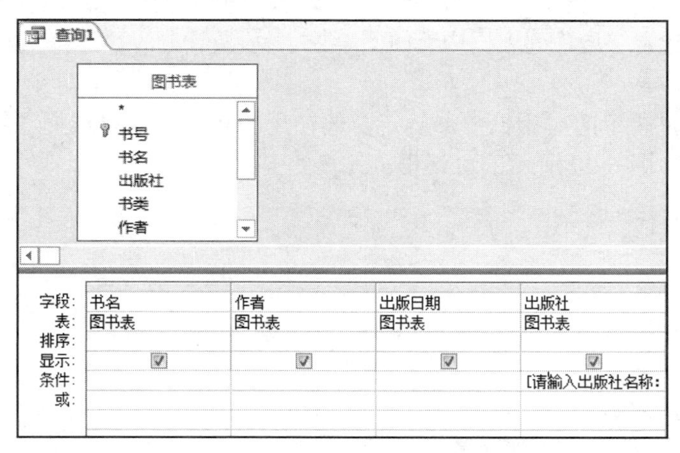

图 6-24　“查询”设计视图

4）关闭“查询”设计视图，命名“出版社查询”保存该查询。双击导航窗格中的“出版社查询”对象，弹出“输入参数值”对话框，输入出版社的名称“译林”，如图 6-25 所示，单击“确定”按钮，查询结果如图 6-26 所示。

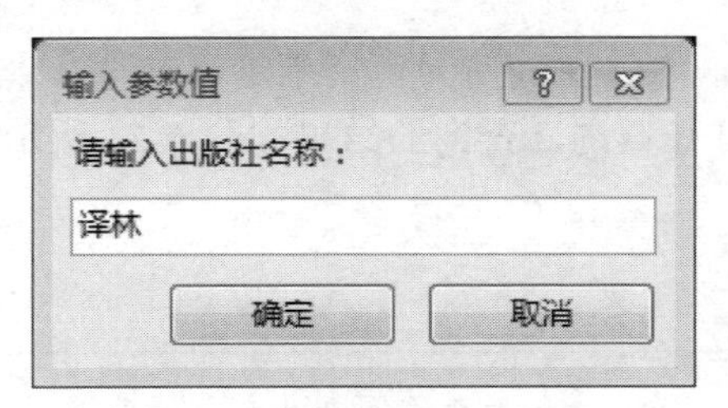

图 6-25 “输入参数值”对话框

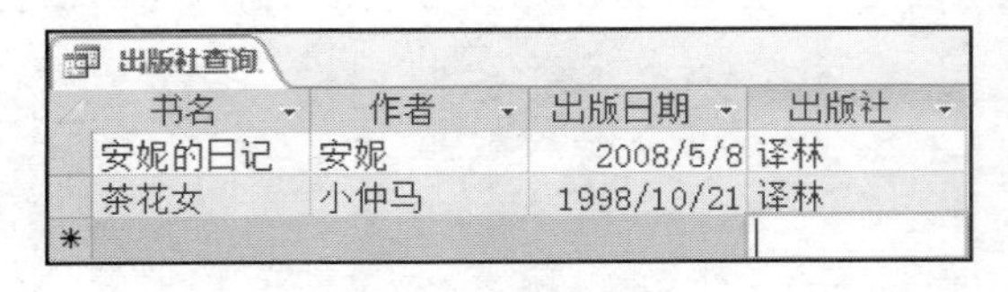
出版社查询

书名	作者	出版日期	出版社
安妮的日记	安妮	2008/5/8	译林
茶花女	小仲马	1998/10/21	译林

图 6-26 查询结果

对比查询结果和数据源，可见查询结果中只显示所查询出版社的信息。

实验 3 窗体

一、实验目的

1．掌握窗体向导的使用方法。

2．掌握利用窗体控件创建窗体的方法。

二、实验内容及步骤

（1）利用窗体向导创建窗体。

题目要求：在“图书管理系统”数据库中，利用窗体向导，创建基于“顾客表”的“顾客信息”窗体。

操作步骤：

1）打开“图书管理系统”数据库。

2）选择”创建”选项卡，单击“窗体”组的“窗体向导”按钮，启动“窗体向导”对话框，如图 6-26 所示，在“表/查询”下拉列表中选择“顾客表”，将“可用字段”列表框中的全部字段添加到“选定字段”列表框中，如图 6-27 所示，单击“下一步”按钮，弹出如图 6-28 所示的对话框。

3）在如图 6-28 所示的对话框中，确定窗体使用的布局，这里选择“纵览表”，单击“下一步”按钮，弹出如图 6-29 所示的对话框。

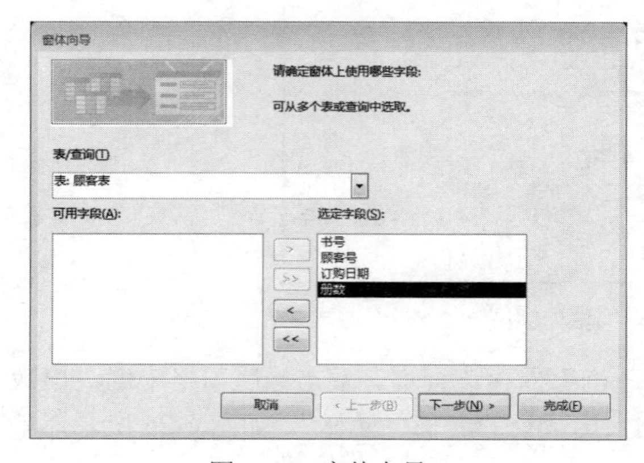

图 6-27 窗体向导 1

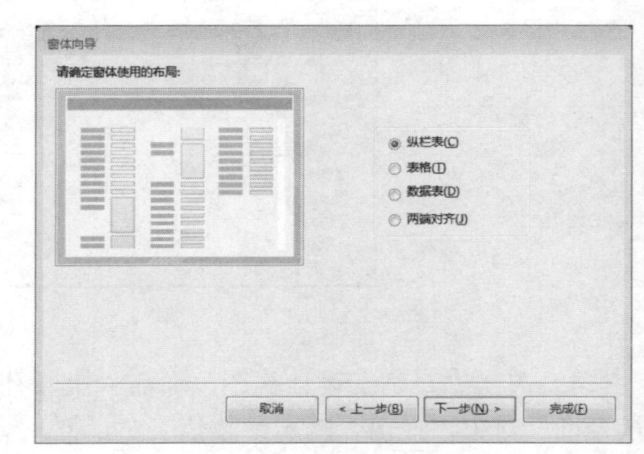

图 6-28 窗体向导 2

4）在如图 6-29 所示的对话框中，为窗体指定标题“顾客信息”，单击“完成”按钮，设计的窗体如图 6-30 所示。

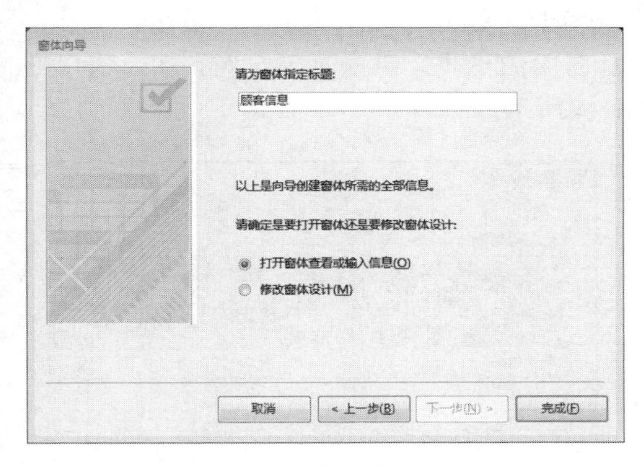

图 6-29 窗体向导 3

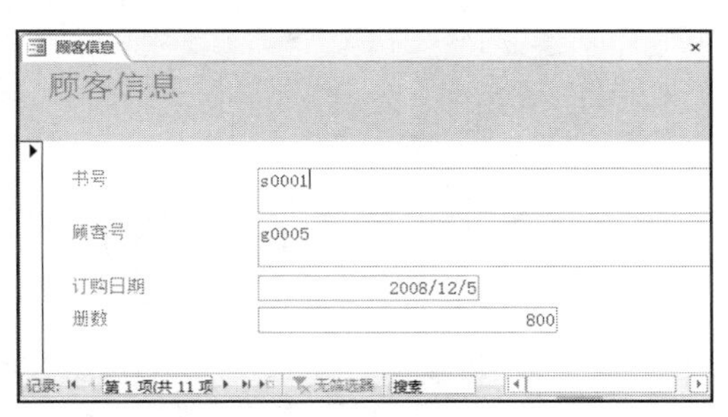

图 6-30 “顾客信息”窗体

以“顾客信息”命名并保存窗体。

（2）窗体控件的使用。

题目要求：在“图书管理系统”数据库中，利用窗体控件，修改基于“顾客表”的“顾客信息”窗体。

操作步骤：

1）打开“图书管理系统”数据库。

2）选择导航窗格的窗体，双击“顾客信息”窗体，打开“顾客信息”窗体。

3）单击状态栏右下角的“设计视图”按钮，将窗体视图切换到“设计视图”，如图 6-31 所示。

4）修改窗体控件的属性：单击窗体页眉节中的“顾客表”标签，选择“设计”选项卡，单击“属性”按钮，打开“属性表”对话框，在“属性表”对话框中，修改“顾客表”标签的相应属性，如图 6-32 所示，这里修改了前景色、字体、字体粗细、背景色属性。

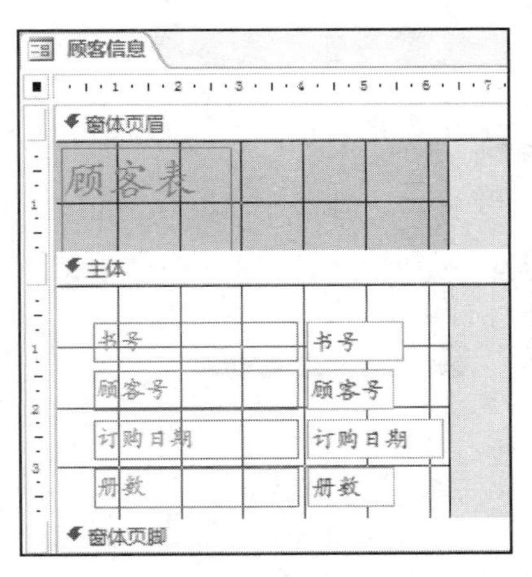

图 6-31 “顾客信息”窗体的设计视图

图 6-32 “属性表”对话框

同样的方法，可选择“主体”节中的相应控件，根据自己的设计要求，修改其相应的属性。也可以根据设计要求，改变控件的位置，使窗体的视觉效果更佳。

5）为窗体设置日期和时间：选择“设计”选项卡，单击“日期和时间”按钮，打开“日期和时间”对话框，如图 6-33 所示，选择日期和时间的格式，单击“确定”按钮，将日期时间插入到窗体的页眉节。窗体的设计效果如图 6-34 所示。

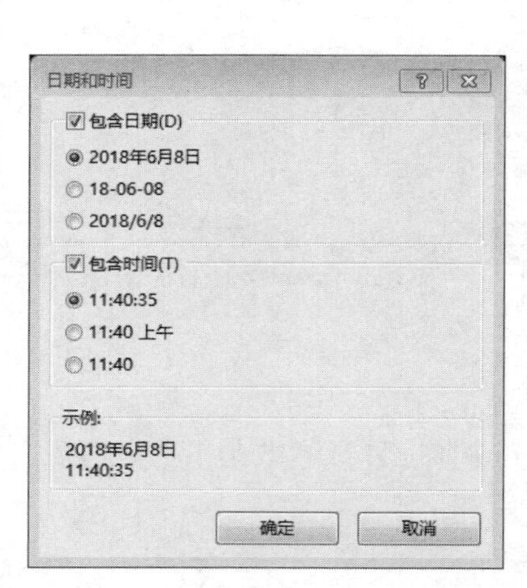

图 6-33 “日期和时间”对话框

图 6-34 窗体的设计效果

6）添加命令按钮：在“窗体页脚”节的适当位置添加“添加记录”“保存记录”“退出”命令按钮。

选择“设计”选项卡，单击“控件”组中的“按钮”控件，移动鼠标到“窗体页脚”区，此时鼠标成十字光标型，拖放鼠标，命令按钮添加到窗体，同时弹出“命令按钮向导”对话框，如图 6-35 所示，在对话框中选择命令按钮执行的操作，这里“类别”选择“记录操作”，“操作”选择“添加新记录”，单击“下一步”按钮，弹出“命令按钮向导”对话框，如图 6-36 所示。

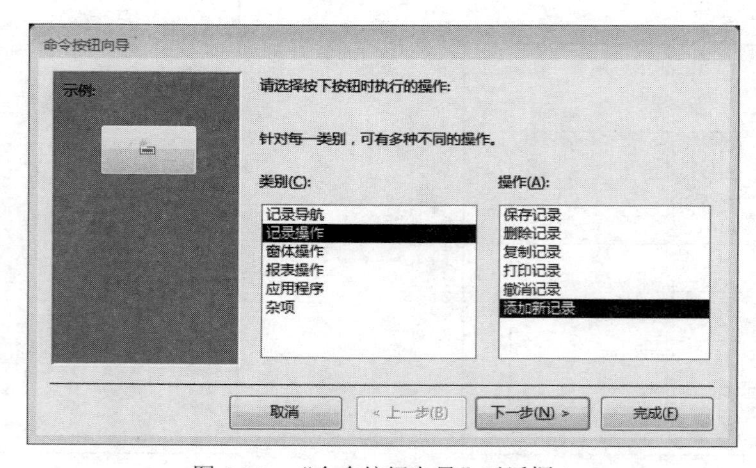

图 6-35 “命令按钮向导”对话框 1

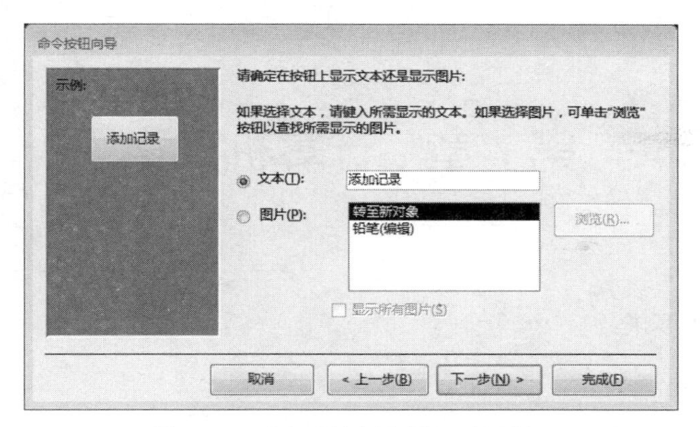

图 6-36　“命令按钮向导”对话框 2

在“命令按钮向导”对话框 2 中，确定使用图片按钮还是文字按钮，这里选择文字按钮，单击“下一步”按钮，弹出“命令按钮向导”对话框 3，如图 6-37 所示。

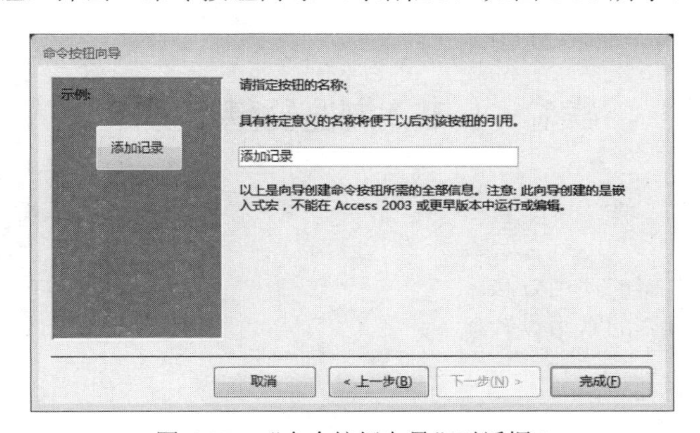

图 6-37　“命令按钮向导”对话框 3

在图 6-37 所示的对话框中，指定按钮的名称“添加记录”，单击“完成”按钮，完成“添加记录”按钮的添加。

用同样的方法添加“保存记录”“退出”命令按钮。切换到“窗体”视图，设计完成的表单如图 6-38 所示。

图 6-38　设计完成的窗体

第 7 章　计算机网络

本章实验的基本要求：

- 学会使用浏览器。
- 能够收发电子邮件。
- 学会使用搜索引擎。
- 学会下载常用软件。
- 利用网络自学。

实验 1　360 浏览器基本操作

一、实验目的

1．掌握 360 浏览器的使用方法。
2．掌握 360 浏览器的常用设置。

二、实验准备

（1）WWW 的概念。WWW 是 World Wide Web 的缩写，可译成“全球信息网”或“万维网”，有时简称 Web。WWW 是由无数的网页组合在一起的，是 Internet 上的一种基于超文本的信息检索和浏览方式，是目前 Internet 用户使用最多的信息查询服务系统。

（2）浏览器（Browser）。在互联网上浏览网页内容离不开浏览器。浏览器实际上是一个软件程序，用于与 WWW 建立连接，并与之进行通信。它可以在 WWW 系统中根据链接确定信息资源的位置，并将用户感兴趣的信息资源显示出来，对 HTML 文件进行解释，然后将文字、图像或者多媒体信息还原出来。

360 安全浏览器是 360 安全中心推出的一款基于 IE 内核的浏览器，是世界之窗开发者凤凰工作室和 360 安全中心合作的产品。和 360 安全卫士、360 杀毒等软件等产品一同成为 360 安全中心的系列产品。360 安全浏览器拥有全国最大的恶意网址库，采用恶意网址拦截技术，可自动拦截挂马、欺诈、网银仿冒等恶意网址。独创沙箱技术，在隔离模式即使访问木马也不会感染。360 安全浏览器体积小巧、速度快、极少崩溃，并拥有翻译、截图、鼠标手势、广告过滤等几十种实用功能，已成为广大网民上网的优先选择。

（3）电脑及互联网。

三、实验内容及步骤

1. 用 360 安全浏览器浏览 Web 网页

实验过程与内容：

（1）双击桌面上的 360 安全浏览器的图标，或单击“开始”按钮，在“开始”菜单中选择“360 安全浏览器”命令，即可打开“360 安全浏览器”窗口。如图 7-1 所示。

图 7-1　“360 安全浏览器”窗口

（2）在地址栏中输入要浏览的 Web 站点的 URL（统一资源定位符）地址，可以打开其对应的 Web 主页。

操作提示：

URL 地址是 Internet 上 Web 服务程序中提供访问的各类资源的地址，是 Web 浏览器寻找特定网页的必要条件。每个 Web 站点都有唯一的一个 Internet 地址，简称为网址，其格式都应符合 URL 格式的约定。

（3）在打开的 Web 网页中，常常会有一些文字、图片、标题等，将鼠标放到其上面，鼠标指针会变成“☝”形，这表明此处是一个超链接。单击该超链接，即可进入其所指向的新的 Web 页。

（4）在浏览 Web 页中，若用户想回到上一个浏览过的 Web 页，可单击工具栏上的“后退”按钮←；若想转到下一个浏览过的 Web 页，可单击“前进”按钮→。

2. 使用“收藏夹”快速打开站点

操作提示：

若用户想快速打开某个 Web 站点，可单击地址栏右侧的下拉按钮，在下拉列表中选择该 Web 站点地址即可，或者使用“收藏夹”来完成。

实验过程与内容：

（1）单击工具栏上的“收藏”→“添加到收藏夹”命令，如图 7-2 所示。在弹出的如图

7-3 所示的“添加到收藏夹”对话框。

图 7-2 “收藏”菜单

图 7-3 “添加到收藏夹”对话框

（2）在“网页标题”文本框中输入标题，单击“确定”按钮，将该 Web 站点地址添加到收藏夹中。

（3）当一个新站点添加成功后，工具栏上的“收藏夹”按钮 收藏 旁边的列表中就会增加该站点的名字，方便用户快速使用。如图 7-4 所示。单击“收藏夹”菜单，在其下拉菜单中选择该 Web 站点地址即可快速打开该 Web 网页。如图 7-5 所示。

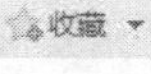

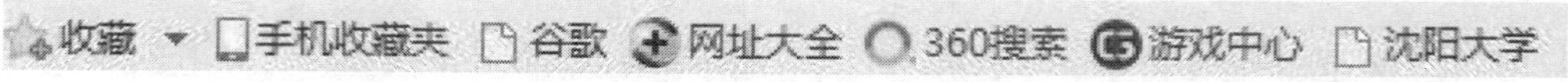

收藏 ▾ 手机收藏夹 谷歌 网址大全 360搜索 游戏中心 沈阳大学

图 7-4 工具栏上的“收藏”列表

操作提示：

直接按 Ctrl+D 快捷键，可快速将当前 Web 网页保存到收藏夹中。

3．用 360 安全浏览器查看历史记录

实验过程与内容：

想看浏览过的站点，可以在菜单栏找到“工具”菜单，单击第一项“历史”即可。如图 7-6 所示。

图 7-5　“收藏”菜单

图 7-6　“工具”菜单下的“历史”选项

单击“历史”选项，会打开“历史记录”窗口，用户可以很方便地查看曾经浏览过的网页。如图 7-7 所示。

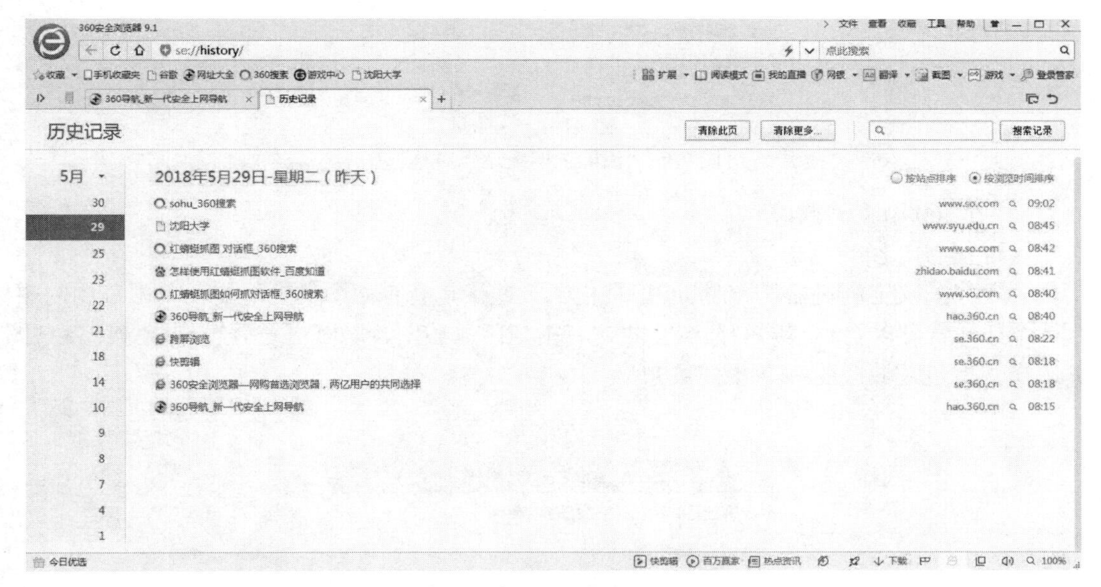

图 7-7　“历史记录”窗口

4．利用 360 浏览器清除上网痕迹

实验过程与内容：

想清除上网痕迹，可以在菜单栏找到“工具”菜单，单击“清除上网痕迹”选项。如图 7-8 所示。

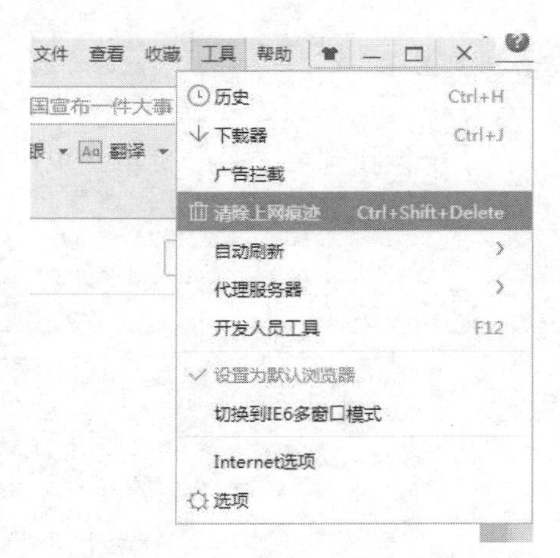

图 7-8 “工具”菜单下的“清除上网痕迹”选项

在弹出的“清除上网痕迹”对话框中勾选想清除的项目完成设置即可。如图 7-9 所示。

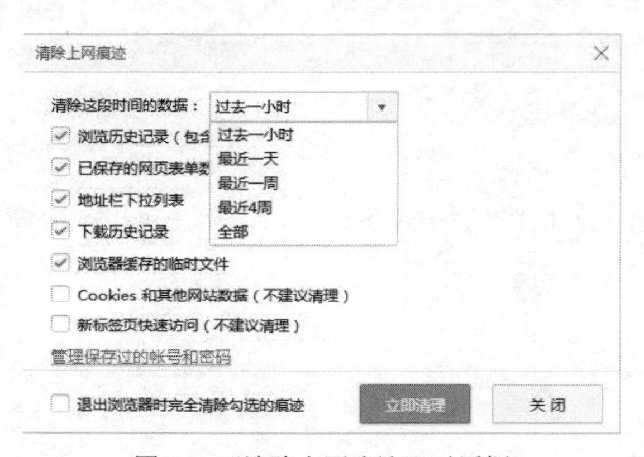

图 7-9 “清除上网痕迹”对话框

5. 利用 360 浏览器截图

实验过程与内容：

打开“360 安全浏览器”，在扩展工具栏中，默认是会有截图的功能的，单击截图的图标 截图，打开就可以看到不同的截图方式，有指定区域截图、隐藏浏览器窗口指定区域截图。这里选择“指定区域截图”。如图 7-10 所示。

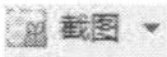

图 7-10 “截图”菜单

单击“指定区域截图”后，截图工具会划定一个区域让用户截图。用户可以在这区域里随便截图。如图 7-11 所示。

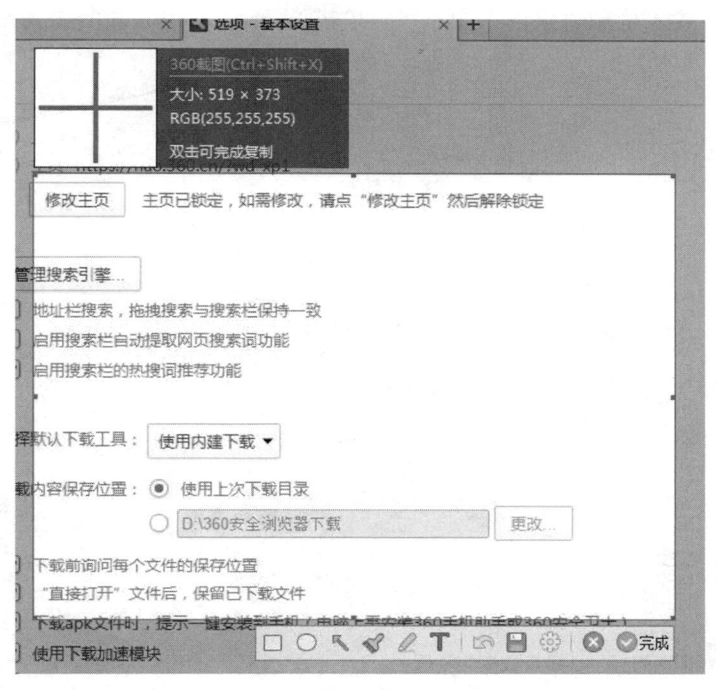

图 7-11　截图工具操作示意

除了单击扩展栏打开“截图”工具，还可以通过快捷键来打开，默认打开截图的快捷键是 Ctrl+Shift+X，如果用户觉得这个快捷键不好，可以在“截图”菜单栏中选择“设置”。如图 7-12 所示。

打开“设置”对话框之后，可以看到快捷键的设置界面，用户可以自行修改截图的快捷键了。如图 7-13 所示。

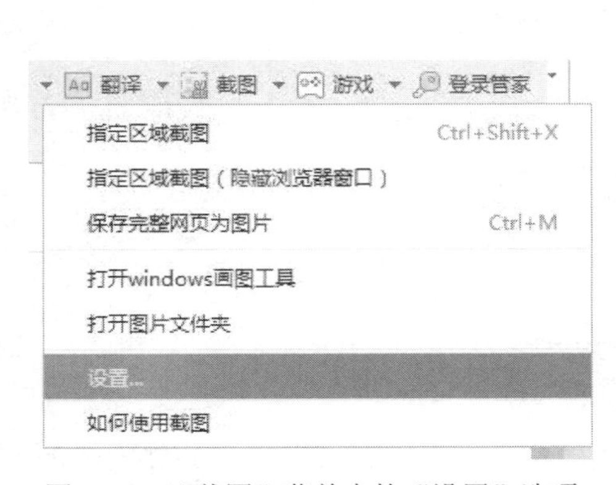

图 7-12　“截图”菜单中的“设置”选项

图 7-13　“设置”对话框

6. 修改360浏览器主页

打开浏览器，单击右上角“工具”菜单，选择“选项”，如图7-14所示。在弹出的窗口中单击“修改主页”，输入你想设置的主页网址，单击“确定”按钮，重启浏览器即可。如图7-15所示。

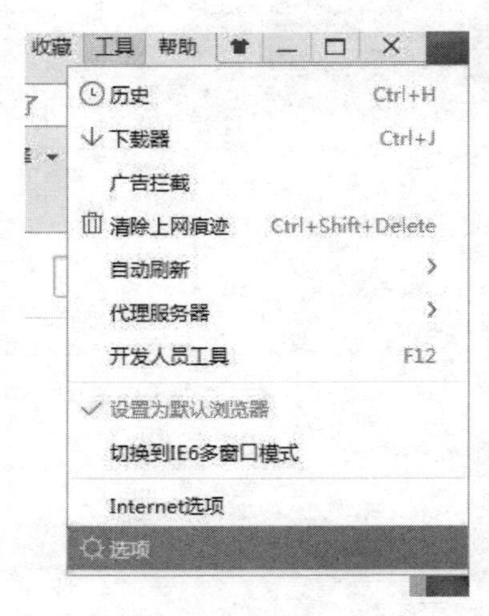

图7-14 “工具”菜单项“选项”项

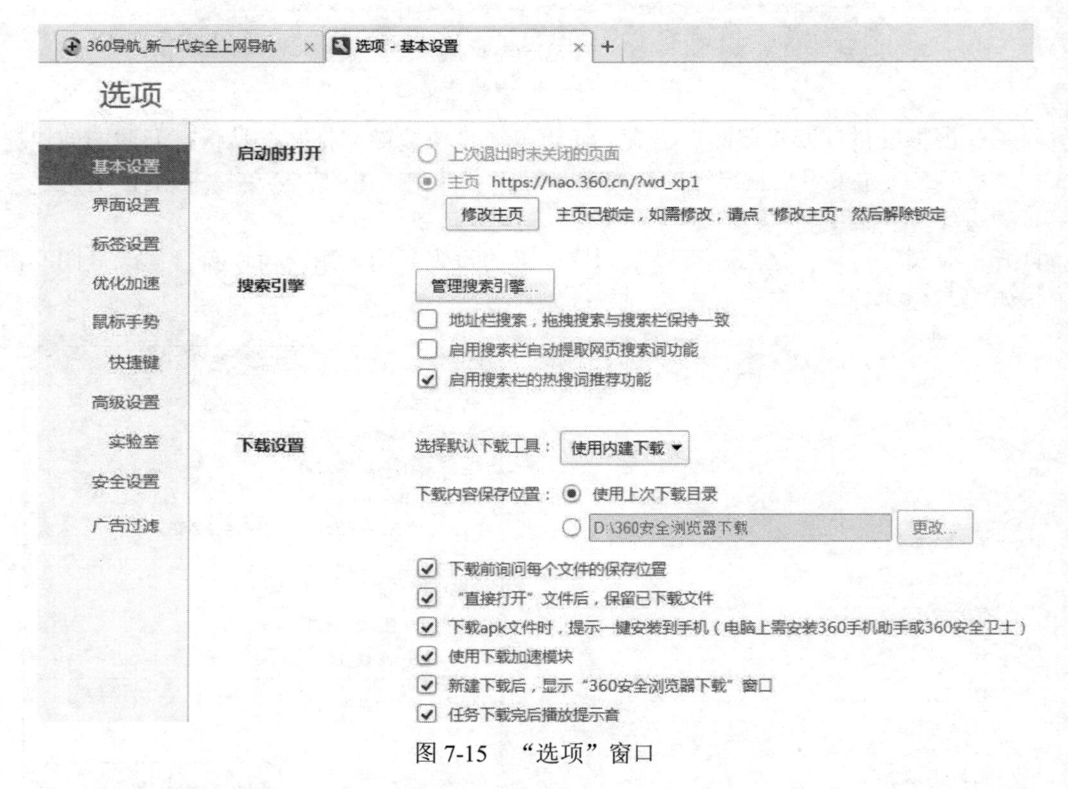

图7-15 “选项”窗口

如果还没有改过来的话，可能是360安全卫士锁定了主页，解锁即可，解锁方法如下：单击“修改主页”按钮，会弹出“浏览器防护设置”对话框，如图7-16所示。

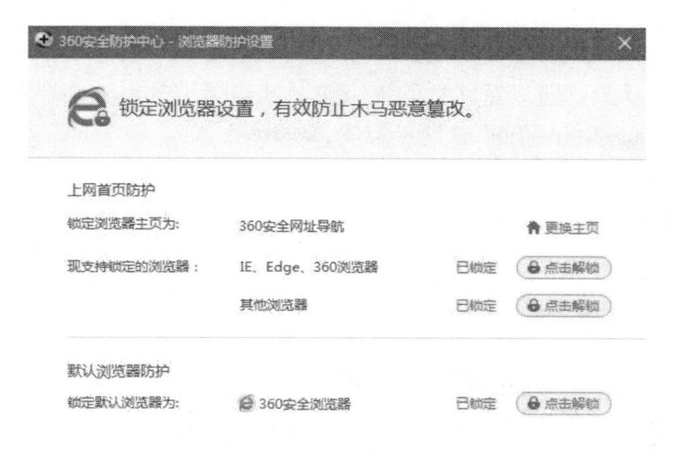

图 7-16　“浏览器防护设置”对话框

单击相应的“单击解锁”按钮，解锁锁定，并输入新的主页，如图 7-17 所示。

图 7-17　设置浏览器新的主页

同时，还可以设置默认的浏览器是哪一个。如图 7-18 所示。

图 7-18　默认浏览器的选择

7. 360 浏览器常用快捷键

对于经常使用 360 浏览器浏览网页的人来说熟知快捷键是很有必要的。

- Ctrl+Tab、Ctrl+Shift+Tab　切换标签
- Ctrl+K　复制标签
- Ctrl+W、Ctrl+F4　关闭当前标签
- Ctrl+Shift+W　关闭所有标签
- Esc　停止当前页面
- Ctrl+F5　强制刷新当前页面
- Ctrl+Shift+M　浏览器静音
- Ctrl+A　全部选中当前页面内容（Ctrl+5 也有同样的效果）
- Ctrl+B　显示/隐藏收藏栏
- Ctrl+C　复制当前选中内容
- Ctrl+D　添加收藏
- Ctrl+E　撤销（亦称 360 安全浏览器中的“后悔药”!）
- Ctrl+F　查找
- Ctrl+N　新建窗口
- Ctrl+O　打开文件
- Ctrl+P　打印
- Ctrl+Q　默认为老板键（隐藏浏览器）
- Ctrl+R　搜索选定的关键字
- Ctrl+S　保存网页
- Ctrl+T　打开一个空白页标签
- Ctrl+Shift+S　显示/隐藏侧边栏
- Ctrl+M　另存为
- Ctrl+V　粘贴
- Ctrl+X　剪切
- Ctrl+小键盘“+”　当前页面放大 5%
- Ctrl+小键盘“-”　当前页面缩小 5%
- Ctrl+Alt+F　禁用/开启 Flash
- Ctrl+Shift+W　关闭所有标签
- Ctrl+单击页面链接　在新标签访问链接
- Ctrl+向上滚动鼠标滚轮　放大页面
- Ctrl+向下滚动鼠标滚轮　缩小页面
- Ctrl+Alt+滚动鼠标滚轮　恢复页面到 100%
- Ctrl+Alt+单击页面元素　保存页面元素
- Ctrl+Alt+Shift+单击页面元素　显示元素地址

注意：F1～F12 会因为设置了“热键网址”而失效！

- F2　使标签向左移动

- F3　使标签向右移动
- F4　关闭当前标签
- F5　刷新当前网页
- F6　显示输入过的网址历史
- F11　让 360 安全浏览器全屏显示（再按一次则是取消全屏模式）
- Tab　在当前页面中，焦点移动到下一个项目
- 空格键　窗口向下移动半个窗口的距离
- Alt+B　展开收藏夹列表
- Alt+D　输入焦点移到地址栏
- Alt+F　展开文件菜单
- Alt+T　展开工具菜单
- Alt+V　展开查看菜单
- Alt+Z　重新打开并激活到最近关闭的页面（窗口）
- Alt+F4　关闭 360 安全浏览器
- Shift+F5　刷新所有页面
- Shift+F10　打开右键快捷菜单
- Shift+Esc　停止载入所有页面
- Shift+Tab　在当前页面中，焦点移动到上一个项目
- Shift+单击超链接　在新窗口中打开该链接

实验 2　利用邮箱收发邮件

一、实验目的

1．掌握如何申请免费电子邮箱。
2．掌握利用免费电子邮箱收发邮件。

二、实验准备

目前，国际、国内的很多网站都提供了各有特色的电子邮箱服务，而且均有收费和免费版本。比较著名的有：HotMail（username@hotmail.com）、新浪（username@sina.com.cn）、搜狐（username@sohu.com）、首都在线（username@263.net）、网易（username@163.com）等。以下步骤以“网易”的邮箱申请为例。

三、实验内容及步骤

1．登录免费电子邮箱

实验过程与内容：

（1）登录到网易的网站主页，单击“注册免费邮箱”，如图 7-19 所示。

图 7-19 “网易”主页

（2）打开注册网易免费邮箱网页，如图 7-20 所示，选择“注册字母邮箱”（也可选择“注册手机号码邮箱”和“注册 VIP 邮箱”，其中 VIP 邮箱是付费邮箱），填入你喜欢的邮箱地址名称（只能填字母数字和下划线，确保不和他人重复，如有重复系统会自动提示），再输入密码和验证码，单击“立即注册”即可。

图 7-20 注册网易免费邮箱网页

（3）随后可以看到注册成功，以后就可以用此邮箱名和设定好的密码登录自己的网易邮箱了。

2. 使用免费电子邮箱收发 E-mail

实验过程与内容：

（1）进入网易首页，单击页面顶部的“登录”，填入邮箱名和密码，进入“电子邮箱”首页。如图 7-21 所示。

图 7-21　网易免费邮箱首页

（2）接收邮件。

- 单击“收信”→“收件箱”，可以查看收件箱中接收的所有邮件的发件人、主题、时间等信息，如图 7-22 所示。

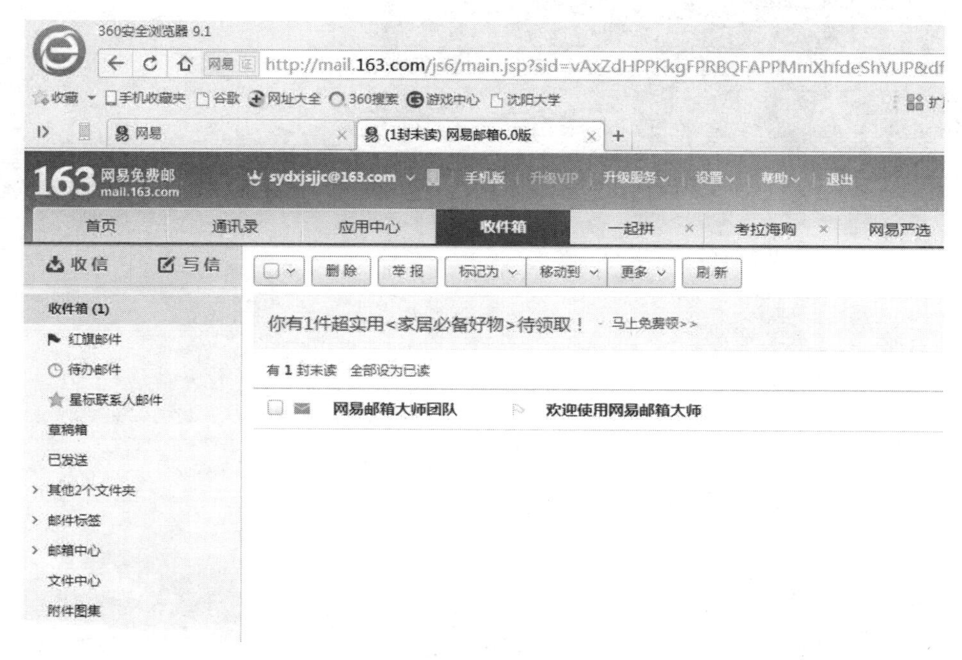

图 7-22　收件箱

● 单击邮件主题，查看邮件内容。如图 7-23 所示。

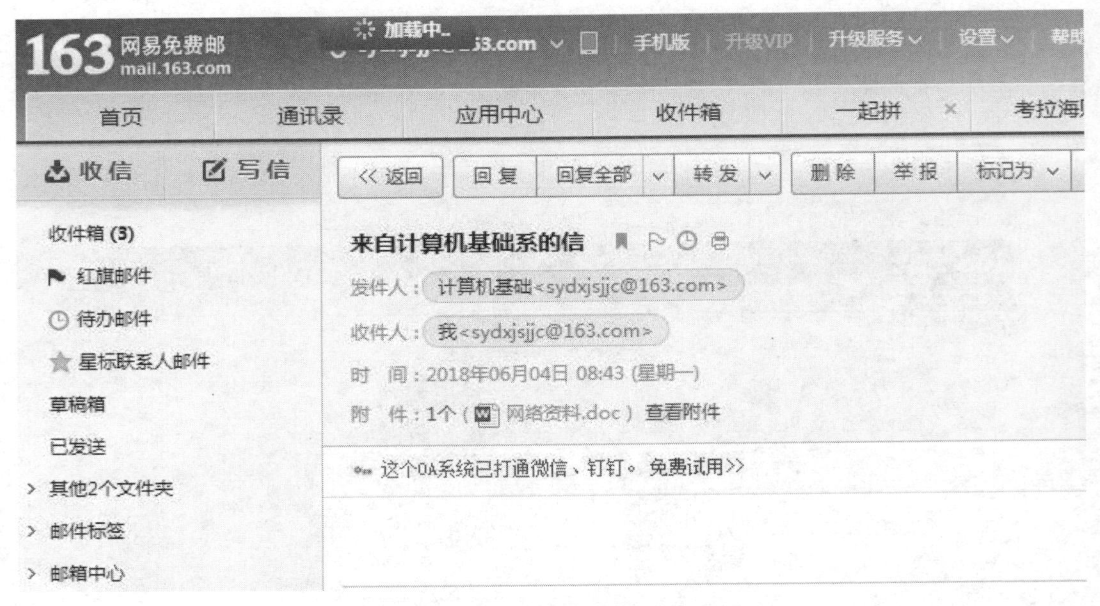

图 7-23　查看邮件内容

● 对有附件的邮件，可单击附件图标后面的“查看附件”项，跳转到附件所在位置，鼠标放置其上，会显示如图 7-24 所示的菜单，可具体选择如何继续操作。

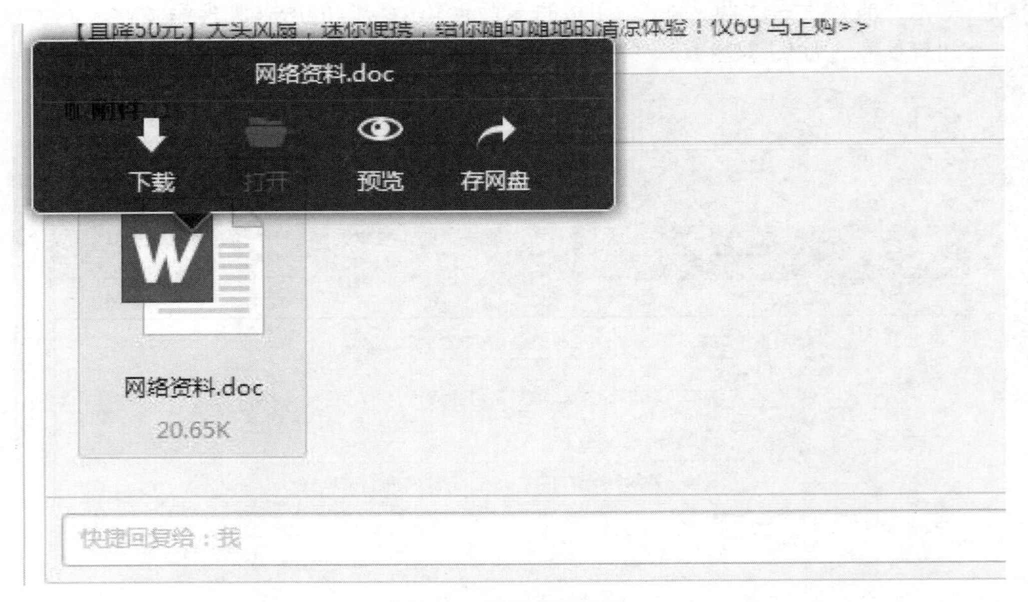

图 7-24　附件操作菜单

（3）编辑并发送邮件。

● 单击“写信”按钮，进入邮件的编辑窗口，如图 7-25 所示。

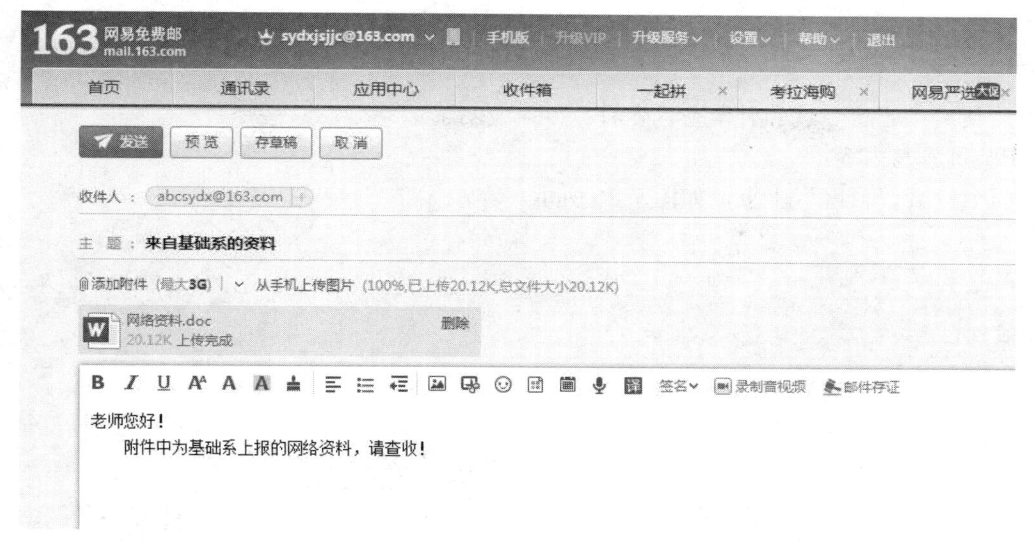

图 7-25　写信页面

- 在“收件人”文本框输入收件人地址，“主题”文本框输入邮件的主题，在邮件编辑区输入邮件的正文。
- 如果有文件需要传送，可以单击“添加附件”，打开“选择文件”对话框，选择作为附件的文件，单击“打开”按钮。
- 单击“发送”按钮，如果成功，则会出现“邮件发送成功”的系统提示。

实验 3　搜索引擎的使用

一、实验目的

1．掌握搜索引擎的使用方法。

2．了解常用的网络下载方式，并能熟练使用一种下载软件。

二、实验准备

1．了解搜索引擎

搜索引擎（Search Engine）是 Internet 上具有查询功能的网页的统称，是开启网络知识殿堂的钥匙，获取知识信息的工具。随着网络技术的飞速发展，搜索技术的日臻完善，中外搜索引擎已广为人们熟知和使用。任何搜索引擎的设计，均有其特定的数据库索引范围，独特的功能和使用方法，以及预期的用户群指向。它是一些网络服务商为网络用户提供的检索站点，它收集了网上的各种资源，然后根据一种固定的规律进行分类，提供给用户进行检索。互联网上信息量十分巨大，恰当地使用搜索引擎可以帮助我们快速找到自己需要的信息。

2．常用的中文搜索引擎

百度中文搜索引擎（http://www.baidu.com）、360 搜索引擎、网易搜索引擎（http://www.163.com）等。

三、实验内容及步骤

1. 使用“百度”搜索引擎查找资料

实验过程与内容：

（1）打开“百度”主页，如图 7-26 所示。

图 7-26　百度搜索引擎主页

（2）关键字检索：在百度主页的检索栏内输入关键字串，单击“百度一下”按钮，百度搜索引擎会搜索中文分类条目、资料库中的网站信息以及新闻资料库，搜索完毕后将检索的结果显示出来，单击某一链接查看详细内容。百度会提供符合全部查询条件的资料，并把最相关的网页排在前列。

输入搜索关键词时，输入的查询内容可以是一个词语、多个词语或一句话。例如：可以输入“李白”“歌曲下载”“蓦然回首，那人却在灯火阑珊处。”等。

（3）百度搜索引擎严谨认真，要求搜索词“一字不差”。例如：分别使用搜索关键词“核心”和“何欣”，会得到不同的结果。因此在搜索时，可以使用不同的词语。

（4）如果需要输入多个词语搜索，则输入的多个词语之间用一个空格隔开，可以获得更精确的搜索结果。

（5）使用“百度”搜索时不需要使用符号“AND”或“+”，百度会在多个以空格隔开的词语之间自动添加“+”。

（6）使用“百度”搜索可以使用减号“ -”，但减号之前必须输入一个空格。这样可以排除含有某些词语的资料，有利于缩小查询范围，有目的地删除某些无关网页。

例如，要搜寻关于“武侠小说”，但不含“古龙”的资料，可使用如下查询：“武侠小说 –古龙”

（7）并行搜索：使用“A|B”来搜索“或者包含词语 A，或者包含词语 B”的网页。

例如：您要查询“图片”或“写真”的相关资料，无须分两次查询，只要输入“图片|写

真”搜索即可。百度会提供与“|”前后任何字词相关的资料，并把最相关的网页排在前列。

（8）相关检索：如果无法确定输入什么词语才能找到满意的资料，可以使用百度相关检索。即先输入一个简单词语搜索，然后，百度搜索引擎会提供“其他用户搜索过的相关搜索词语”作参考。这时单击其中的任何一个相关搜索词，都能得到与那个搜索词相关的搜索结果。

（9）百度快照：百度搜索引擎已先预览各网站，拍下网页的快照，为用户贮存大量的应急网页。单击每条搜索结果后的“百度快照”，可查看该网页的快照内容。

百度快照不仅下载速度极快，而且搜索用的词语均已用不同颜色在网页中标明。

实验 4　利用 360 软件管家下载常用软件

一、实验目的

1．掌握 360 软件管家下载软件的方法。
2．掌握 360 软件管家卸载软件的方法。

二、实验准备

360 软件管家是360 安全卫士中提供的一个集软件下载、更新、卸载、优化于一体的工具。由软件厂商主动向360 安全中心提交的软件，经 360 工作人员审核后公布。这些软件更新时，360 用户能在第一时间内更新到最新版本。360 安全卫士如图 7-27 所示。选择“软件管家”项，弹出“软件管家”界面，如图 7-28 所示。

图 7-27　360 安全卫士

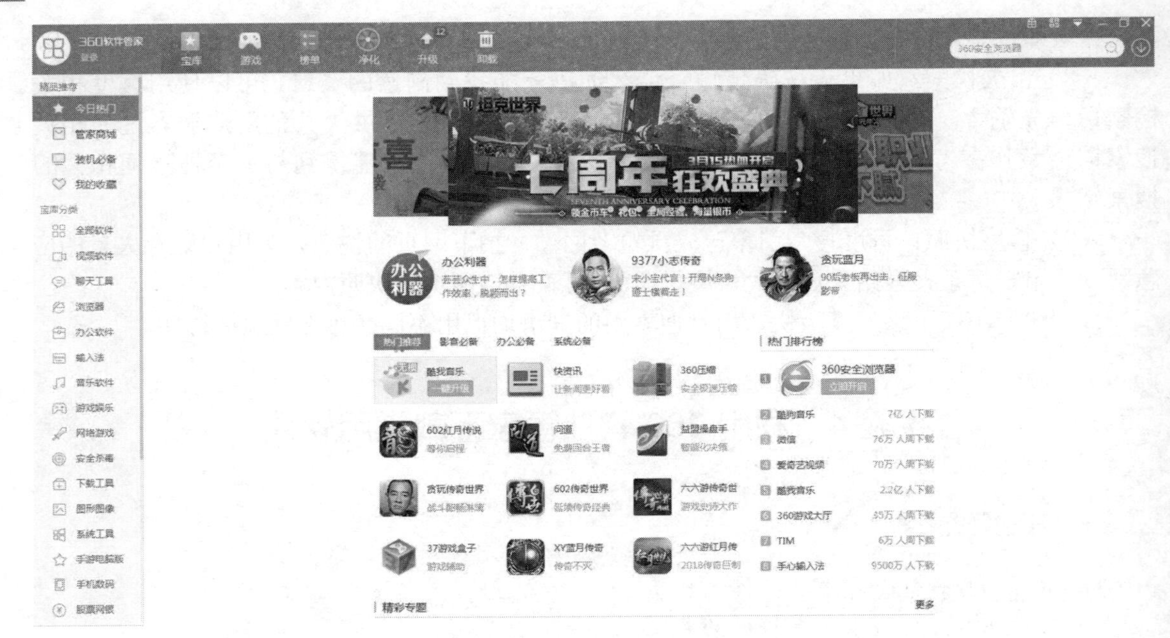

图 7-28　360 软件管家

通过“软件管家”，用户可以完成如下操作：

（1）软件升级。

将当前电脑的软件升级到最新版本。新版具有一键安装功能，用户设定目录后可自动安装，适合多个软件无人值守安装。

（2）软件卸载。

卸载当前电脑上的软件，可以强力卸载，清除软件残留的垃圾，往往杀毒软件、大型软件不能完全卸载，剩余文件占用大量磁盘空间，这个功能能将这类垃圾文件删除。

（3）手机必备。

“手机必备”是经过360 安全中心精心挑选的手机软件，安卓、塞班、苹果用户可以直接进入软件下载界面，而 WM 等其他平台的手机可以通过选择类似的机型来安装适合自己的软件。

（4）软件体检。

帮助用户全面检测电脑软件问题并一键修复。

二、实验内容及步骤

1. 360 软件管家下载软件方法

实验过程与内容：

以安装视频软件“爱奇艺视频”为例，介绍“软件管家”安装软件的过程。

首先打开“软件管家”，选择软件窗口上方的“宝库”项，在左侧的“宝库分类”中选择“视频软件”，会在主窗口的软件列表中列出“软件管家”中包含的所有的视频软件。选择“爱奇艺视频”，单击该软件对应的“一键安装”按钮进行安装。如图 7-29 所示。

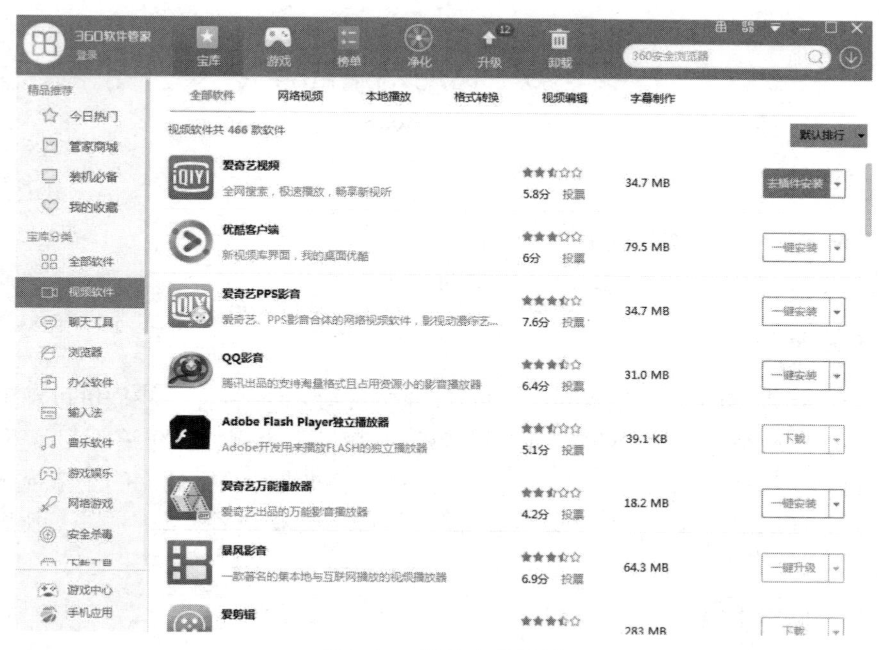

图 7-29　软件安装界面

2. 360 软件管家卸载软件方法

实验过程与内容：

首先打开“软件管家”，选择软件窗口上方的“卸载”项，在左侧将显示系统中已经安装的软件列表，选择“视频软件”，会在主窗口的软件列表中，列出本系统中包含的所有的视频软件。选择“爱奇艺视频”，单击该软件对应的“一键卸载”按钮进行卸载。如图 7-30 所示。

图 7-30　利用“软件管家”卸载软件

实验 5　利用网络自学

一、实验目的

1．掌握查找网络学习资源的方法。
2．掌握登录、注册、使用网络学习网站的方法。

二、实验准备

网络作为一种重要的课程资源，具有海量、交互、共享等特性，我们可以利用网络来进行自学，下面就以一个非常优秀的自学网站“我要自学网”为例加以介绍。

“我要自学网”是由来自电脑培训学校和职业高校的老师联手创立的一个视频教学网，网站里的视频教程均由经验丰富的在职老师原创录制，同时提供各类贴心服务，让用户享受一站式的学习体验。

三、实验内容及步骤

1．查找“我要自学网”官网

实验过程与内容：

在“百度”页面中搜索关键字“我要自学网”，在弹出列表中选择“我要自学网”官网首页。如图 7-31 所示。

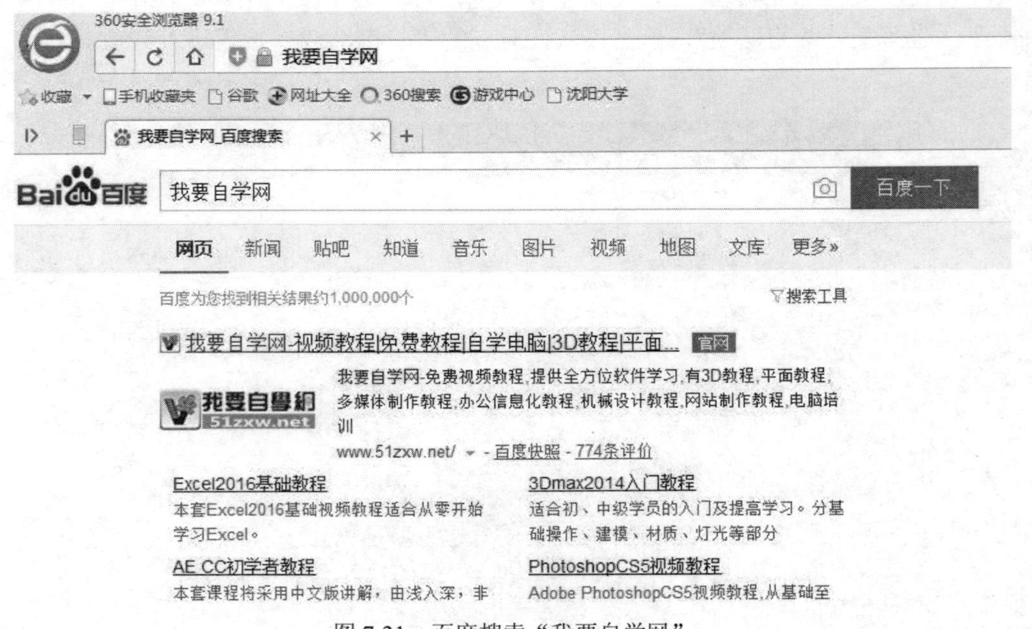

图 7-31　百度搜索“我要自学网”

用户需要登记注册为学员，便可免费观看各类视频教程（少部分 VIP 服务需要缴费）。学员除了能够免费获取视频教程以外，网站还提供了各种辅助服务，有课程板书、课程素材、课后练习、设计素材、设计欣赏、课间游戏、就业指南、论坛交流等栏目。

2. 利用网络自学“Dreamweaver CS5 网页制作教程”

实验过程与内容：

（1）登录“我要自学网”网站首页，如图 7-32 所示。

图 7-32　“我要自学网”首页

（2）选择“网页设计”菜单项，打开与“网页设计”相关的教学视频列表窗口。如图 7-33 所示。

图 7-33　“网页设计”视频列表窗口

（3）选择“Dreamweaver CS5 网页制作教程”进入学习教程，列表显示该网站提供的具体可选择学习的章节。如图 7-34 所示。

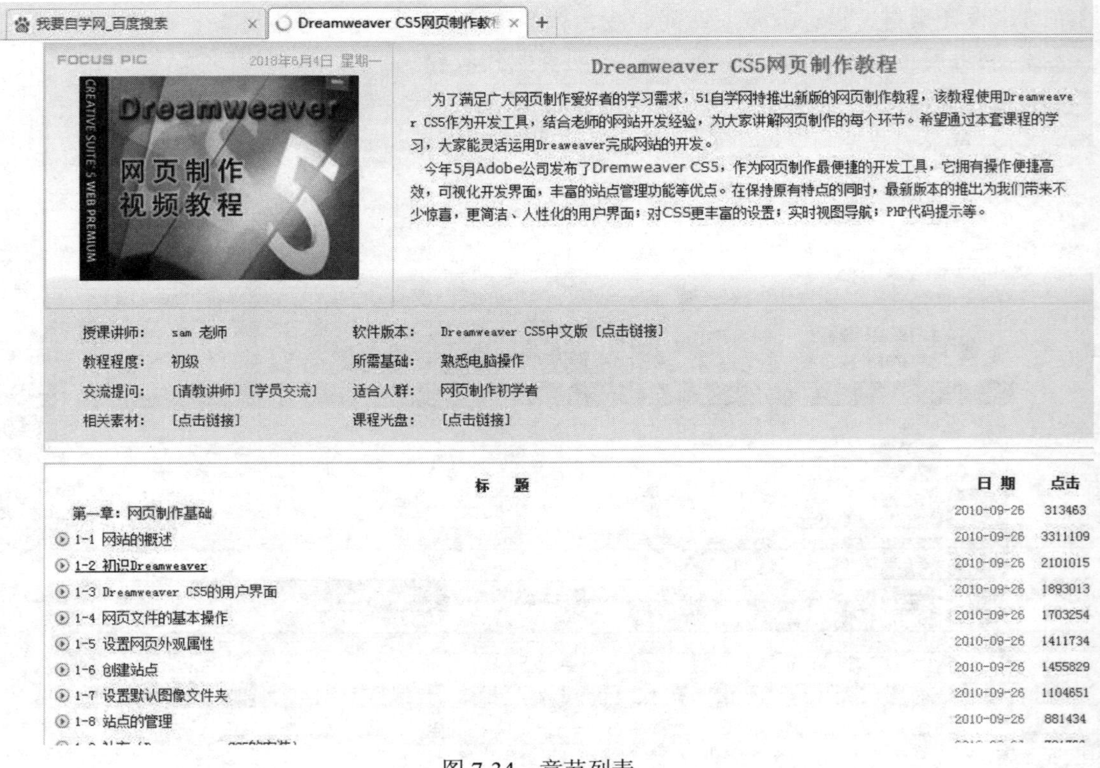

图 7-34 章节列表

（4）选择具体章节进入学习窗口。如图 7-35 所示。

图 7-35 学习窗口

（5）单击视频下方的“获取资料”按钮，注册学员可以获取课程相关资料。如图 7-36 所示。

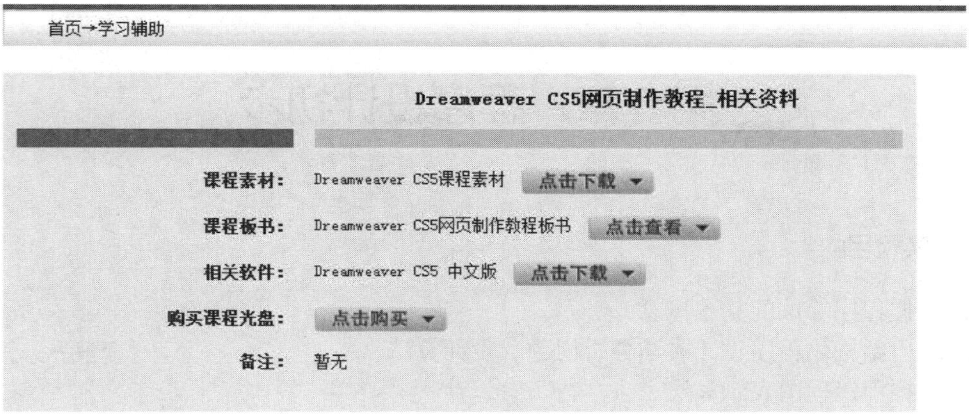

首页→学习辅助

Dreamweaver CS5网页制作教程_相关资料

课程素材：Dreamweaver CS5课程素材　点击下载

课程板书：Dreamweaver CS5网页制作教程板书　点击查看

相关软件：Dreamweaver CS5 中文版　点击下载

购买课程光盘：点击购买

备注：暂无

图 7-36　下载资源窗口

四、实验练习

1．申请一个免费的电子邮箱。

2．使用免费邮箱将 Word、Excel 的综合大作业发送给任课教师。

3．使用“360 软件管家”下载一个视频播放软件。

五、实验思考

1．每次访问 Internet 时，如何避免重复输入密码？

2．为什么要把 E-mail 附件保存到磁盘中？

3．什么类型的文件可以作为 E-mail 附件？

第 8 章　程序设计初步

一、实验目的

1．掌握程序算法的基本概念。
2．应用结构化程序设计方法分析问题、设计算法。
3．掌握用流程图表示算法。

二、实验准备

安装了 Windows 操作系统的多媒体电脑一台。

在某个磁盘（如 E:\）下创建自己的文件夹，命名为“学号_班级_姓名_Access”，用于存放练习文件。

三、实验内容及步骤

【案例 1】顺序结构 1。

操作要求：

编写一个算法，要求从键盘上任意输入一个长方体的长 a、宽 b、高 c，在显示器上显示出这个长方体的体积 v。

实验过程与内容：

（1）设计算法。

步骤 1：从键盘上任意输入三个数，分别给长方体的长 a、宽 b、高 c 赋值。

步骤 2：用公式计算体积，即 a×b×c＝v。

步骤 3：将 v 的值输出。

（2）N-S 流程图表示算法如图 8-1 所示。

（3）传统流程图表示算法如图 8-2 所示，具体内容请学生自行完成。

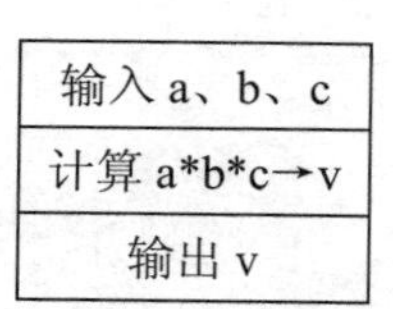

图 8-1　案例 1 的 N-S 结构流程图

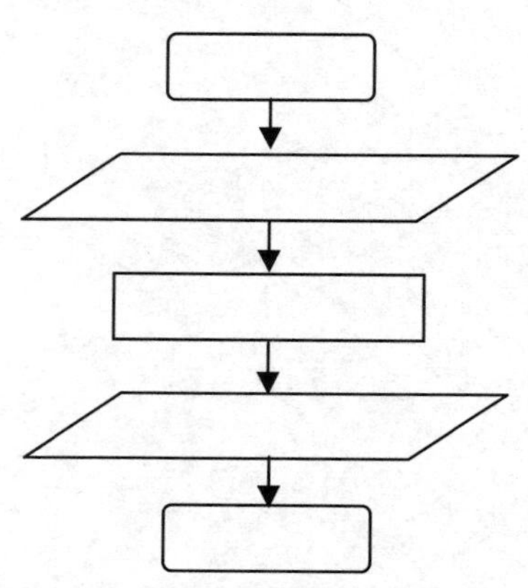
图 8-2　案例 1 的传统流程图

【案例 2】顺序结构 2。

操作要求：

编写算法，要求从键盘上任意输入一个大写字母，在显示器上显示出对应的小写字母。

实验过程与内容：

（1）设计算法。设输入的大写字母保存在变量 c 中，对应的小写字母保存在变量 d 中。

步骤 1：从键盘上任意输入一个大写字母，给变量 c 赋值。

步骤 2：将大写字母转换成小写字母，即 c+32→d。

步骤 3：将 d 的值输出。

（2）N-S 流程图表示算法如图 8-3 所示。

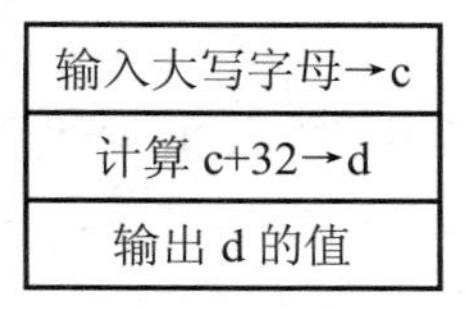

图 8-3　案例 2 的 N-S 结构流程图

（3）传统流程图表示算法如图 8-4 所示，具体内容请学生自行完成。

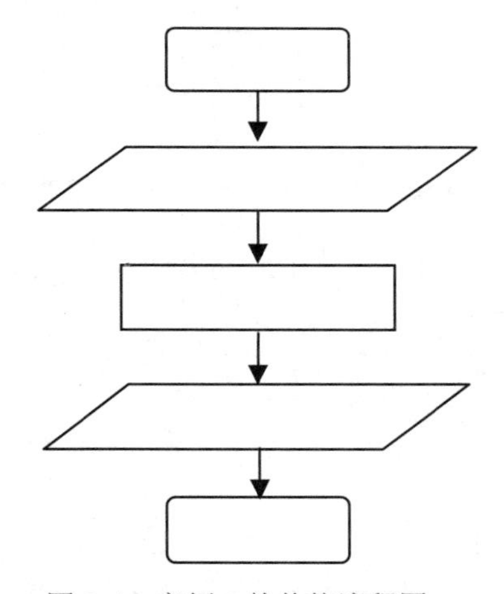

图 8-4　案例 2 的传统流程图

【案例 3】顺序结构 3。

操作要求：

编写算法，要求从键盘上任意输入两个整数 x 和 y，并将两个整数 x 和 y 的值互换。

实验过程与内容：

（1）设计算法。

算法一：借助第三个变量 t，将两个变量 x 和 y 的值互换。

步骤 1：从键盘上任意输入两个整数，分别给变量 x 和 y 赋值。

步骤 2：使 x→t。

步骤 3：使 y→x。

步骤 4：使 t→y。

算法二：不借助第三个变量，将两个变量 x 和 y 的值互换。

步骤 1：从键盘上任意输入两个整数，分别给变量 x 和 y 赋值。

步骤 2：使 x+y→x。

步骤 3：使 x-y→y。

步骤 4：使 x-y→x。

（2）N-S 流程图表示算法如图 8-5 和图 8-6 所示。

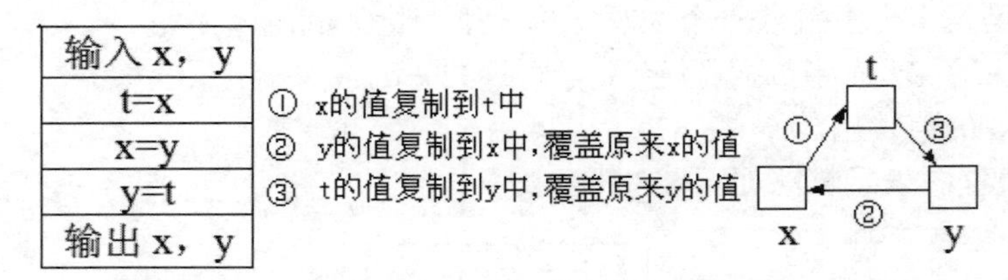

图 8-5 案例 3 算法一的 N-S 结构流程图

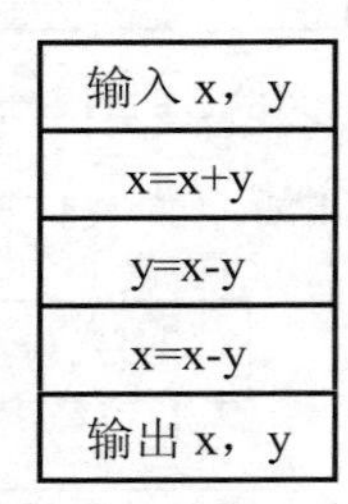

图 8-6 案例 3 算法二的 N-S 结构流程图

（3）传统流程图表示算法如图 8-7 和图 8-8 所示，具体内容请学生自行完成。

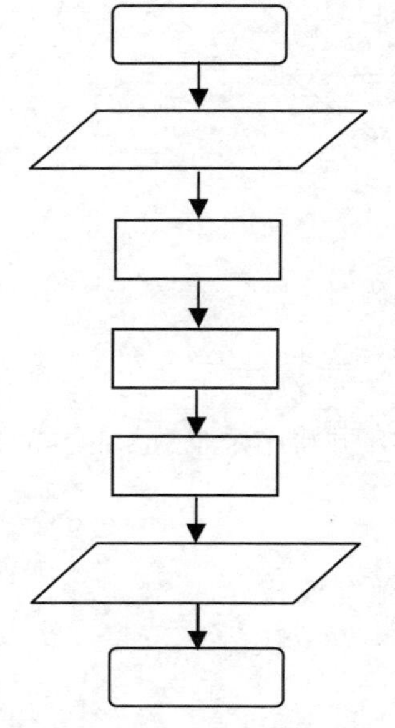

图 8-7 案例 3 算法一的传统流程图

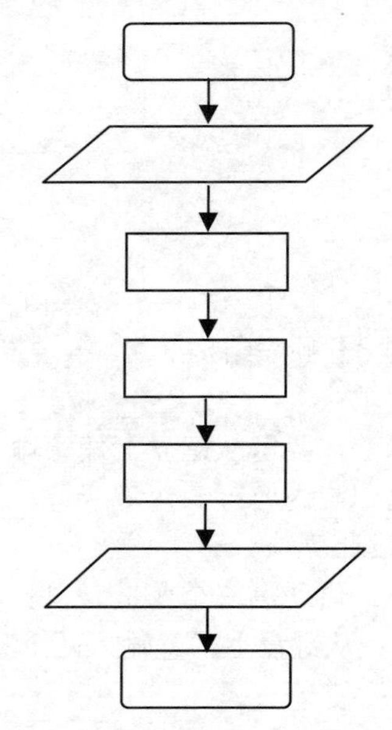

图 8-8 案例 3 算法二的传统流程图

【案例 4】选择结构 1。

操作要求：

编写一个算法，要求从键盘上任意输入一个数 x，按照 x 与 y 对应的关系计算 y 值，并在显示器上显示出 y 的值。

$$y=\begin{cases}x^2+1 & (x\le 0)\\ x^5-3 & (x>0)\end{cases}$$

实验过程与内容：

（1）设计算法。

步骤 1：从键盘上任意输入一个数，给 x 赋值。

步骤 2：如果 x≤0 成立，则计算 $x^2+1\rightarrow y$，转到步骤 4。

步骤 3：如果 x≤0 不成立，则计算 $x^5-3\rightarrow y$，转到步骤 4。

步骤 4：将 y 值输出。

（2）N-S 流程图表示算法如图 8-9 所示。

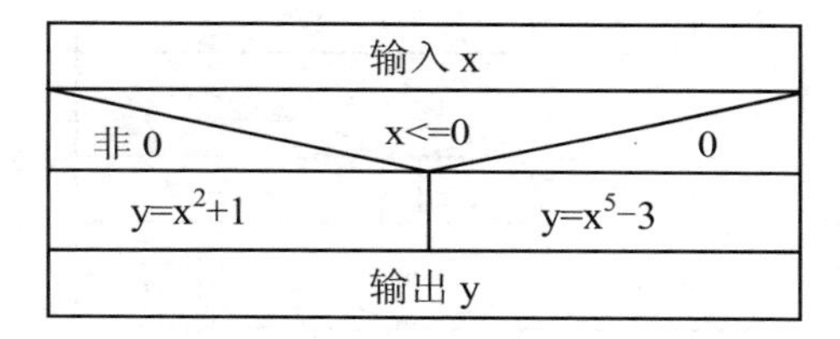

图 8-9　案例 4 的 N-S 结构流程图

（3）传统流程图表示算法如图 8-10 所示，具体内容请学生自行完成。

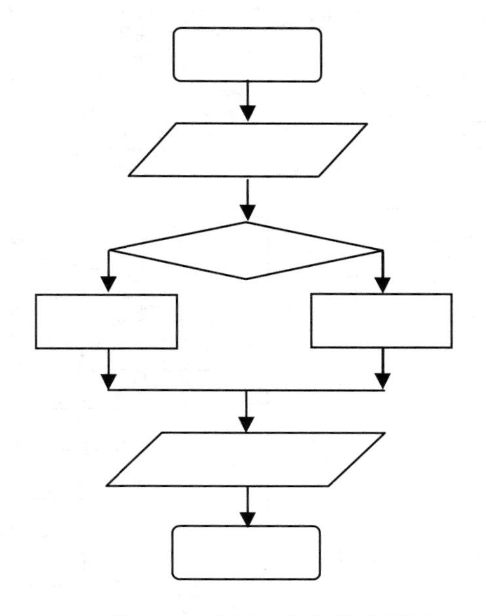

图 8-10　案例 4 的传统流程图

【案例 5】 选择结构 2。

操作要求：

编写算法，任意输入三个整数 a、b、c，按由小到大的顺序输出。

实验过程与内容：

（1）设计算法。

步骤 1：从键盘上任意输入三个数，分别给 a、b、c 赋值。

步骤 2：如果 a>b 成立，则 a、b 的值互换。

步骤 3：如果 a>c 成立；则 a、c 的值互换。

步骤 4：如果 b>c 成立；则 b、c 的值互换。

步骤 5：输出 a、b、c 的值。

（2）N-S 流程图表示算法如图 8-11 所示。

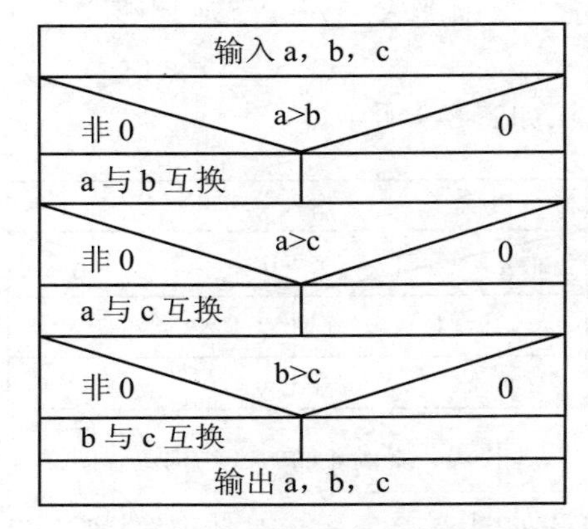

图 8-11　案例 5 的 N-S 结构流程图

（3）传统流程图表示算法如图 8-12 所示，具体内容请学生自行完成。

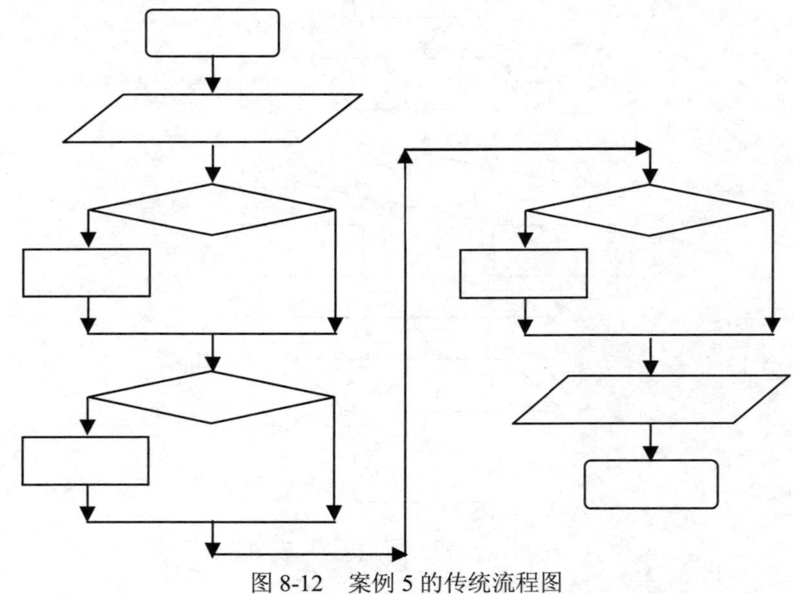

图 8-12　案例 5 的传统流程图

【案例 6】循环结构。

操作要求：

编写算法，求 10!。

实验过程与内容：

（1）最原始算法设计。

步骤 1：先求 1×2，得到结果 2。

步骤 2：将步骤 1 得到的乘积 2 乘以 3，得到结果 6。

步骤 3：将 6 再乘以 4，得 24。

步骤 4：将 24 再乘以 5，得 120。

步骤 5：将 120 再乘以 6，得 720。

步骤 6：将 720 再乘以 7，得 5040。

步骤 7：将 5040 再乘以 8，得 40320。

步骤 8：将 40320 再乘以 9，得 362880。

步骤 9：将 362880 再乘以 10，得 3628800。

提示：

该算法虽然正确，但太繁琐，不适合计算机应用。

（2）改进的算法设计。

步骤 1：使 1→t。

步骤 2：使 2→i。

步骤 3：使 t×i，乘积仍然放在变量 t 中，可表示为 t×i→t。

步骤 4：使 i 的值+1，即 i+1→i。

步骤 5：如果 i≤10，返回重新执行步骤 3 以及其后的步骤 4 和步骤 5；否则，算法结束。

提示：

该算法不仅正确，而且是较好的算法，因为计算机是高速自动运算的机器，实现循环轻而易举。

（3）N-S 流程图表示算法如图 8-13 所示。

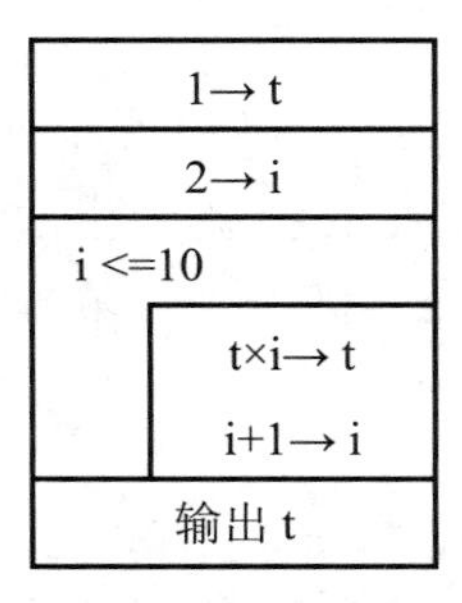

图 8-13　案例 6 的 N-S 结构流程图

（4）传统流程图表示算法如图 8-14 所示，具体内容请学生自行完成。

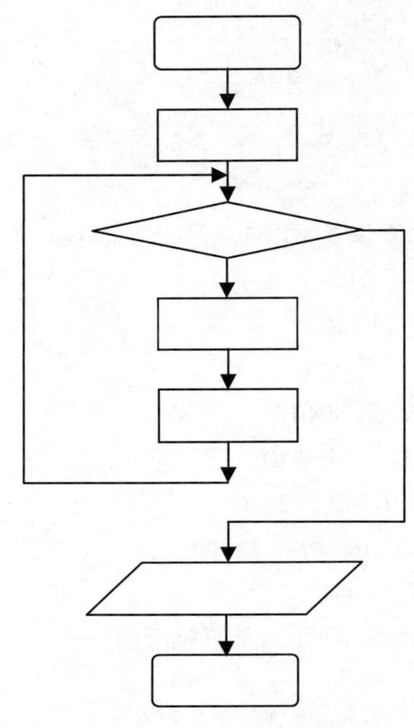

图 8-14　示例 6 的传统流程图

【案例 7】综合应用。

操作要求：

编写算法，判定 2000～2500 年中的每一年是否闰年，将结果输出。

润年的条件：

（1）能被 4 整除，但不能被 100 整除的年份；

（2）能被 100 整除，又能被 400 整除的年份。

实验过程与内容：

（1）设计算法。

设 y 为被检测的年份。

步骤 1：2000→y。

步骤 2：y 不能被 4 整除，则输出 y“不是闰年”，然后转到步骤 5。

步骤 3：若 y 能被 4 整除，不能被 100 整除，则输出 y“是闰年”，然后转到步骤 5。

步骤 4：若 y 能被 100 整除，又能被 400 整除，输出 y 是“闰年”；否则输出 y“不是闰年”，然后转到步骤 5。

步骤 5：y+1→y。

步骤 6：当 y≤2500 时，返回步骤 2 继续执行，否则，结束。

（2）N-S 流程图表示算法如图 8-15 所示。

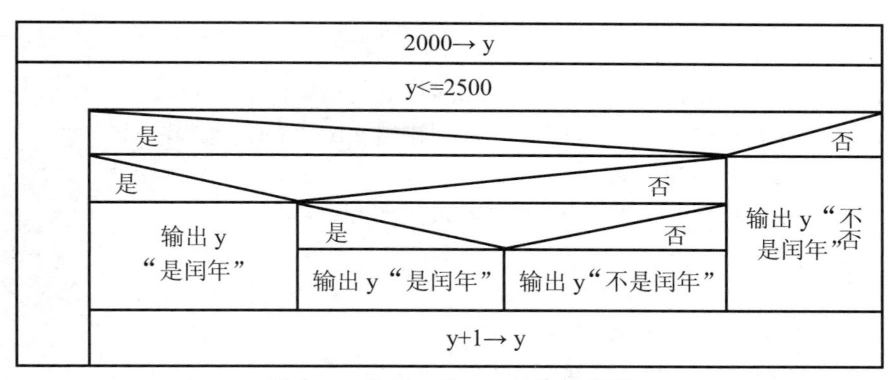

图 8-15 案例 7 的 N-S 结构流程图

（3）传统流程图表示算法如图 8-16 所示，具体内容请学生自行完成。

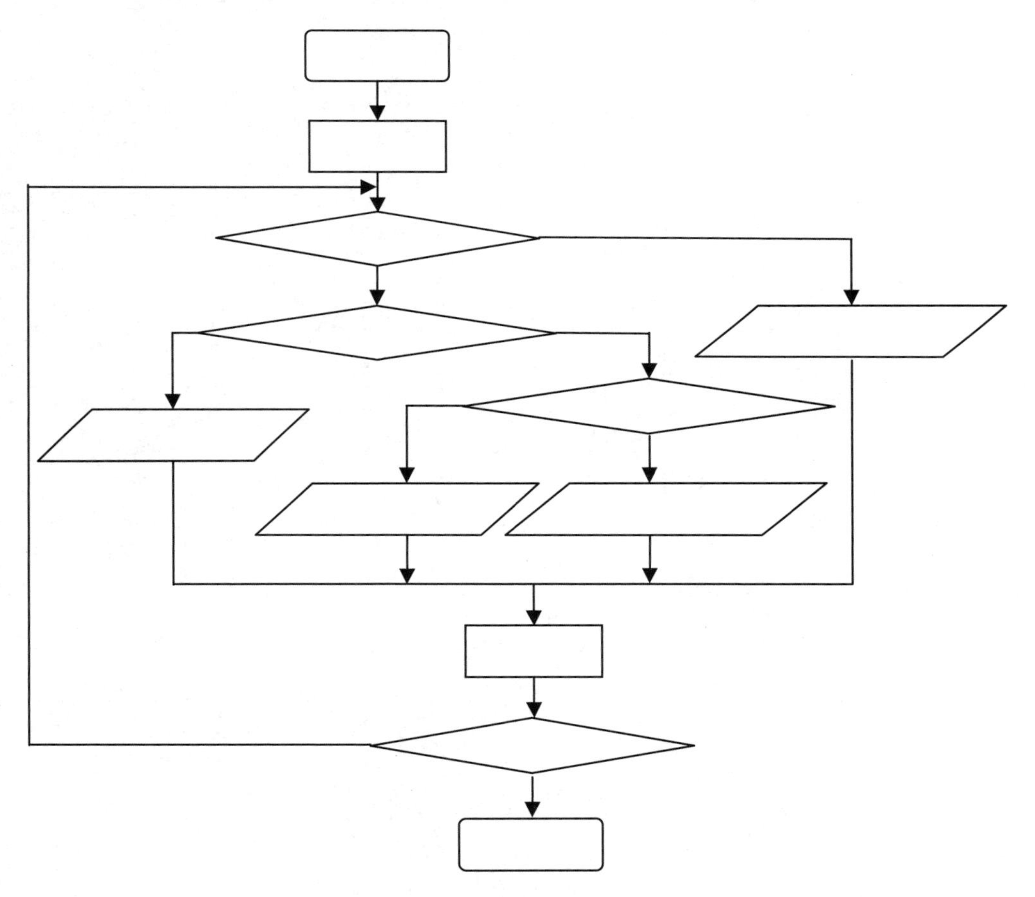

图 8-16 案例 7 的传统流程图

四、实验练习

分别用 N-S 结构流程图和传统流程图表示以下各程序的算法。

1．输入三角形的三边长，求三角形面积。

为简单起见，设输入的三边长 a，b，c 能构成三角形。已知三角形面积的公式为：

s=(a+b+c)/2， $area = \sqrt{s(s-a)(s-b)(s-c)}$ 。

2．任意输入三个实数 a、b、c，计算出 d=a+b/c 的值。

3．任意输入两个整数 a 和 b，如果 a>b，则输出 a-b；否则，输出 a+b。

4．求 s=1+11+111+1111+…的前 n 项和。

5．s=1+2+…+n，求当 s 不大于 4000 时，最大的 n 值。

五、实验思考

1．如果计算 100!，如何修改案例 1 的算法？

2．设计求 1×3×5×7×9×11 的算法。

3．绘制流程图应该包含哪些要素？

参考文献

[1] 张宇．计算机基础与应用（第二版）[M]．北京：中国水利水电出版社，2014．
[2] 张宇．计算机应用基础[M]．北京：人民邮电出版社，2013．
[3] 张宇．计算机基础与应用实验指导（第二版）[M]．北京：中国水利水电出版社，2014．
[4] 龙马高新教育．新手学电脑从入门到精通（Windows 10+Office 2016 版）[M]．北京：北京大学出版社，2016．